U0227546

21世纪高等学校规划教材｜计算机科学与技术

离散数学基础及实验教程（第3版）

谢胜利 虞铭财 王振宏 编著

清华大学出版社

北京

内 容 简 介

本书对计算机类专业在本科阶段最需要的离散数学基础知识做了系统的介绍，力求概念清晰，注重实际应用。全书共分8章，内容包括准备知识(集合、整数、序列和递推关系、矩阵)，数理逻辑，计数(组合数学)，关系，布尔代数，图论(图、树、图和树的有关算法)及对应的离散数学实验等，并含有较多的与计算机类专业有关的例题和习题。

本书叙述简洁、深入浅出、注重实践和应用，主要面向地方院校和独立学院计算机类专业的本科学生，也可以作为大学非计算机类专业学生的选修课教材和计算机应用技术人员的自学参考书。

图书在版编目(CIP)数据

离散数学基础及实验教程/谢胜利，虞铭财，王振宏编著.—3版.—北京：清华大学出版社，2019
(2024.8重印)
(21世纪高等学校规划教材·计算机科学与技术)
ISBN 978-7-302-51326-1

Ⅰ.①离…　Ⅱ.①谢…②虞…③王…　Ⅲ.①离散数学-实验-高等学校-教材　Ⅳ.①O158-33

中国版本图书馆 CIP 数据核字(2018)第 227130 号

责任编辑：黄　芝　张爱华
封面设计：傅瑞学
责任校对：时翠兰
责任印制：宋　林

出版发行：清华大学出版社
　　　　网　　　址：https://www.tup.com.cn,https://www.wqxuetang.com
　　　　地　　　址：北京清华大学学研大厦 A 座　　　　　　邮　　编：100084
　　　　社 总 机：010-83470000　　　　　　　　　　　　邮　　购：010-62786544
　　　　投稿与读者服务：010-62776969, c-service@tup. tsinghua. edu. cn
　　　　质量反馈：010-62772015，zhiliang@tup. tsinghua. edu. cn
　　　　课件下载：https://www.tup.com.cn,010-83470236
印 装 者：三河市龙大印装有限公司
经　　销：全国新华书店
开　　本：185mm×260mm　　　印　　张：15.25　　　　字　　数：370 千字
版　　次：2012 年 1 月第 1 版　　2019 年 2 月第 3 版　　印　　次：2024 年 8 月第 9 次印刷
印　　数：24001～25500
定　　价：39.50 元

产品编号：079934-01

出版说明

随着我国改革开放的进一步深化,高等教育也得到了快速发展,各地高校紧密结合地方经济建设发展需要,科学运用市场调节机制,加大了使用信息科学等现代科学技术提升、改造传统学科专业的投入力度,通过教育改革合理调整和配置了教育资源,优化了传统学科专业,积极为地方经济建设输送人才,为我国经济社会的快速、健康和可持续发展以及高等教育自身的改革发展做出了巨大贡献。但是,高等教育质量还需要进一步提高以适应经济社会发展的需要,不少高校的专业设置和结构不尽合理,教师队伍整体素质亟待提高,人才培养模式、教学内容和方法需要进一步转变,学生的实践能力和创新精神亟待加强。

教育部一直十分重视高等教育质量工作。2007年1月,教育部下发了《关于实施高等学校本科教学质量与教学改革工程的意见》,计划实施"高等学校本科教学质量与教学改革工程"(简称"质量工程"),通过专业结构调整、课程教材建设、实践教学改革、教学团队建设等多项内容,进一步深化高等学校教学改革,提高人才培养的能力和水平,更好地满足经济社会发展对高素质人才的需要。在贯彻和落实教育部"质量工程"的过程中,各地高校发挥师资力量强、办学经验丰富、教学资源充裕等优势,对其特色专业及特色课程(群)加以规划、整理和总结,更新教学内容、改革课程体系,建设了一大批内容新、体系新、方法新、手段新的特色课程。在此基础上,经教育部相关教学指导委员会专家的指导和建议,清华大学出版社在多个领域精选各高校的特色课程,分别规划出版系列教材,以配合"质量工程"的实施,满足各高校教学质量和教学改革的需要。

为了深入贯彻落实教育部《关于加强高等学校本科教学工作,提高教学质量的若干意见》精神,紧密配合教育部已经启动的"高等学校教学质量与教学改革工程精品课程建设工作",在有关专家、教授的倡议和有关部门的大力支持下,我们组织并成立了"清华大学出版社教材编审委员会"(以下简称"编委会"),旨在配合教育部制定精品课程教材的出版规划,讨论并实施精品课程教材的编写与出版工作。"编委会"成员皆来自全国各类高等学校教学与科研第一线的骨干教师,其中许多教师为各校相关院、系主管教学的院长或系主任。

按照教育部的要求,"编委会"一致认为,精品课程的建设工作从开始就要坚持高标准、严要求,处于一个比较高的起点上。精品课程教材应该能够反映各高校教学改革与课程建设的需要,要有特色风格,有创新性(新体系、新内容、新手段、新思路,教材的内容体系有较高的科学创新、技术创新和理念创新的含量)、先进性(对原有的学科体系有实质性的改革和发展,顺应并符合21世纪教学发展的规律,代表并引领课程发展的趋势和方向)、示范性(教材所体现的课程体系具有较广泛的辐射性和示范性)和一定的前瞻性。教材由个人申报或各校推荐(通过所在高校的"编委会"成员推荐),经"编委会"认真评审,最后由清华大学出版社审定出版。

目前,针对计算机类和电子信息类相关专业成立了两个"编委会",即"清华大学出版社计算机教材编审委员会"和"清华大学出版社电子信息教材编审委员会"。推出的特色精品教材包括:

(1) 21世纪高等学校规划教材·计算机应用——高等学校各类专业,特别是非计算机专业的计算机应用类教材。

(2) 21世纪高等学校规划教材·计算机科学与技术——高等学校计算机相关专业的教材。

(3) 21世纪高等学校规划教材·电子信息——高等学校电子信息相关专业的教材。

(4) 21世纪高等学校规划教材·软件工程——高等学校软件工程相关专业的教材。

(5) 21世纪高等学校规划教材·信息管理与信息系统。

(6) 21世纪高等学校规划教材·财经管理与应用。

(7) 21世纪高等学校规划教材·电子商务。

(8) 21世纪高等学校规划教材·物联网。

清华大学出版社经过三十多年的努力,在教材尤其是计算机和电子信息类专业教材出版方面树立了权威品牌,为我国的高等教育事业做出了重要贡献。清华版教材形成了技术准确、内容严谨的独特风格,这种风格将延续并反映在特色精品教材的建设中。

清华大学出版社教材编审委员会
联系人：魏江江
E-mail：weijjj@tup.tsinghua.edu.cn

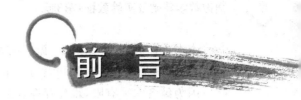

前　言

本书以《离散数学基础(第 2 版)》为基础,在广泛听取广大读者的意见和建议的基础上修改而成。本版主要对第 2 版中一些描述错误和印刷错误进行订正,增加了第 8 章离散数学实验等内容。

离散数学是计算机类专业的一门重要的专业基础课,属于现代数学的范畴,是随着计算机科学的发展而逐步形成的一门新兴的工具性学科。它在计算机类专业的许多后续课程中有着广泛的应用,为计算机科学与技术提供数学基础。国内已出版的离散数学教材不少,但特别适合地方院校和独立学院计算机类专业使用的不多,主要的问题是理论性太强,大都是从纯数学的角度讨论问题,缺乏与计算机相关专业的联系。本书的写作目的是从离散数学教学的实际现状出发,克服目前国内教材普遍存在注重理论、忽视应用的问题,按照突出离散数学的实用性以及实用够用的原则精选教学内容,突破传统的离散数学的四大模块内容,删除部分大学阶段用不到的内容,增加基础知识、组合数学、布尔代数及离散数学实验等内容,使教学内容更加易学实用。

本书第 1 章主要介绍本书所需的准备知识,包括集合及其在计算机中的表示、数论初步、序列和递推关系、一般矩阵和布尔矩阵的运算等。第 2 章主要介绍数理逻辑的基础知识,包括命题逻辑和谓词逻辑的基本概念、演算及推理等。第 3 章主要介绍组合数学中的计数理论和方法,包括计数原则、生成函数、鸽巢原理和容斥原理等。第 4 章主要介绍关系理论,包括二元关系基本概念和运算、等价关系与划分、偏序关系、n 元关系及应用、函数等。第 5 章主要介绍布尔代数的基本理论和应用,包括布尔运算、布尔表达式和布尔函数、积之和展开式(析取范式)、逻辑门电路表示和卡诺图等。第 6 章主要介绍图的基本理论和应用,包括图论基础、图的矩阵表示、连通性理论、几种特殊的图、带权图的最短路径算法(Dijkstra 算法和 Floyd 算法)等。第 7 章主要介绍树及其应用,包括树的定义,树的应用(决策树、前缀码等),树的遍历算法,表达式表示,生成树和最小生成树算法(Prim 算法和 Kruskal 算法)等。第 8 章给出了离散数学实验,每个实验都针对书中理论部分的具体知识点,这样使读者既巩固了前面所学的知识又提高了编程能力。

本书有以下特点。

(1) 简单易学:只要求学生学过高等数学,不需要更多的预备知识;书中内容深入浅出,理论适中,实例丰富,便于自学。

(2) 实用性强:注重离散数学作为计算机科学专业的数学基础,强调与本专业后续课程的关系,所举例子尽量与专业相关。

(3) 定位明确:适合地方二本院校和独立学院学生使用。

本书教学课时为 72~90 学时。教师可根据学时、专业和学生的实际情况对书中内容进行选讲。

　　本书由谢胜利、虞铭财、王振宏编著。其中,第1章和第8章由虞铭财编写,第2章由王振宏编写,其余章节由谢胜利编写。全书由谢胜利统稿。

　　因为编者水平有限,难免存在疏漏之处,恳请读者批评指正。

编　者

2018 年 4 月

目　录

第 1 章

准备知识

1.1 集合

1.1.1 集合的基本概念

集合是一个基本的数学概念,它是不能精确定义的。一般认为一个集合指的是一些可确定且可分辨的对象或概念构成的整体。通常一个集合中的对象都具有相同(类似)的性质,当然也可以将完全无关的对象放在一个集合中。集合中的对象称为集合的元素。

定义 1.1 若对象 a 是集合 A 的元素,记为 $a \in A$,读作 a 属于 A;否则记为 $a \notin A$,读作 a 不属于 A。

元素与集合之间的"属于关系"是"非常明确"的。对某个集合 A 和元素 a 来说,a 或者属于集合 A,或者不属于集合 A,两者必居其一且仅居其一。界限不分明或含糊不清的情况绝对不允许存在。在离散数学中,仅仅讨论界限清楚、无二义性的集合,而对不清晰的对象构成的集合属于模糊论(Fuzzy Set Theory)的研究范畴,本书将不予研究。例如,著名的理发师问题就是属于模糊论的研究范畴。

集合的表示方法通常有如下两种。

一种是列出集合的所有元素,元素之间用逗号间隔,并用花括号将它们括起来,称为枚举法。如:

$$A = \{a, b, c, d\}$$
$$B = \{1, 3, 5, 7, 9\}$$

有时用花括号表示集合但并不列出它的所有元素,先列出集合中的某些元素,然后当元素的一般形式很明显时就用省略号表示。例如:26 个大写英文字母的集合表示为 $\{A, B, C, \cdots, Z\}$;小于 100 的正整数集合表示为 $\{1, 2, 3, \cdots, 99\}$。

另一种是谓词法,即给出作为集合成员的元素所具有的性质,来刻画集合的所有元素。如:$\mathbf{R} = \{x \mid x$ 为实数$\}$,$A = \{x \mid x > 3$ 且 $x \in \mathbf{R}\}$。

下面是几个常用的集合符号:

$\varnothing$——空集(不含任何元素的特殊集合);

$\mathbf{N}$——自然数集合;

$\mathbf{Z}$——整数集合;

$\mathbf{Z}^+$——正整数集合；

$\mathbf{Q}$——有理数集合；

$\mathbf{R}$——实数集合；

$\mathbf{C}$——复数集合。

定义 1.2　设 A,B 为集合,如果集合 A 的每个元素都是集合 B 的元素,则称 A 是 B 的子集,记为 $A\subseteq B$。如果 A 中至少存在一个元素它不是 B 的元素,则称 A 不是 B 的子集,记为 $A\nsubseteq B$。

根据定义,对任意集合 A,都有 $\varnothing\subseteq A$,$A\subseteq A$。

定义 1.3　设 A,B 为集合,如果 $A\subseteq B$ 且 $B\subseteq A$,则称 A,B 相等,记为 $A=B$。

因此要证明 A,B 相等,只要证明 A 是 B 的子集同时 B 也是 A 的子集。

如果 A 是 B 的子集,而 $A\neq B$,则称 A 是 B 的真子集,记为 $A\subset B$。

集合广泛用于计数问题,对这类问题要讨论集合的大小。

定义 1.4　若 A 为集合,集合 A 中恰有 n 个不同的元素,n 是非负整数,则 A 为有限集,称 n 是 A 的基数,记为 $|A|=n$。含有 n 个元素的集合为 n 元集。

例如：A 为大写英文字母集,则 $|A|=26$；B 为小于 10 的正整数集,则 $|B|=9$。由于空集没有元素,所以 $|\varnothing|=0$。

如果一个集合不是有限的,那么就是无限的。如整数集、实数集都是无限集。

许多问题都要检查一个集合所有可能的组合,看它们是否具有某种性质。为了考虑集合元素所有可能的组合,构造一个新集合,它以这个集合的所有子集作为它的元素。

定义 1.5　设 A 为集合,把 A 的全体子集构成的集合称作 A 的幂集,记为 $P(A)$ 或 2^A,符号化表示为：$P(A)=\{x\mid x\subseteq A\}$。

例 1.1　求 $P(\varnothing)$,$P(\{a\})$,$P(\{a,b\})$,$P(\{a,b,c\})$ 及其基数。

解：由于 $\varnothing$ 中没有一个元素,故 $\varnothing$ 的子集只有 $\varnothing$,则 $P(\varnothing)=\{\varnothing\}$,$|P(\varnothing)|=1$。

$P(\{a\})=\{\varnothing,\{a\}\}$,$|P(\{a\})|=2$

$P(\{a,b\})=\{\varnothing,\{a\},\{b\},\{a,b\}\}$,$|P(\{a,b\})|=4$

$P(\{a,b,c\})=\{\varnothing,\{a\},\{b\},\{c\},\{a,b\},\{a,c\},\{b,c\},\{a,b,c\}\}$,$|P(\{a,b,c\})|=8$

不难看出,若 A 是 n 元集,则 $P(A)$ 有 2^n 个元素。

定义 1.6　在一个具体的问题中,如果所涉及的集合都是某个集合的子集,则称这个集合为全集,记作 E 或 U。

全集是一个相对的概念,由于研究的问题不同,所取的全集也不同。例如,在研究平面解析几何的问题时可把整个坐标平面取作全集。在研究整数的问题时,可以把整数集 $\mathbf{Z}$ 取作全集。

1.1.2　集合的基本运算和性质

两个集合可以以许多不同的方式结合在一起。例如,从爱好文学的学生集合和爱好体育的学生集合入手,可以构成爱好文学或爱好体育的学生集合、既爱好文学又爱好体育的学生集合、不爱好文学的学生集合等。

定义 1.7　设 A,B 是两个集合,则 A 与 B 的并集(Union)是由 A 与 B 中的所有元素构成的集合。

$$A \bigcup B = \{x \mid (x \in A) \text{或} (x \in B)\}$$

例 1.2 并运算。

$$\{1,2,3,4\} \bigcup \{3,4,5,6\} = \{1,2,3,4,5,6\}$$
$$\{a,b,c\} \bigcup \{a,d,e\} = \{a,b,c,d,e\}$$
$$\{a,b,c,d\} \bigcup \varnothing = \{a,b,c,d\}$$
$$\mathbf{Q} \bigcup \mathbf{N} = \mathbf{Q}$$

上述集合的并运算可以说是初等数学中"加法"运算的一个扩充。

定义 1.8 设 A,B 是两个集合,则 A 与 B 的交集(Intersection)是由 A 与 B 中的共同元素构成的集合。

$$A \bigcap B = \{x \mid (x \in A) \text{并且} (x \in B)\}$$

例 1.3 交运算。

$$\{1,2,3,4\} \bigcap \{3,4,5,6\} = \{3,4\}$$
$$\{a,b,c\} \bigcap \{a,d,e\} = \{a\}$$
$$\{a,b,c,d\} \bigcap \varnothing = \varnothing$$
$$\mathbf{Q} \bigcap \mathbf{N} = \mathbf{N}$$

上述集合的交运算可以说是初等数学中"乘法"运算的一个扩充。

如果两个集合的交集为空集,就说两个集合不相交。

集合之间运算和相互关系可以用文氏图(John Venn)来刻画,图 1.1 分别表示 A,B 的并集、交集、两集合不相交。

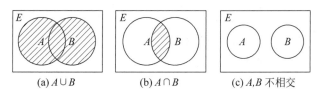

(a) $A \cup B$ (b) $A \cap B$ (c) A,B 不相交

图 1.1 集合 A,B 的并集、交集、两集合不相交

定义 1.9 设 A,B 是两个集合,则 A 与 B 的差集(Difference)是只属于 A 而不属于 B 的所有元素构成的集合。A 与 B 的差集也称为 B 相对于 A 的补集。

$$A - B = \{x \mid (x \in A) \text{并且} (x \notin B)\}$$

例 1.4 差运算。

$$\{1,2,3,4\} - \{3,4,5,6\} = \{1,2\}$$
$$\{a,b,c\} - \{a,d,e\} = \{b,c\}$$
$$\{a,b,c,d\} - \varnothing = \{a,b,c,d\}$$
$$\varnothing - \{a,b,c,d\} = \varnothing$$

一旦指定了全集 U,就可以定义集合的补集。

定义 1.10 令 U 是全集,则集合 A 的补集 $\overline{A}$(Complement)就是 $U - A$。

$$\overline{A} = \{x \mid x \notin A\}$$

定义 1.11 设 A,B 是两个集合,则 A 与 B 的对称差是:

$$A \oplus B = (A - B) \bigcup (B - A)$$

例 1.5　对称差运算。

$$\{1,2,3,4\}\oplus\{3,4,5,6\}=\{1,2,5,6\}$$
$$\{a,b,c\}\oplus\{a,d,e\}=\{b,c,d,e\}$$
$$\{a,b,c,d\}\oplus\varnothing=\{a,b,c,d\}$$

$A-B,\overline{A},A\oplus B$ 可以用图 1.2 所示的文氏图表示。

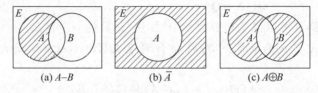

图 1.2　$A-B,\overline{A},A\oplus B$ 的文氏图

任何代数运算都遵循一定的算律,下面的恒等式给出了集合运算的主要算律,其中 A, B,C 代表任意集合。

幂等律	$A\bigcup A=A$	(1.1)
	$A\bigcap A=A$	(1.2)
结合律	$(A\bigcup B)\bigcup C=A\bigcup(B\bigcup C)$	(1.3)
	$(A\bigcap B)\bigcap C=A\bigcap(B\bigcap C)$	(1.4)
交换律	$A\bigcup B=B\bigcup A$	(1.5)
	$A\bigcap B=B\bigcap A$	(1.6)
分配律	$A\bigcup(B\bigcap C)=(A\bigcup B)\bigcap(A\bigcup C)$	(1.7)
	$A\bigcap(B\bigcup C)=(A\bigcap B)\bigcup(A\bigcap C)$	(1.8)
同一律	$A\bigcup\varnothing=A$	(1.9)
	$A\bigcap U=A$	(1.10)
零律	$A\bigcup U=U$	(1.11)
	$A\bigcap\varnothing=\varnothing$	(1.12)
排中律	$A\bigcup\overline{A}=U$	(1.13)
矛盾律	$A\bigcap\overline{A}=\varnothing$	(1.14)
吸收律	$A\bigcup(A\bigcap B)=A$	(1.15)
	$A\bigcap(A\bigcup B)=A$	(1.16)
德摩根律	$A-(B\bigcup C)=(A-B)\bigcap(A-C)$	(1.17)
	$A-(B\bigcap C)=(A-B)\bigcup(A-C)$	(1.18)
	$\overline{A\bigcup B}=\overline{A}\bigcap\overline{B}$	(1.19)
	$\overline{A\bigcap B}=\overline{A}\bigcup\overline{B}$	(1.20)
	$\overline{\varnothing}=U$	(1.21)
	$\overline{U}=\varnothing$	(1.22)
双重否定律	$\overline{\overline{A}}=A$	(1.23)

例 1.6　令 A,B,C 为任意集合,证明:

$$\overline{A\bigcup(B\bigcap C)}=(\overline{C}\bigcup\overline{B})\bigcap\overline{A}$$

证明：我们有

$$
\begin{aligned}
\overline{A \cup (B \cap C)} &= \overline{A} \cap \overline{B \cap C} \\
&= \overline{A} \cap (\overline{B} \cup \overline{C}) \\
&= \overline{A} \cap (\overline{C} \cup \overline{B}) \\
&= (\overline{C} \cup \overline{B}) \cap \overline{A}
\end{aligned}
$$

1.1.3 集合的笛卡儿积

笛卡儿积在后面讨论关系和图论时都有重要应用。

首先引入有序对和无序对的概念。

定义 1.12 由两个元素 x 和 y（允许 $x=y$）按一定顺序排列成的二元组叫作一个有序对或序偶，记作 $\langle x,y \rangle$，其中 x 是它的第一元素，y 是它的第二元素。若两个元素 x 和 y 之间无排列次序，则该二元组叫作无序对，记作 (x,y)。

有序对 $\langle x,y \rangle$ 具有以下性质。

(1) 当 $x \neq y$ 时，$\langle x,y \rangle \neq \langle y,x \rangle$。

(2) $\langle x,y \rangle = \langle u,v \rangle$ 的充分必要条件是 $x=u$ 且 $y=v$。

这些性质是无序对 (x,y) 所不具备的。例如当 $x \neq y$ 时有 $(x,y)=(y,x)$。原因在于有序对中的元素是有序的，而无序对中的元素是无序的。

例 1.7 已知 $\langle x+2,4 \rangle = \langle 5,2x+y \rangle$，求 x 和 y。

解：由有序对相等的充要条件有

$$
x+2=5
$$
$$
2x+y=4
$$

解得 $x=3,y=-2$。

定义 1.13 设 A,B 为集合，用 A 中元素为第一元素，B 中元素为第二元素构成有序对。所有这样的有序对组成的集合叫作 A 和 B 的笛卡儿积，记作 $A \times B$。笛卡儿积的符号化表示为 $A \times B = \{\langle x,y \rangle | x \in A \text{ 且 } y \in B\}$。

例 1.8 设 $A=\{a,b\}$，$B=\{0,1,2\}$，则

$$
A \times B = \{\langle a,0 \rangle, \langle a,1 \rangle, \langle a,2 \rangle, \langle b,0 \rangle, \langle b,1 \rangle, \langle b,2 \rangle\}
$$
$$
B \times A = \{\langle 0,a \rangle, \langle 0,b \rangle, \langle 1,a \rangle, \langle 1,b \rangle, \langle 2,a \rangle, \langle 2,b \rangle\}
$$

从本例可以看出，$A \times B \neq B \times A$，除非 $A=B$。即笛卡儿积不满足交换律。

虽然笛卡儿积不满足交换律，也不满足结合律，但笛卡儿积对 $\cap, \cup, -, \oplus$ 都满足分配律。

(1) $A \times (B \cup C) = (A \times B) \cup (A \times C)$。

(2) $(B \cap C) \times A = (B \times A) \cap (C \times A)$。

(3) $(B-C) \times A = (B \times A) - (C \times A)$。

(4) $(B \oplus C) \times A = (B \times A) \oplus (C \times A)$。

由排列组合的知识不难证明，如果 $|A|=m$，$|B|=n$，则 $|A \times B|=mn$。

1.1.4 集合的计算机表示

要在计算机中实现集合的各种运算，必须首先确定集合在计算机中的表示方法。计算

机中表示集合的方法各种各样。首先想到的是将集合用数组来表示,将集合的元素依次放在数组中,这样在求集合的交、并、差等运算时会非常浪费时间,因为这些运算涉及大量的元素查找和移动。

我们将要介绍一种利用全集元素的一个任意排序存放元素以表示集合的方法。集合的这种表示法使我们很容易计算集合的各种运算。

假定全集 U 是有限的(而且大小合适,使 U 的元素个数不超过计算机能使用的内存量)。首先为 U 中的元素任意规定一个顺序,例如 $a_1, a_2, \cdots, a_i, \cdots, a_n$。于是可用长度为 n 的二进制位串表示 U 的子集 A:如果 $a_i \in A$,则位串中第 i 位为 1,如果 $a_i \notin A$,则位串中第 i 位为 0。

例 1.9　若 $U = \{a, b, c, d, e, f, g, h\}$,则 $A = \{b, d, f, g\}$,$B = \{a, d, e, f\}$,$\varnothing$,U 对应的二进制位串是什么?

解:将 U 中元素按字典顺序排列,即 a 对应第 1 位、b 对应第 2 位、……、h 对应第 8 位。则

集合 A 对应的 8 位二进制串为 0101 0110。

集合 B 对应的 8 位二进制串为 1001 1100。

集合 $\varnothing$ 对应的 8 位二进制串为 0000 0000。

集合 U 对应的 8 位二进制串为 1111 1111。

用位串表示的集合便于计算集合的补、交、并、对称差。只需要对表示集合的位串按位做各种布尔运算。集合的补、交、并、对称差运算对应位串的布尔反、与、或和异或运算。

例 1.10　若 $U = \{a, b, c, d, e, f, g, h\}$,$A = \{b, d, f, g\}$,$B = \{a, d, e, f\}$,求 $\overline{A}$,$A \cap B$,$A \cup B$,$A \oplus B$。

解:A 对应的 8 位二进制串为 0101 0110,对该二进制串的各位求反,得到 $\overline{A}$ 对应的 8 位二进制串 1010 1001。

将 A, B 对应的二进制位串按位求与(Bitwise AND):

0101 0110 ∧ 1001 1100 = 0001 0100,则 $A \cap B$ 对应的二进制串为 0001 0100。

将 A, B 对应的二进制位串按位求或(Bitwise OR):

0101 0110 ∨ 1001 1100 = 1101 1110,则 $A \cup B$ 对应的二进制串为 1101 1110。

将 A, B 对应的二进制位串按位求异或(Bitwise XOR):

0101 0110 ⊕ 1001 1100 = 1100 1010,则 $A \oplus B$ 对应的二进制串为 1100 1010。

$\overline{A}, A \cap B, A \cup B, A \oplus B$ 分别表示的集合为 $\{a, c, e, h\}$,$\{d, f\}$,$\{a, b, d, e, f, g\}$,$\{a, b, e, g\}$。

1.2　整数

1.2.1　整除

当一个整数除以另一个整数的时候,商可能是整数,也可能不是整数。例如 $15/3 = 5$ 是整数,而 $15/4 = 3.75$ 不是整数。我们有下面的定义。

定义 1.14　如果 a, b 是整数,$a \neq 0$,若有整数 c 使得 $b = ac$,就说 a 整除 b。在 a 整除 b 时,a 是 b 的一个因子,b 是 a 的倍数。符号 $a \mid b$ 表示 a 整除 b,当 a 不整除 b,写成 $a \nmid b$。

定理 1.1　如果 a 和 b 是任意两个整数,且 $a > 0$,则必有 $b = qa + r$,其中 q, r 是整数,且

$0 \leqslant r < a$。q 称为商（Quotient），r 称为余数（Remainder）。

例 1.11

(1) $a=3, b=16$，则 $16=5 \times (3)+1$，即 $q=5, r=1$。

(2) $a=10, b=3$，则 $3=0 \times (10)+3$，即 $q=0, r=3$。

(3) $a=5, b=-11$，则 $-11=-3 \times (5)+4$，即 $q=-3, r=4$。

定理 1.2 令 a, b 和 c 都是整数，则：

(1) 如果 $a \mid b$ 且 $a \mid c$，则 $a \mid (b+c)$。

(2) 如果 $a \mid b$ 且 $a \mid c$，而且 $b > c$，则 $a \mid (b-c)$。

(3) 如果 $a \mid b$ 或 $a \mid c$，则 $a \mid (bc)$。

(4) 如果 $a \mid b$ 且 $b \mid c$，则 $a \mid c$。

证明：

(1) 如果 $a \mid b$ 且 $a \mid c$，则 $b=k_1 a$ 且 $c=k_2 a$（k_1, k_2 是整数），所以，$(b+c)=(k_1+k_2)a$，即 $a \mid (b+c)$。

(2) 证明完全与(1)中的相同。

(3) 如同(1)，有 $b=k_1 a$ 或 $c=k_2 a$（k_1, k_2 是整数），则或者 $bc=k_1 ac$，或者 $bc=k_2 ab$。所以，在任何情况下都有 $a \mid bc$。

(4) 如果 $a \mid b$ 且 $b \mid c$，有 $b=k_1 a$ 且 $c=k_2 b$（k_1, k_2 是整数），所以，$c=k_2 b=k_2(k_1 a)=(k_2 k_1)a$，因而，$a \mid c$。

推论 1.1 如果 $a \mid b$ 且 $a \mid c$，则 $a \mid (mb+nc)$，其中 m, n 是整数。

定义 1.15 一个大于 1 的正整数 p 被称为素数或质数（Prime），如果仅有 p 自身和数字 1 能整除 p。大于 1 又不是素数的正整数称为合数。

例 1.12 数 2, 3, 5, 7, 11, 13 都是素数，而 4, 10, 16, 21 则是合数。

小于 100 的素数有 2, 3, 5, 7, 11, 13, 17, 19, 23, 29, 31, 37, 41, 43, 47, 53, 59, 61, 67, 71, 73, 79, 83, 89, 97。

素数是构成正整数的根本，可由下面的算术基本定理揭示。

定理 1.3 （算术基本定理）每一个大于 1 的整数 n 可以唯一地被分解成 $p_1^{k_1} p_2^{k_2} \cdots p_s^{k_s}$（其中：$p_1 < p_2 < \cdots < p_s$ 是整除 n 的不同的素数，k_i 是正整数，该正整数的值是每个素数作为 n 的因子所出现的次数）。

例 1.13

(1) $9=3 \times 3=3^2$。

(2) $24=8 \times 3=2 \times 2 \times 2 \times 3=2^3 \times 3$。

(3) $30=2 \times 3 \times 5$。

在密码学中为信息加密的某些地方往往用到大素数。证明一个整数是否是素数很重要。定理 1.4 可以得到证明一个整数为素数的方法。

定理 1.4 如果 n 是合数，那么它必有一个小于或等于 $\sqrt{n}$ 的素因子。

证明： 如果 n 是合数，则它有一个因子 a，使得 $1 < a < n$，于是 $n=ab$，其中 a 和 b 是大于 1 的正整数。这样就有 $a \leqslant \sqrt{n}$ 或 $b \leqslant \sqrt{n}$，否则 $ab > \sqrt{n} \cdot \sqrt{n}=n$。所以 n 有一个不大于 $\sqrt{n}$ 的正因子。这个因子或是素数，或根据算术基本定理有素因子。无论哪种情况，n 都有一个小

于或等于 $\sqrt{n}$ 的素因子。

根据定理 1.4,下面将给出判断一个正整数是否是素数的有效算法。

为了测试一个大于 1 的整数 n 是否是素数,有如下步骤。

第一步:检查 n 是否为 2,如果是,则 n 是素数;如果不是,则转下一步。

第二步:检查是否有 $2|n$,如果有,则 n 不是素数;否则,转下一步。

第三步:计算最大的满足 $k \leqslant \sqrt{n}$ 的整数 k。

第四步:检查是否有 $d|n$,其中 d 是任何满足 $1<d \leqslant k$ 的奇数,如果 $d|n$,则 n 不是素数,否则 n 是素数。

测试一个整数是否是素数是计算机中常有的测试。这里所给出的算法,对于一个很大的整数来说,并不十分有效,但也有很多其他算法可以用来测试一个数是否是素数。

例 1.14　证明 101 是素数。

证明: 不超过 $\sqrt{101}$ 的素数有 2,3,5,7。因为 101 不能被 2,3,5,7 整除,所以 101 是素数。

1.2.2　最大公约数和最小公倍数

定义 1.16　如果 a,b 和 k 都是正整数,且 $k|a,k|b$,则称 k 是 a 和 b 的公约数(Common Divisor)。如果 d 是 k 中最大值,则 d 被称为最大公约数(Greatest Common Divisor),记为 $d=\gcd(a,b)$。

不全为 0 的两个整数的最大公约数一定存在,因为这两个整数的公约数集合是有限的。求两个整数的最大公约数的方法是求出所有的正的公约数,然后取其中最大的。

例 1.15　求 18 和 24 的最大公约数。

解: 18 和 24 的公约数为 1,2,3,6,所以 $\gcd(18,24)=6$。

例 1.16　求 25 和 27 的最大公约数。

解: 25 和 27 除 1 外没有其他正的公约数,所以 $\gcd(25,27)=1$。

定义 1.17　如果 a,b 是任意正整数,且 $\gcd(a,b)=1$,则称 a 与 b 是互素的(Relatively Prime)。

由例 1.16 可知,25 和 27 是互素的。

定义 1.18　整数 $a_1,a_2,\cdots,a_n$,若对于任意的 $1 \leqslant i<j \leqslant n$,都有 $\gcd(a_i,a_j)=1$,则称整数 $a_1,a_2,\cdots,a_n$ 两两互素。

例 1.17　判断整数 14,25,27 是否为两两互素,判断整数 12,25,27 是否为两两互素。

解: 因为 $\gcd(14,25)=1,\gcd(14,27)=1,\gcd(25,27)=1$,故整数 14,25,27 是两两互素的。

因为 $\gcd(12,27)=3>1$,故整数 12,25,27 不是两两互素的。

求两个整数的最大公约数的另一个方法是利用整数的素因子分解。

假定两个不为 0 的整数 a,b 的素因子分解为:

$$a = p_1^{a_1} p_2^{a_2} \cdots p_n^{a_n}, \quad b = p_1^{b_1} p_2^{b_2} \cdots p_n^{b_n}$$

其中每个指数都是非负整数,而且出现在 a 和 b 分解中的所有素数都包含在两个分解之中,必要时指数以 0 出现。于是 $\gcd(a,b)$ 由如下公式给出:

$$\gcd(a,b) = p_1^{\min(a_1,b_1)} p_2^{\min(a_2,b_2)} \cdots p_n^{\min(a_n,b_n)}$$

例 1.18 求 1800 和 2592 的最大公约数。

解：因为

$$1800 = 2^3 \cdot 3^2 \cdot 5^2, 2592 = 2^5 \cdot 3^4 \cdot 5^0$$

故

$$\gcd(1800, 2592) = 2^{\min(3,5)} \cdot 3^{\min(2,4)} \cdot 5^{\min(2,0)} = 2^3 \cdot 3^2 \cdot 5^0 = 72$$

最大公约数有一些有趣的性质。

定理 1.5 如果 a, b 和 d 是任意正整数，$d = \gcd(a, b)$，则

(1) $d = sa + tb$，s 和 t 是某些整数(不一定是正整数)。

(2) 如果 c 是 a 和 b 的任意公因子，则 $c \mid d$。

证明：令 x 是能被写成 $sa + tb$ 的最小正整数(对某些整数来说)，令 c 是 a 和 b 的一个公因子，由于 $c \mid a, c \mid b$，由定理 1.2，有 $c \mid x$，所以 $c \leqslant x$。

如果能够说明 x 是 a 和 b 的一个公因子，则 x 将是 a 和 b 的最大公因子。这样定理的两个部分都已证明了。

由定理 1.1，$a = qx + r$(其中 $0 \leqslant r < x$)，现必须求解 r，有

$$r = a - qx = a - q(sa + tb) = (1 - qs)a + (1 - qt)b$$

如果 r 不等于零，则由于 $r < x$，并且 r 是 a 的某一个倍数和 b 的某一个倍数的和，这就与 x 是 a 和 b 的某一个倍数和之最小的正整数的事实矛盾，这样，r 一定是 0 并且 $x \mid a$；用同样的方式，可以证明 $x \mid b$，这样结论就全部成立。

根据最大公因子的定义和定理 1.5(2)，有下面的推论。

推论 1.2 令 a, b 和 d 都是正整数，整数 d 是 a 和 b 的最大公因子当且仅当

(1) $d \mid a$ 且 $d \mid b$。

(2) 任何 c，如果 $c \mid a$ 且 $c \mid b$。

则 $c \mid d$。

定义 1.19 如果 a, b 和 k 都是正整数，且 $a \mid k, b \mid k$，则称 k 是 a 和 b 的公倍数(Common Multiple)。如果 c 是 k 中的最小值，则 c 被称为最小公倍数(Lowest Common Multiple)，记为 $c = \text{lcm}(a, b)$。

也可以用整数的素因子分解求两个整数的最小公倍数。

假定两个不为 0 的整数 a, b 的素因子分解为：

$$a = p_1^{a_1} p_2^{a_2} \cdots p_n^{a_n}, \quad b = p_1^{b_1} p_2^{b_2} \cdots p_n^{b_n}$$

其中每个指数都是非负整数，而且出现在 a 和 b 分解中的所有素数都包含在两个分解之中，必要时指数以 0 出现。于是 $\text{lcm}(a, b)$ 由如下公式给出：

$$\text{lcm}(a, b) = p_1^{\max(a_1, b_1)} p_2^{\max(a_2, b_2)} \cdots p_n^{\max(a_n, b_n)}$$

下面的结果表明，可以从最大公约数得到最小公倍数，所以不必分步去找最小公倍数。

定理 1.6 如果 a 和 b 是两个正整数，则有 $\gcd(a, b) \times \text{lcm}(a, b) = a \times b$。

证明：令 $p_1, p_2, \cdots, p_n$ 是 a 或 b 中的所有素数因子，则有

$$a = p_1^{a_1} p_2^{a_2} \cdots p_n^{a_n}, \quad b = p_1^{b_1} p_2^{b_2} \cdots p_n^{b_n}$$

其中某些 a_i 和 b_i 可能是零，则有下述结论：

$$\gcd(a, b) = p_1^{\min(a_1, b_1)} p_2^{\min(a_2, b_2)} \cdots p_n^{\min(a_n, b_n)} \text{ 且 } \text{lcm}(a, b) = p_1^{\max(a_1, b_1)} p_2^{\max(a_2, b_2)} \cdots p_n^{\max(a_n, b_n)}$$

因而

$$\gcd(a,b) \times \mathrm{lcm}(a,b) = p_1^{\min(a_1,b_1)+\max(a_1,b_1)} p_2^{\min(a_2,b_2)+\max(a_2,b_2)} \cdots p_n^{\min(a_n,b_n)+\max(a_n,b_n)}$$

$$= p_1^{a_1+b_1} p_2^{a_2+b_2} \cdots p_n^{a_n+b_n} = p_1^{a_1} p_2^{a_2} \cdots p_n^{a_n} \times p_1^{b_1} p_2^{b_2} \cdots p_n^{b_n} = a \times b$$

例如 $a=540, b=504$，将 a 和 b 分解成素因子相乘，有 $a=540=2^2 \cdot 3^3 \cdot 5$，且 $b=504=2^3 \cdot 3^2 \cdot 7$，这样所有是 a 和 b 因子的素数有 $p_1=2, p_2=3, p_3=5, p_4=7$，则 $a=540=2^3 \cdot 3^2 \cdot 5^1 \cdot 7^0$ 且 $b=504=2^3 \cdot 3^2 \cdot 5^0 \cdot 7^1$。

有　　　　　$\gcd(a,b)=2^{\min(2,3)} \cdot 3^{\min(3,2)} \cdot 5^{\min(1,0)} \cdot 7^{\min(0,1)}=2^2 \cdot 3^2=36$

而且　　　　$\mathrm{lcm}(a,b)=2^{\max(2,3)} \cdot 3^{\max(3,2)} \cdot 5^{\max(1,0)} \cdot 7^{\max(0,1)}=2^3 \cdot 3^3 \cdot 5 \cdot 7=7560$

这样　　　　$\gcd(540,504) \times \mathrm{lcm}(540,504)=36 \times 7560=272160=540 \times 504$

用分解素因子的方法求最大公约数和最小公倍数还是比较麻烦的，下面介绍一种求最大公约数的经典算法——欧几里得算法(Euclidean Algorithm)。

在介绍欧几里得算法之前，先看它怎样求 $\gcd(190,34)$。

首先用两数中的小者 34 去除两数中的大者 190，得到：

$$190 = 5 \times 34 + 20$$

34 和 190 的任何公约数也必定是 $190-5 \times 34=20$ 的因子，而且 20 和 34 的任何公约数也必定是 $5 \times 34+20=190$ 的因子。因此 34 和 190 的最大公约数与 20 和 34 的最大公约数相同。这表明，求 $\gcd(190,34)$ 的问题已被简化为求 $\gcd(34,20)$ 的问题，下一步用 20 除 34：

$$34 = 1 \times 20 + 14$$

同理，$\gcd(34,20)=\gcd(20,14)$，接着用 14 除 20：

$20=1 \times 14+6$，继续用 6 除 14；

$14=2 \times 6+2$，继续用 2 除 6；

$6=3 \times 2+0$，因为 6 整除 2，所以 $\gcd(6,2)=2$。

由于 $\gcd(190,34)=\gcd(34,20)=\gcd(20,14)=\gcd(14,6)=\gcd(6,2)=2$，最初的问题得解。

引理 1.1　令 $a=qb+r$，其中 a,b,q,r 为整数，则 $\gcd(a,b)=\gcd(b,r)$。

证明：只要证明 a 与 b 的公约数和 b 与 r 的公约数相同就可以了，因为这两对整数必定有相同的最大公约数。

现在假设 d 整除 a 和 b。于是 d 也整除 $a-qb=r$。因此 a 与 b 的公约数也是 b 与 r 的公约数。

类似地，现在假设 d 整除 b 和 r。于是 d 也整除 $qb+r=a$。因此 b 与 r 的公约数也是 a 与 b 的公约数。

于是，$\gcd(a,b)=\gcd(b,r)$。

假定 a 和 b 为正整数，$a \geqslant b$。令 $r_0=a, r_1=b$。若应用辗转相除法得：

$$r_0 = q_1 r_1 + r_2 \qquad\qquad 0 \leqslant r_2 < r_1$$

$$r_1 = q_2 r_2 + r_3 \qquad\qquad 0 \leqslant r_3 < r_2$$

$$\vdots$$

$$r_{n-2} = q_{n-1} r_{n-1} + r_n \qquad 0 \leqslant r_n < r_{n-1}$$

$$r_{n-1} = q_n r_n$$

最终在辗转相除序列中会出现余数为 0，因为在余数序列 $a=r_0 > r_1 > r_2 > \cdots \geqslant 0$ 中至多包含 a 项。从而由引理 1.1 知：

$$\gcd(a,b) = \gcd(r_0,r_1) = \gcd(r_1,r_2) = \cdots = \gcd(r_{n-1},r_n) = \gcd(r_n,0) = r_n$$

因此,最大公约数是除法序列中最后一个非零余数。

例 1.19 用欧几里得算法求 414 和 662 的最大公约数。

解:因为 414<662,所以,

由 414 除 662:662=1×414+248;

由 248 除 414:414=1×248+166;

由 166 除 248:248=1×166+82;

由 82 除 166:166=2×82+2;

由 2 除 82:82=41×2;

所以 $\gcd(662,414)=2$。

可以将欧几里得算法写成伪码形式。

```
int gcd( int a, int b)
{
  int x,y,r;
  x = min(a,b);
  y = max(a,b);
  while(x<>0)
  {
  r = y mod x;
  y = x;
  x = r;
}
  return y;
}
```

1.2.3 模运算

有时只关心一个整数被另一个指定的正整数除时的余数。例如从现在开始 50 个小时以后的时间,我们关心的是当前的钟点数加上 50 除以 24 的余数。由于往往只对余数感兴趣,我们用专门的符号表示它。

定义 1.20 令 a 为整数,m 为正整数。用 $a \bmod m$ 表示 a 被 m 除的余数。

从余数的定义知,$a \bmod m$ 是使 $a=qm+r$ 且 $0\leqslant r<m$ 的整数 r。

例如 $17 \bmod 5=2$,$-133 \bmod 9=2$,$2001 \bmod 101=82$。

还有一个用来表示两个整数被正整数 m 除时有相同余数的符号。

定义 1.21 若 a,b 为整数,m 为正整数,如果 m 整除 $a-b$,就说 a 与 b 模 m 同余,用 $a\equiv b(\bmod m)$ 表示。

注意 $a\equiv b(\bmod m)$ 当且仅当 $a \bmod m=b \bmod m$。

例 1.20 判断 31 是否与 16 模 3 同余,24 是否与 14 模 6 同余。

解:因为 $31-16=15$ 被 3 整除,所以 $31\equiv16(\bmod 3)$,但 $24-14=10$ 不能被 6 整除,所以 24 与 14 不模 6 同余。

同余的概念在数论发展中起着重要的作用,定理 1.7 给出了一个使用同余的方法。

定理 1.7 令 m 为正整数,整数 a 和 b 模 m 同余的充分必要条件是存在整数 k,使得 $a=b+km$。

证明：若 $a\equiv b(\bmod m)$，那么 $m\mid(a-b)$。表明存在整数 k，使得 $a-b=km$，于是 $a=b+km$。

若存在整数 k，使得 $a=b+km$，那么 $a-b=km$，则 $m\mid(a-b)$，所以 $a\equiv b(\bmod m)$。

定理 1.8 令 m 为正整数，若 $a\equiv b(\bmod m)$，$c\equiv d(\bmod m)$，那么 $(a+c)\equiv(b+d)(\bmod m)$ 及 $ac\equiv bd(\bmod m)$。

证明：若 $a\equiv b(\bmod m)$，$c\equiv d(\bmod m)$，那么存在整数 p 和 q，使得 $a=b+pm$，$c=d+qm$。于是 $a+c=b+pm+d+qm=(b+d)+(p+q)m$，得 $(a+c)\equiv(b+d)(\bmod m)$ 及 $ac=(b+pm)(d+qm)=bd+(bq+dp+pqm)m$，得 $ac\equiv bd(\bmod m)$。

同余在为计算机文件分配内存地址、生成伪随机数及在密码系统中均有重要的应用。

1.3 序列和递推关系

1.3.1 序列

定义 1.22 一个序列(Sequence)就是按某种顺序排列的一张表。

当序列中的元素仅有有限个元素时，此序列为有限序列(Finite Sequence)，否则称为无限序列(Infinite Sequence)。在序列中元素是可以重复的(与集合不同)。如果用 a_n 来表示这个序列中的一个元素，则可以用 $\{a_n\}$ 表示此序列。

例 1.21 序列 $1,0,0,1,0,1,0,0,1,1,1,1$ 是一个有限的可重复的序列。例如数字 0 出现在序列的第 2、第 3、第 5、第 7、第 8 的位置上。

例 1.22 序列 $3,8,13,18,23,\cdots$ 是一个无限序列，$1,4,9,16,25,\cdots$ 是所有正整数的平方。如用 $\{a_n\}$ 表示此序列，则有

$$a_1=1,\quad a_2=4,\quad a_3=9,\cdots$$

例 1.23 由下面的规律定义序列 $\{a_n\}$。

$$a_n=n^2-1\quad(n\geqslant 1)$$

则序列的前 6 项是 $0,3,8,15,24,35$，第 50 项是 2499。

例 1.24 定义序列 u，其规律为 u_n 是词 digital 的第 n 个字母，则有

$$u_1=d,\quad u_2=i,\quad u_3=g,\quad u_4=i,\quad u_5=t,\quad u_6=a,\quad u_7=l$$

此序列是一个有限序列。

例 1.25 设 x 是一个序列，$x_n=\dfrac{1}{2^n}(1\leqslant n\leqslant 4)$，则 x 的元素是：$1/2,1/4,1/8,1/16$。

说明：设 v 是一个无限序列，其第 1 项是 v_1，则可用下述方式表示。

$$\{v_n\}_{n=1}^{\infty}$$

设 v 是一个有限序列，其下标是从 i 到 j，则可用下述方式表示。

$$\{v_n\}_{n=i}^{j}$$

定义 1.23 设 $S=\{a_n\}$ 是一个序列。

(1) 如对任意的 n，有 $a_n\leqslant a_{n+1}$，则序列 S 称为增序列(Increase Sequence)。

(2) 如对任意的 n，有 $a_{n+1}\leqslant a_n$，则序列 S 称为减序列(Decrease Sequence)。

例如在例 1.22,例 1.23 中的序列都是增序列;例 1.25 中的序列则为减序列。

定义 1.24 对于 $n=m,m+1,\cdots$,令 $\{s_n\}$ 是一个序列,且令 $n_1,n_2,n_3,\cdots$ 是一个增序列,对于所有的值在 $\{m,m+1,\cdots\}$ 中的 k 值,满足 $n_k<n_{k+1}$,称序列 $\{s_{n_k}\}$ 是 $\{s_n\}$ 的一个子序列(Subsequence)。

例 1.26 序列 b,c 是序列 $t_1=a,t_2=a,t_3=b,t_4=c,t_5=q$ 中选择第 3 和第 4 项而得到的子序列 t_3,t_4。

而序列 c,d 则不是序列 $t_1=a,t_2=a,t_3=b,t_4=c,t_5=q$ 中的子序列。

例 1.27 序列 $2,4,8,16,\cdots,2^k$ 是序列 $2,4,6,8,10,12,14,16,\cdots,2n,\cdots$ 中选择第 $1,2,4,8,\cdots$ 项而得到的子序列,其中 $n_k=2^{k-1}$。

如果用 $s_n=2n$ 来表示序列 $2,4,6,8,10,\cdots,2n,\cdots$,则子序列由下式定义:$s_{n_k}=s_{2^{k-1}}=2\times 2^{k-1}=2^k$。

1.3.2 序列求和

对于序列,也同"数"一样,可以进行"项"之间的相加运算和相乘运算。

定义 1.25 如 $\{a_i\}_{i=m}^n$ 是一个序列,定义:

$$\sum_{i=m}^n a_i = a_m + a_{m+1} + \cdots + a_n, \quad \prod_{i=m}^n a_i = a_m \cdot a_{m+1}\cdots a_n$$

式子 $\sum_{i=m}^n a_i$ 称为和(Sigma)符号,而式子 $\prod_{i=m}^n a_i$ 称为积符号。i 称为下标,m 称为下界,n 称为上界。

例 1.28 令 a 是由 $a_n=2n,n\geq 1$ 定义的序列,则

$$\sum_{i=1}^3 a_i = a_1 + a_2 + a_3 = 2+4+6 = 12$$

$$\prod_{i=1}^3 a_i = a_1 \cdot a_2 \cdot a_3 = 2\times 4\times 6 = 48$$

下面列出几个有用的求和公式。

(1) $\sum_{i=0}^n ar^k = \dfrac{ar^{n+1}-a}{r-1}, r\neq 1$。

(2) $\sum_{i=1}^n i = \dfrac{n(n+1)}{2}$。

(3) $\sum_{i=1}^n i^2 = \dfrac{n(n+1)(2n+1)}{6}$。

(4) $\sum_{i=1}^n i^3 = \dfrac{n^2(n+1)^2}{4}$。

1.3.3 递推关系

Fibonacci 数列是递推关系中一个典型的问题,问题是这样描述的:一般而言,兔子在出生两个月后,就有繁殖能力,一对兔子每个月能生出一对小兔子。如果所有兔子都不死,那么 n 个月以后总共有多少对兔子?

不妨拿新出生的一对小兔子分析一下。

第 1 个月有兔子一对,第 2 个月仍是一对,第 3 个月便有了两对,两对中有一对是新生的,所以第 4 个月便有了三对,因为第 4 个月那对老兔子又生了一对,第 5 个月便又增加两对兔子共五对,因为第 3 个月出生的兔子也开始生育了。

令 F_n 为第 n 个月的兔子对数,则 F_{n-2} 表示第 $n-2$ 个月的兔子的对数,这些兔子到第 n 个月有生育能力。令 N_n 表示第 n 个月新出生的兔子对数,Q_n 表示上月留下的兔子对数,于是有 $N_n=F_{n-2}$,$Q_n=F_{n-1}$。所以:

$$F_n = Q_n + N_n = F_{n-1} + F_{n-2} \quad (n > 2)$$
$$F_1 = 1, \quad F_2 = 1$$

定义 1.26 关于序列 $\{a_n\}$ 的递推关系是一个等式,它把 a_n 用序列中在 a_n 前面的一项或多项即 $a_0,a_1,\cdots,a_{n-1}$ 来表示,这里 $n \geqslant n_0$,n_0 是一个非负整数。如果一个序列的项满足递推关系,这个序列就叫作递推关系的解。

例 1.29 令 $\{a_n\}$ 是一个序列,它满足递推关系 $a_n=a_{n-1}-a_{n-2}$,$n=2,3,4,\cdots$ 且 $a_0=3$,$a_1=5$,那么 a_2 和 a_3 是多少?

解 从递推关系可以看出,$a_2=a_1-a_0=5-3=2$ 且 $a_3=a_2-a_1=2-5=-3$。

序列的初始条件说明了在递推关系起作用的首项之前的那些项。例如,例 1.29 中的 $a_0=3$ 和 $a_1=5$ 是初始条件。递推关系和初始条件唯一地决定了一个序列。这是由于一个递推关系和初始条件一起提供了这个序列的递归定义。只要使用足够多次,序列的任何一项都可以从初始条件开始通过递推关系求出。

下面举例说明利用递推关系求解问题。

例 1.30 汉诺(Hanoi)塔问题是 19 世纪后期的一个著名游戏。它由安装在一个板上的 3 根柱子和若干个大小不同的盘子构成。开始时,这些盘子按照大小的次序放在第 1 根(最左边)柱子上,使得大盘子在最底下。游戏的规则是:每一次把第 1 个盘子从 1 根柱子移动到另 1 根柱子,但是不允许把这个盘子放在比它小的盘子上面。游戏的目的是将所有盘子按照大小次序都放到第 3 根(最右边)柱子上,并且将最大的盘子放在底部。问如何移动盘子完成游戏及移动 n 个盘子所需要的移动次数?

解 设移动 n 个盘子的汉诺塔问题所需要的移动次数为 H_n,建立一个关于序列 $\{H_n\}$ 的递推关系。开始时 n 个盘子在柱子 1,按照游戏规则可以用 H_{n-1} 次将上面的 $n-1$ 个盘子移到柱子 2 上,此时柱子 1 上还留有 1 个最大的盘子;然后用 1 次移动将最大的盘子从柱子 1 到柱子 3 上;再使用 H_{n-1} 次将柱子 2 上的 $n-1$ 个盘子移动到柱子 3 上,这样就完成了游戏。

容易看出:$H_n=2H_{n-1}+1$,这就是序列 $\{H_n\}$ 的递推关系。

初始条件是 $H_1=1$,因为按照规则 1 个盘子可以用 1 次移动从柱子 1 到柱子 3。

若用迭代方法求解这个递推关系,得 $H_n=2^n-1$。

一个古老的传说告诉我们,在汉诺有一座塔,那里的僧侣按照这个游戏的规则从一个柱子到另一个柱子移动 64 个金盘子。他们 1s 移动 1 个盘子。据说当他们结束游戏时,世界末日就到了。这个世界将在僧侣开始移动盘子多少时间以后终结?

根据公式,僧侣需要 $2^{64}-1=18\,446\,744\,073\,709\,551\,615$ 次移动来搬这些盘子。每次移动需要 1s,共需 5849 亿年来完成游戏。

例 1.31 要爬到一个小山的顶点,需要上 100 级台阶。可以一步上一级台阶,也可以一步上两级台阶,有多少种不同的上山方式呢?

解:设爬山的台阶数为 n,上到第 n 级台阶的方式数为 a_n。

若只有一级台阶,上山方式只有一种,即 $a_1=1$。

若有两级台阶,可以两小步(每步一级台阶)上去,也可以一大步(上两级台阶)上去,即 $a_2=2$。

若有 3 个台阶,可以全用小步上去,也可一大一小,或一小一大,因此,$a_3=3$。

若有 n 个台阶,上到第 n 个台阶的方式数为 a_n,可分成两类:第一类是从第 $n-1$ 个台阶迈一小步上去的,共有 a_{n-1} 种;第二类是从第 $n-2$ 个台阶迈一大步上去的,共有 a_{n-2} 种。由于最后一步的上法不同,所以这两类上法是不同的。又依定义,a_{n-1} 的各种上法是不同的,a_{n-2} 的各种上法也是不同的,所以这样求得的上山方式数

$$a_n = a_{n-1} + a_{n-2}$$

既未多算(无重复),也未少算(无漏算)。

于是得到递推关系

$$\begin{cases} a_n = a_{n-1} + a_{n-2}, & n > 2 \\ a_1 = 1, & a_2 = 2 \end{cases}$$

例 1.32 一个计算机系统把一个十进制数字串作为一个编码字,如果它包含有偶数个 0,就是有效的,例如,54 304 709 是有效的,而 2 303 089 079 是无效的。设 a_n 是有效的 n 位编码字的个数,试找出一个关于 a_n 的递推关系。

解:显然存在 9 个 1 位的有效编码字,即 $1\sim9$,所以 $a_1=9$。通过考虑怎样由 $n-1$ 位的数字串构成一个 n 位有效数字串就可以推导出关于这个序列的递推关系。从少 1 位数字的串构成 n 位有效数字串有两种方式。

第一种,在一个 $n-1$ 位的有效数字串后面加一个非 0 的数字就可以得到 n 位有效的数字串。加一个非 0 的数字的方式有 9 种。因此用这种方式构成 n 位有效数字串的方式有 $9a_{n-1}$ 种。

第二种,在一个无效的 $n-1$ 位数字串后面加一个 0 就可以得到 n 位有效的数字串。因为无效的 $n-1$ 位数字串中有奇数个 0,再加一个 0 就有偶数个 0。这样做的方式数等于无效的 $n-1$ 位数字串的个数,共 $10^{n-1}-a_{n-1}$。

因为所有的 n 位有效数字串都由这两种方式之一产生,从而

$$a_n = 9a_{n-1} + (10^{n-1} - a_{n-1}) = 8a_{n-1} + 10^{n-1}$$

1.4 矩阵

1.4.1 矩阵的概念

矩阵在计算机科学中有许多应用,在关系和图论的研究中发挥着非常重要的作用。

定义 1.27 一个矩阵就是一些数的矩形排列,这些数以 m 行和 n 列排列如下。

$$A = \begin{bmatrix} a_{11} & a_{12} & \cdots & a_{1n} \\ a_{21} & a_{22} & \cdots & a_{2n} \\ \vdots & \vdots & \ddots & \vdots \\ a_{m1} & a_{m2} & \cdots & a_{mn} \end{bmatrix}$$

其中,A 的第 i 行是 $(a_{i1}, a_{i2}, \cdots, a_{in})$,$1 \leqslant i \leqslant m$,而 A 的第 j 列是 $\begin{bmatrix} a_{1j} \\ a_{2j} \\ \vdots \\ a_{mj} \end{bmatrix}$,$1 \leqslant j \leqslant n$。称 A 为 $m \times n$ 矩阵(m by n Matrix);如果 $m = n$,则称 A 为一个 n 阶方阵(Square Matrix of Order),元素 $a_{11}, a_{22}, \cdots, a_{nn}$ 形成了 A 的主对角(The Main Diagonal),元素 a_{ij} 称为矩阵 A 的第 i 行第 j 列的元素,常将矩阵记为 $A = [a_{ij}]$。

例 1.33 令:

$$A = \begin{bmatrix} 4 & 1 & 6 \\ 2 & 3 & 8 \end{bmatrix}, \quad B = \begin{bmatrix} 1 & 2 \\ 5 & 4 \end{bmatrix}, \quad C = (2 \quad 1 \quad 0 \quad 3),$$

$$D = \begin{bmatrix} -1 \\ 4 \\ 0 \end{bmatrix}, \quad E = \begin{bmatrix} 1 & 0 & 2 \\ 4 & 6 & -1 \\ 6 & 2 & 1 \end{bmatrix}$$

则 A 是 2×3 矩阵;B 是 2×2 矩阵;C 是 1×4 矩阵;D 是 3×1 矩阵;E 是 3×3 矩阵。

定义 1.28 如果一个方阵 $A = [a_{ij}]$ 除对角线以外的每个非对角线的元素都为零,即 $a_{ij} = 0 (i \neq j)$,则称该矩阵为对角矩阵(Diagonal Matrix),记为 $\mathrm{diag}[a_{11}, a_{22}, \cdots, a_{nn}]$。

例 1.34 下面的每一个矩阵都是对角矩阵:

$$F = \begin{bmatrix} 1 & 0 \\ 0 & -1 \end{bmatrix}, \quad G = \begin{bmatrix} 1 & 0 & 0 \\ 0 & 2 & 0 \\ 0 & 0 & 3 \end{bmatrix}$$

定理 1.9 两个 $m \times n$ 矩阵 $A = [a_{ij}]$ 和 $B = [b_{ij}]$ 被称为是相等的当且仅当 $a_{ij} = b_{ij} (1 \leqslant i \leqslant m, 1 \leqslant j \leqslant n)$,即所有对应元素都相同。

利用一般元素 a_{ij}, b_{ij} 的定义,很容易说明这一点。

例 1.35 如果 $A = \begin{bmatrix} 3 & -2 & -4 \\ 4 & 0 & 2 \\ 4 & -5 & 8 \end{bmatrix}$ 和 $B = \begin{bmatrix} 3 & -2 & y \\ x & 0 & 2 \\ 4 & -5 & z \end{bmatrix}$,则 $A = B$ 当且仅当 $x = 4$,$y = -4$ 和 $z = 8$。

1.4.2 矩阵的运算

定义 1.29 如果 $A = [a_{ij}]$ 和 $B = [b_{ij}]$ 是两个 $m \times n$ 矩阵,则 A, B 的和(Sum)是矩阵 $C = A + B = [c_{ij}]$,其中 $c_{ij} = a_{ij} + b_{ij} (1 \leqslant i \leqslant m, 1 \leqslant j \leqslant n)$。即 C 是由矩阵 A 和 B 的对应位置的元素相加而得到的。

大小相同的两个矩阵的和是将它们对应位置上的元素相加得到的,大小不同的两个矩阵不能相加。

例 1.36　令 $A=\begin{bmatrix}1 & 0 & -1\\2 & 2 & -3\\3 & 4 & 0\end{bmatrix}$ 和 $B=\begin{bmatrix}3 & 4 & -1\\1 & -3 & 0\\-1 & 1 & 2\end{bmatrix}$，则

$$A+B=\begin{bmatrix}1+3 & 0+4 & -1+(-1)\\2+1 & 2+(-3) & -3+0\\3+(-1) & 4+1 & 0+2\end{bmatrix}=\begin{bmatrix}4 & 4 & -2\\3 & -1 & -3\\2 & 5 & 2\end{bmatrix}$$

定义 1.30　一个矩阵 A 如果它的所有元素都为 0，则称此矩阵 A 为零矩阵(Zero Matrix)。

下面的每一个矩阵都是零矩阵：

$$\begin{bmatrix}0 & 0\\0 & 0\end{bmatrix}, \quad \begin{bmatrix}0 & 0 & 0\\0 & 0 & 0\end{bmatrix}, \quad \begin{bmatrix}0 & 0 & 0 & 0\\0 & 0 & 0 & 0\\0 & 0 & 0 & 0\end{bmatrix}$$

下面将给出矩阵的一些基本性质。

定理 1.10　如果 A、B 和 C 都是 $m\times n$ 矩阵，则有

(1) $A+B=B+A$。

(2) $(A+B)+C=A+(B+C)$。

(3) $A+0=0+A=A$。

定义 1.31　如果 $A=[a_{il}]$ 是 $m\times p$ 矩阵，$B=[b_{lj}]$ 是 $p\times n$ 矩阵，则 A 和 B 的积 (Product) 是 $m\times n$ 矩阵 $C=A\times B=[c_{ij}]$，其中 $c_{ij}=a_{i1}b_{1j}+a_{i2}b_{2j}+\cdots+a_{ip}b_{pj}=\sum_{k=1}^{p}a_{ik}b_{kj}$ $(1\leqslant i\leqslant m,1\leqslant j\leqslant n)$。即矩阵 C 中 (i,j) 位置的值是由矩阵 A 的第 i 行 $a_{i1},a_{i2},\cdots,a_{ip}$ 和矩阵 B 的第 j 列 $b_{1j},b_{2j},\cdots,b_{pj}$ 对应位置元素相乘再相加而得到的。记 $C=A\times B$。

例 1.37　求矩阵 $A=\begin{bmatrix}-1 & 0 & 2\\0 & 1 & 0\\1 & -1 & 1\end{bmatrix}$ 和 $B=\begin{bmatrix}2 & 2\\1 & 3\\0 & 1\end{bmatrix}$ 的乘积 $A\times B$。

解：

$$A\times B=\begin{bmatrix}-1 & 0 & 2\\0 & 1 & 0\\1 & -1 & 1\end{bmatrix}\begin{bmatrix}2 & 2\\1 & 3\\0 & 1\end{bmatrix}$$

$$=\begin{bmatrix}(-1)\times 2+0\times 1+2\times 0 & (-1)\times 2+0\times 3+2\times 1\\0\times 2+1\times 1+0\times 0 & 0\times 2+1\times 3+0\times 1\\1\times 2+(-1)\times 1+1\times 0 & 1\times 2+(-1)\times 3+1\times 1\end{bmatrix}$$

$$=\begin{bmatrix}-2 & 0\\1 & 3\\1 & 0\end{bmatrix}$$

可以用如下的伪码来表示矩阵的乘法：

```
void mult( int a[ ], int b[ ], int c[ ] ) {
  //以二维数组存储矩阵元素,c 为 a 和 b 的乘积
  for (i = 1;i <= m; ++i)
```

```
for (j = 1;j <= n; ++j) {
    c[i,j] = 0;
    for (k = 1;k <= p; ++k)
        c[i,j] += a[i,k] * b[k,j];
} //for
} //mult
```

矩阵加法的性质与实数加法的性质非常相似,但矩阵乘法的性质与实数乘法的性质却不完全相同。首先,如果 A 是 $m \times p$ 矩阵,B 是 $p \times n$ 矩阵,则 A 和 B 的积是 $m \times n$ 矩阵 C;其次,矩阵 $A \times B$ 的计算结果是 $m \times n$ 矩阵,但矩阵 $B \times A$ 却不是,甚至是不可计算的。

为此,关于矩阵的乘法有如下三种情况。

定理 1.11　如果 A 是 $m \times p$ 矩阵,B 是 $p \times n$ 矩阵,则

(1) $B \times A$ 可能不能定义(当 $m \neq n$ 时)。

(2) $B \times A$ 可以定义(当 $m = n$ 时),但 $B \times A$ 是 $p \times p$ 矩阵,而 $A \times B$ 是 $m \times m$ 矩阵。

(3) $A \times B$ 和 $B \times A$ 可能是相同维数,但仍有 $A \times B \neq B \times A$。

例 1.38　令 $A = \begin{bmatrix} 1 & -1 \\ -1 & 1 \end{bmatrix}$ 和 $B = \begin{bmatrix} 1 & 1 \\ -1 & -1 \end{bmatrix}$,则 $A \times B = \begin{bmatrix} 2 & 2 \\ -2 & -2 \end{bmatrix}$ 和 $B \times A = \begin{bmatrix} 0 & 0 \\ 0 & 0 \end{bmatrix}$。

关于矩阵的乘法和加法有如下定理。

定理 1.12　如果 A、B 和 C 都是 $n \times n$ 方阵,则

(1) $A \times (B \times C) = (A \times B) \times C$。

(2) $A \times (B + C) = A \times B + A \times C$。

(3) $(A + B) \times C = A \times C + B \times C$。

定义 1.32　$n \times n$ 的对角矩阵

$$I = \begin{bmatrix} 1 & 0 & \cdots & 0 \\ 0 & 1 & \cdots & 0 \\ \vdots & \vdots & \ddots & \vdots \\ 0 & 0 & \cdots & 1 \end{bmatrix}$$

称为阶为 n 的单位矩阵(Identity Matrix)。

定理 1.13　如果 A 是 $m \times n$ 矩阵,I_k 表示 k 阶单位矩阵,则有

(1) $I_m \times A = A \times I_n = A$。

(2) $A^m \times A^n = A^{m+n}$。

(3) $(A^m)^n = A^{mn}$。

(4) 如果 $A \times B = B \times A$,则 $(A \times B)^n = A^n \times B^n$。定理中(2)、(3)、(4)要求矩阵 A 为方阵。

定义 1.33　如果 $A = [a_{ij}]$ 是 $m \times n$ 矩阵,则 $n \times m$ 矩阵 $A^T = [b_{ji}]$ 被称为 A 的转置矩阵(Transpose Matrix),其中: $b_{ji} = a_{ij}(1 \leqslant i \leqslant m, 1 \leqslant j \leqslant n)$。

这样,A 的转置矩阵可以通过交换 A 的行和列元素而得到。

例 1.39　令 $A = \begin{bmatrix} 1 & 2 & 3 \\ 4 & 5 & 6 \end{bmatrix}$ 且 $B = \begin{bmatrix} 7 \\ 8 \\ 9 \end{bmatrix}$,则

$$A^T = \begin{bmatrix} 1 & 4 \\ 2 & 5 \\ 3 & 6 \end{bmatrix}, \quad B^T = \begin{bmatrix} 7 & 8 & 9 \end{bmatrix}$$

下面是关于转置矩阵运算的一些性质。

定理 1.14 如果 $\boldsymbol{A}$ 和 $\boldsymbol{B}$ 是矩阵,则

(1) $(\boldsymbol{A}^{\mathrm{T}})^{\mathrm{T}} = \boldsymbol{A}$。

(2) $(\boldsymbol{A}+\boldsymbol{B})^{\mathrm{T}} = \boldsymbol{A}^{\mathrm{T}}+\boldsymbol{B}^{\mathrm{T}}$。

(3) $(\boldsymbol{A}\times\boldsymbol{B})^{\mathrm{T}} = \boldsymbol{B}^{\mathrm{T}}\times\boldsymbol{A}^{\mathrm{T}}$。

定义 1.34 一个矩阵被称为对称矩阵(Symmetric Matrix),如果 $\boldsymbol{A}^{\mathrm{T}}=\boldsymbol{A}$。

这样,如果 $\boldsymbol{A}$ 是对称矩阵,则 $\boldsymbol{A}$ 必须是一个方阵,易知:$\boldsymbol{A}$ 是对称的,当且仅当 $a_{ij}=a_{ji}$。即 $\boldsymbol{A}$ 是对称的当且仅当 $\boldsymbol{A}$ 的全部元素关于 $\boldsymbol{A}$ 的主对角线是对称的。

例 1.40 如 $\boldsymbol{A}=\begin{bmatrix} 1 & 2 & 3 \\ 2 & 0 & 4 \\ 3 & 4 & 5 \end{bmatrix}$ 和 $\boldsymbol{B}=\begin{bmatrix} 1 & 2 & 3 \\ 2 & 0 & 4 \\ 4 & 3 & 5 \end{bmatrix}$,则 $\boldsymbol{A}$ 是对称矩阵,而 $\boldsymbol{B}$ 不是对称矩阵。

1.4.3 布尔矩阵

定义 1.35 一个 $m\times n$ 矩阵是布尔矩阵(Boolean Matrix)(0-1 矩阵),当它的所有元素都是 0 或 1 时。

下面将定义关于布尔矩阵的三个运算,这些运算会在关系和图论中应用到。

定义 1.36 如果 $\boldsymbol{A}=[a_{ij}]$ 和 $\boldsymbol{B}=[b_{ij}]$ 是两个 $m\times n$ 矩阵,则 $\boldsymbol{A}$ 和 $\boldsymbol{B}$ 的并(Join)是矩阵 $\boldsymbol{A}\vee\boldsymbol{B}=\boldsymbol{C}=[c_{ij}]$,其中:

$$c_{ij} = a_{ij} \vee b_{ij} = \begin{cases} 1, & \text{如果 } a_{ij}=1 \text{ 或 } b_{ij}=1 \\ 0, & \text{如果 } a_{ij}=0 \text{ 且 } b_{ij}=0 \end{cases} \quad (1\leqslant i\leqslant m, 1\leqslant j\leqslant n)$$

定义 1.37 如果 $\boldsymbol{A}=[a_{ij}]$ 和 $\boldsymbol{B}=[b_{ij}]$ 是两个 $m\times n$ 矩阵,则 $\boldsymbol{A}$ 和 $\boldsymbol{B}$ 的交(Meet)是矩阵 $\boldsymbol{A}\wedge\boldsymbol{B}=\boldsymbol{C}=[c_{ij}]$,其中:

$$c_{ij} = a_{ij} \wedge b_{ij} = \begin{cases} 1, & \text{如果 } a_{ij}=1 \text{ 且 } b_{ij}=1 \\ 0, & \text{如果 } a_{ij}=0 \text{ 或 } b_{ij}=0 \end{cases} \quad (1\leqslant i\leqslant m, 1\leqslant j\leqslant n)$$

例 1.41 求布尔矩阵 $\boldsymbol{A}=\begin{bmatrix} 1 & 1 & 0 \\ 1 & 0 & 1 \end{bmatrix}$ 和 $\boldsymbol{B}=\begin{bmatrix} 0 & 1 & 0 \\ 0 & 1 & 1 \end{bmatrix}$ 的并和交。

解: $\boldsymbol{A}\vee\boldsymbol{B}=\begin{bmatrix} 1\vee0 & 1\vee1 & 0\vee0 \\ 1\vee0 & 0\vee1 & 1\vee1 \end{bmatrix}=\begin{bmatrix} 1 & 1 & 0 \\ 1 & 1 & 1 \end{bmatrix}$。

$\boldsymbol{A}\wedge\boldsymbol{B}=\begin{bmatrix} 1\wedge0 & 1\wedge1 & 0\wedge0 \\ 1\wedge0 & 0\wedge1 & 1\wedge1 \end{bmatrix}=\begin{bmatrix} 0 & 1 & 0 \\ 0 & 0 & 1 \end{bmatrix}$。

现在定义布尔矩阵中的一种最重要的运算——布尔积运算。

定义 1.38 如果 $\boldsymbol{A}=[a_{ij}]$ 是 $m\times p$ 矩阵,$\boldsymbol{B}=[b_{ij}]$ 是 $p\times n$ 矩阵,则 $\boldsymbol{A}$ 和 $\boldsymbol{B}$ 的布尔积(Boolean Product)是 $m\times n$ 矩阵 $\boldsymbol{C}=\boldsymbol{A}\cdot\boldsymbol{B}=[c_{ij}]$,其中:

$$c_{ij} = (a_{i1} \wedge b_{1j}) \vee (a_{i2} \wedge b_{2j}) \vee \cdots \vee (a_{ip} \wedge b_{pj})$$

这种求积与矩阵的一般矩阵求积非常类似,只是用运算 $\vee$ 代替加法,用运算 $\wedge$ 代替乘法。

例 1.42 令 $\boldsymbol{A}=\begin{bmatrix} 1 & 0 \\ 0 & 1 \\ 1 & 0 \end{bmatrix}$ 和 $\boldsymbol{B}=\begin{bmatrix} 0 & 1 & 0 \\ 0 & 1 & 1 \end{bmatrix}$,计算 $\boldsymbol{A}\cdot\boldsymbol{B}$。

$$\text{解}: A \cdot B = \begin{bmatrix} (1 \wedge 0) \vee (0 \wedge 0) & (1 \wedge 1) \vee (0 \wedge 1) & (1 \wedge 0) \vee (0 \wedge 1) \\ (0 \wedge 0) \vee (1 \wedge 0) & (0 \wedge 1) \vee (1 \wedge 1) & (0 \wedge 0) \vee (1 \wedge 1) \\ (1 \wedge 0) \vee (0 \wedge 0) & (1 \wedge 1) \vee (0 \wedge 1) & (1 \wedge 0) \vee (0 \wedge 1) \end{bmatrix} = \begin{bmatrix} 0 & 1 & 0 \\ 0 & 1 & 1 \\ 0 & 1 & 0 \end{bmatrix}$$

可以用如下的伪码来表示布尔矩阵的乘法：

```
void mult_Boolean( int a[ ], int b[ ], int c[ ] ) {
   //以二维数组存储矩阵元素,c 为 a 和 b 的乘积
   for (i = 1;i <= m; ++i)
      for (j = 1;j <= n; ++j) {
         c[i,j] = 0;
         for (k = 1;k <= p; ++k)
            c[i,j]∨ = a[i,k]∧b[k,j];
      } //for
} //mult_Boolean
```

习题 1

1. 用列元素法表示下列集合。

(1) $S_1 = \{x \mid x$ 是十进制的数字$\}$。

(2) $S_2 = \{x \mid x = 2$ 或 $x = 5\}$。

(3) $S_3 = \{x \mid x \in \mathbf{Z}$ 且 $3 < x < 12\}$。

(4) $S_4 = \{x \mid x \in \mathbf{R}$ 且 $x^2 - 1 = 0$ 且 $x > 3\}$。

(5) $S_5 = \{\langle x, y \rangle \mid x, y \in \mathbf{Z}$ 且 $0 \leqslant x \leqslant 2$ 且 $-1 \leqslant y \leqslant 0\}$。

2. 确定下列式子是否成立。

(1) $\varnothing \subseteq \varnothing$。

(2) $\varnothing \in \varnothing$。

(3) $\varnothing \subseteq \{\varnothing\}$。

(4) $\varnothing \in \{\varnothing\}$。

(5) $\{a,b\} \subseteq \{a,b,c,\{a,b,c\}\}$。

(6) $\{a,b\} \subseteq \{a,b,c,\{a,b\}\}$。

(7) $\{a,b\} \subseteq \{a,b,c,\{\{a,b\}\}\}$。

(8) $\{a,b\} \in \{a,b,c,\{\{a,b\}\}\}$。

3. 设 $S_1 = \{1,2,3,\cdots,8,9\}, S_2 = \{2,4,6,8\}, S_3 = \{1,3,5,7,9\}, S_4 = \{3,4,5\}, S_5 = \{3,5\}$。确定在以下条件下 X 可能与 $S_1, S_2, \cdots, S_5$ 中哪个集合相等。

(1) 若 $X \cap S_5 = \varnothing$。

(2) 若 $X \subseteq S_4$ 但 $X \cap S_2 = \varnothing$。

(3) $X \subseteq S_1$ 且 $X \nsubseteq S_3$。

(4) 若 $X - S_3 = \varnothing$。

(5) 若 $X \subseteq S_3$ 且 $X \nsubseteq S_1$。

4. 求下列集合的幂集。

(1) $\{a,b,c\}$。

(2) $\{1,\{2,3\}\}$。

(3) $\{\varnothing\}$。

(4) $\{\varnothing,\{\varnothing\}\}$。

5. 设 $E=\{1,2,3,4,5,6\}$，$A=\{1,4\}$，$B=\{1,2,5\}$，$C=\{2,4\}$，求下列集合。

(1) $A\bigcap\bar{B}$。

(2) $(A\bigcap B)\bigcup\bar{C}$。

(3) $\overline{A\bigcap B}$。

(4) $P(A)\bigcap P(B)$。

(5) $P(A)-P(B)$。

6. 设 A,B,C,D 是 $\mathbf{Z}$ 的子集，其中

$A=\{1,2,7,8\}$；

$B=\{x\,|\,x<50\ \text{且}\ x\ \text{为偶数}\}$；

$C=\{x\,|\,x\in\mathbf{Z}\ \text{且}\ 0\leqslant x\leqslant 30\ \text{且}\ x\ \text{可以被}\ 3\ \text{整除}\}$；

$D=\{x\,|\,x=2k\ \text{且}\ k\in\mathbf{Z}\ \text{且}\ 0\leqslant k\leqslant 6\}$。

用列元素法表示下列集合：

(1) $A\bigcup B\bigcup C\bigcup D$。

(2) $A\bigcap B\bigcap C\bigcap D$。

(3) $B-(A\bigcup C)$。

(4) $(\bar{A}\bigcap B)\bigcup D$。

7. 化简下列集合表达式。

(1) $((A\bigcup B)\bigcap B)-(A\bigcup B)$。

(2) $((A\bigcup B\bigcup C)-(B\bigcup C))\bigcup A$。

(3) $(B-(A\bigcap C))\bigcup(A\bigcap B\bigcap C)$。

(4) $(A\bigcap B)-(C-(A\bigcup B))$。

8. 画出下列集合的文氏图。

(1) $\bar{A}\bigcap\bar{B}$。

(2) $A\oplus(B\bigcup C)$。

(3) $A\bigcap(\bar{B}\bigcup C)$。

9. 对于任意集合 A,B,C，若 $A\times B\subseteq A\times C$，是否一定有 $B\subseteq C$ 成立？为什么？

10. 设 F 表示一年级大学生的集合，S 表示二年级大学生的集合，M 表示数学专业学生的集合，R 表示计算机专业学生的集合，T 表示听离散数学课学生的集合，G 表示星期一晚上参加音乐会的学生的集合，H 表示星期一晚上很迟才睡觉的学生的集合。问下列各句子所对应的集合表达式分别是什么？

(1) 所有计算机专业二年级的学生都在学离散数学课。

(2) 这些且只有听离散数学课的学生或者星期一晚上去参加音乐会的学生在星期一晚上很迟才睡觉。

(3) 听离散数学课的学生都没参加星期一晚上的音乐会。

(4) 这个音乐会只有大学一、二年级的学生参加。

(5) 除去数学专业和计算机专业以外的二年级学生都去参加了音乐会。

11. 假设全集 $U=\{1,2,3,4,5,6,7,8,9,10\}$，用位串表示下列各集合。

(1) $\{3,4,5\}$。(2) $\{1,4,5,7,10\}$。(3) $\{2,4,5,6,8,9\}$。

12. 使用题 11 中相同的全集，求下列位串所代表的集合。

(1) 11 1100 1111。(2) 01 0111 1000。(3) 10 0000 0001。

13. 证明：如果 $a|b$ 及 $b|a$，其中 a,b 均为整数，则必有 $a=b$ 或 $a=-b$。

14. 证明：若 a,b,c,d 为整数，使 $a|c,b|d$，则 $ab|cd$。

15. 证明：若 a,b,c 为整数，使 $ac|bc$，则 $a|b$。

16. 判断下列各数是否为素数。

(1) 19。(2) 29。(3) 93。(4) 101。(5) 103。(6) 107。(7) 113。(8) 117。

17. 判断下列各组整数是否两两互素。

(1) $(11,15,19)$。(2) $(14,15,21)$。(3) $(12,17,31,37)$。

18. 求下列各种情况的商和余数。

(1) 19 被 7 除。(2) -111 被 11 除。(3) 1001 被 13 除。

(4) 109 被 17 除 。(5) 789 被 19 除。(6) 789 被 23 除。

19. 对下列各数分解素因子。

(1) 96。(2) 143。(3) 954。(4) 899。

20. 求下列各对数的最大公约数和最小公倍数。

(1) $2^2 \cdot 3^3 \cdot 5^5, 2^5 \cdot 3^3 \cdot 5^2$。

(2) $2 \cdot 3 \cdot 5 \cdot 7 \cdot 11 \cdot 13, 2^8 \cdot 3^{11} \cdot 11^3 \cdot 17^4$。

(3) $2^2 \cdot 11^5, 3^2 \cdot 13^6$。

21. 计算下列各式。

(1) $-17 \bmod 2$。(2) $144 \bmod 7$。(3) $-101 \bmod 13$。

(4) $155 \bmod 19$。(5) $-222 \bmod 11$。(6) $788 \bmod 23$。

22. 若两个整数的乘积为 $2^7 3^8 5^2 7^{11}$，它们的最大公约数为 $2^3 3^4 5$，求它们的最小公倍数。

23. 若 $a\equiv b(\bmod m), c\equiv d(\bmod m)$，其中 a,b,c,d,m 为整数，且 $m\geqslant 2$，求证 $a-c\equiv b-d(\bmod m)$。

24. 用欧几里得算法求 $\gcd(21,34)$，并指出共用了多少次除法。

25. 已知 $a_n=2 \cdot (-3)^n+5^n$，求序列 $\{a_n\}$ 的前 5 项。

26. 以 $1,2,4$ 为起始项，找出至少三个不同的序列，它们的项均可用简单的公式或规则产生。

27. 对下面的每列整数，给出一个简单的公式或规则，使它产生的整数序列的项就从给出的这列整数开始。

(1) $1,0,1,1,0,0,1,1,1,0,0,0,1,\cdots$。

(2) $1,0,2,0,4,0,8,0,16,0,\cdots$。

(3) $3,6,12,24,48,96,192,\cdots$。

(4) $15,9,3,-3,-9,-15,-21,\cdots$。

(5) $3,5,8,12,17,23,30,38,\cdots$。

(6) $3,6,11,18,27,38,51,66,\cdots$。

28. 求下列各和的值。

(1) $\sum\limits_{k=1}^{5}(k+1)$。 (2) $\sum\limits_{k=0}^{4}(-2)^k$。 (3) $\sum\limits_{k=0}^{4}2(-3)^k$。

(4) $\sum\limits_{k=0}^{8}(2^{k+1}-2^k)$。 (5) $\sum\limits_{i=1}^{2}\sum\limits_{j=1}^{3}(i+j)$。 (6) $\sum\limits_{i=1}^{2}\sum\limits_{j=1}^{3}ij$。

29. 求下列乘积的值。

(1) $\prod\limits_{k=1}^{10}k$。 (2) $\prod\limits_{k=4}^{7}k$。 (3) $\prod\limits_{k=1}^{100}(-1)^k$。 (4) $\prod\limits_{k=1}^{10}2$。

30. 已知序列的递推公式和初始条件,求序列的前5项。

(1) $a_n=6a_{n-1},a_0=2$。 (2) $a_n=a_{n-1}+3a_{n-2},a_0=1,a_1=2$。

31. 一个人在账上存入 10 000 元人民币,每年的复利是 5%。

(1) 对于 n 年后账上的钱数建立一个递推关系。

(2) 对于 n 年后账上的钱数求出一个显式公式。

(3) 在 100 年以后账上将有多少钱?

32. 对于不含两个连续 0 的 n 位二进制串的个数找出递推关系和初始条件。有多少这样的 5 位二进制串?

33. 对于包含两个连续 0 的 n 位二进制串的个数找出递推关系和初始条件。有多少这样的 6 位二进制串?

34. 设 $A=\begin{bmatrix}1&1&1&3\\2&0&4&6\\1&1&3&7\end{bmatrix}$。

(1) A 的大小阶是什么?

(2) A 的第 3 列是什么?

(3) A 的第 2 行是什么?

(4) A 在 $(3,2)$ 位置上的元素是什么?

35. 计算 $A+B$,其中

(1) $A=\begin{bmatrix}1&0&4\\-1&2&-2\\0&-2&-3\end{bmatrix},B=\begin{bmatrix}1&3&5\\2&2&-3\\2&-3&0\end{bmatrix}$。

(2) $A=\begin{bmatrix}-1&0&5&6\\-4&-3&5&-2\end{bmatrix},B=\begin{bmatrix}-3&9&-3&4\\0&-2&-1&2\end{bmatrix}$。

36. 计算 AB,其中

(1) $A=\begin{bmatrix}2&1\\0&4\\3&2\end{bmatrix},B=\begin{bmatrix}-3&9&-3&4\\0&-2&-1&2\end{bmatrix}$。

(2) $A=\begin{bmatrix}2&0&-3&1\\0&-2&-1&2\end{bmatrix},B=\begin{bmatrix}2&1&3\\0&4&1\\5&0&3\\2&-1&2\end{bmatrix}$。

37. 已知 A,B 均是 0-1 矩阵,其中 $A=\begin{bmatrix}0&0&1\\1&1&0\\0&1&1\end{bmatrix},B=\begin{bmatrix}1&1&0\\1&0&0\\0&1&0\end{bmatrix}$ 求 $A\wedge B,A\vee B,A\cdot B$。

第 2 章

数理逻辑

逻辑是所有数学推理的基础,在计算机科学中的人工智能、计算机程序设计、程序设计语言以及计算机科学的其他领域,逻辑都有实际的应用。

数理逻辑是用数学方法即通过引入形式符号来研究推理的学科,数理逻辑的基础是命题逻辑和谓词逻辑。本章就讨论命题逻辑和谓词逻辑。

2.1 命题及联结词

2.1.1 命题的概念

数理逻辑研究的核心问题是推理,而推理的前提和结论都是表达判断的陈述句(Declarative Sentence),因而表达判断的陈述句构成了推理的基本单位,于是称能判断真假的陈述句为命题。在命题逻辑中,对命题的成分不再细分。所以说,命题是命题逻辑中最基本也是最小的研究单位。

作为命题的陈述句所表达的判断结果称为命题的真值。真值只有"真"和"假"两种,分别用 T(或 1)和 F(或 0)表示。真值为真的命题为真命题,真值为假的命题为假命题,任何命题的真值都是唯一的,即把这种逻辑称为二值逻辑。

从上述定义可知,一切没有判断内容的句子,如命令句、感叹句、疑问句、祈使句、二义性的陈述句等都不能作为命题。

例 2.1 下列句子哪些是命题?并判断命题的真假。

(1) 2 是素数。

(2) 北京是中国的首都。

(3) 这个语句是假的。

(4) 1+1=10。

(5) $x+y>0$。

(6) 3+2=8。

(7) 我喜欢踢足球。

(8) 地球外的星球上也有人。

(9) 明年五一是晴天。

(10) 把门关上。

（11）请不要吸烟！

（12）你要出去吗？

解：我们来分析一下这几个句子。

语句（1），（2）是真值为"真"的命题。

语句（6）是真值为"假"的命题。

语句（4）在二进制数的运算中，是一个真值为"真"的命题，在其他进制数的运算中是真值为"假"的命题。

语句（7）的真值也是唯一确定的，可根据实际的情况做出明确的判断。

语句（8），（9）的真值也是唯一确定的，只是目前还不能判断它的真值情况，但终将得出明确的结论。

语句（10），（11），（12）分别是祈使句、疑问句，所以都不是命题。

语句（3）虽是一个陈述句，但却无法确定它的真值。因为如果把它视为一个命题，并且令这个命题取值为"真"，那么，这个命题就是真命题，但陈述句本身却指出这个命题是假的，即应该取值为"假"，这是自相矛盾的。反之，如果令这个命题取值为"假"，那么，这个命题就是一个假命题，这样一来陈述语句所说的内容就对了，因此它应该取值为"真"，这也陷入了逻辑上的矛盾。这就产生了一个语义上的悖论，从而无法判断其真假。这个例子说明了一种语义上的自相矛盾，所以这个语句不是命题。

语句（5）不是命题，因为它没有确切的真值。当 $x>0,y>0$ 时，$x+y>0$ 是正确的，但当 $x<0$ 且 $y<0$ 时，$x+y>0$ 是不正确的。所以根据不同的 x,y 会有不同的真值，所以它不是命题。一般约定：在数理逻辑中像字母 $x,y,z,\cdots$ 总是表示变量。

从例2.1可知：命题一定是通过陈述句来表达；反之，并非一切的陈述句都一定是命题。命题的真值有时可明确给出，有时还必须依靠环境、条件、实际情况、时间才能确定其真值。

判断一个句子是否为命题，首先判断它是否为陈述句，其次判断它是否有唯一的真值。

对于命题，通常用小写的带或不带下标的英文字母 $p,q,r,\cdots,p_1,p_2,\cdots$ 表示，称为命题的符号化。

例 2.2 判断下列命题的真假。

（1）6 不是素数。

（2）2 既是素数又是偶数。

（3）张三会讲英语或法语。

（4）如果 $\angle A$ 和 $\angle B$ 是对顶角，则 $\angle A$ 等于 $\angle B$。

（5）杭州是浙江省的省会城市当且仅当 $1+1=2$。

解：语句（1）～（5）是陈述句，而且每个句子都有确切的真值，（1），（2），（4）和（5）是真值为真的命题；（3）根据实际情况可确定其真假。

在上例中，所给出的命题都不是简单的陈述句，它们都是可以分解成更为简单的陈述句。为此命题可分为如下两种类型。

（1）原子命题（简单命题）（Simple proposition）：不能再分解为更为简单的命题。

（2）复合命题（Compound proposition）：可以分解为更为简单的命题。而且这些简单的命题之间是通过如"或者""并且""不""如果……则……""当且仅当"等这样的关联词和标点符号复合而构成一个复合命题。

2.1.2　命题联结词

定义 2.1　设 p 是任一命题,复合命题"非 p"(或"p 的否定")称为 p 的否定式(Negation),记作 $\neg p$,$\neg$ 为否定联结词。$\neg p$ 为真当且仅当 p 为假。

如在例 2.2(1)中,设 p:6 是素数。则 $\neg p$:6 不是素数。

显然,当 p 的真值为 0 时,$\neg p$ 的真值为 1。

例 2.3　符号化下列各命题。

(1) 张华不是计算机学院的学生。

(2) 并非花都是香的。

(3) 没有比春天更好的季节。

解:设命题 p:张华是计算机学院的学生;q:花都是香的;r:有比春天更好的季节。则上述命题分别符号化为 $\neg p$,$\neg q$,$\neg r$。

联结词 $\neg$ 是自然语言中的"非""不""并非"和"没有"等的逻辑抽象。

定义 2.2　设 p,q 是任意两个命题,复合命题"p 并且 q"(或"p 和 q")称为 p 与 q 的合取式(Conjunction),记作 $p \wedge q$,$\wedge$ 为合取联结词。$p \wedge q$ 为真当且仅当 p,q 同为真。

如在例 2.2(2)中,设 p:2 是素数,q:2 是偶数,则 $p \wedge q$:2 既是素数又是偶数。

由于 p 和 q 的真值都为 1,所以 $p \wedge q$ 的真值也为 1。

例 2.4　符号化下列各命题。

(1) 张华既聪明又用功。

(2) 张华虽然家境贫寒,但学习刻苦努力。

(3) 张华和李明都是三好学生。

(4) 张华和李明是同学。

解:

(1) 设 p:张华聪明;q:张华用功,则句子(1)可符号化成 $p \wedge q$。

(2) 设 p:张华家境贫寒;q:张华学习刻苦努力,则句子(2)可符号化成 $p \wedge q$。

(3) 设 p:张华是三好学生;q:李明是三好学生,则句子(3)可符号化成 $p \wedge q$。

(4) 该句子是一个原子命题,不能再分解。因为再分解成"张华是同学"和"李明是同学"是没有意义的。

联结词 $\wedge$ 是自然语言中的"并且""但""和""与""既……又……""虽然……但是……""不仅……而且……""一面……一面……"等的逻辑抽象。但是不要见到"和""与"就使用联结词 $\wedge$。

定义 2.3　设 p,q 是任意两个命题,复合命题"p 或 q"称为 p 与 q 的析取式(Disjunction),记作 $p \vee q$,$\vee$ 为析取联结词。$p \vee q$ 为真当且仅当 p,q 中至少有一个为真。

如在例 2.2(3)中,设

p:张三会讲英语。

q:张三会讲法语。

则 $p \vee q$:张三会讲英语或法语。

此时语句 $p \vee q$ 的真值须由 p 的真值和 q 的真值确定。

例 2.5 符号化下列各命题。

(1) 小王不是百米赛跑冠军就是百米游泳冠军。

(2) 或者今天是星期五,或者今天下雨。

(3) 小王是一位排球运动员或者是一位足球运动员。

(4) 我们选小王或小李当班长。

解:

(1) 设 p:小王是百米赛跑冠军,q:小王是百米游泳冠军,则句子(1)符号化成 $p \lor q$。

(2) 设 p:今天是星期五,q:今天下雨,则句子(2)符号化成 $p \lor q$。

(3) 设 p:小王是一位排球运动员。q:小王是一位足球运动员。则句子(3)可表示为 $p \lor q$。

析取式 $p \lor q$ 表示的是一种相容性或,即允许命题 p 与 q 同时为真,如这题小王可以既是一位排球运动员又是一位足球运动员。

(4) 设 p:我们选小王当班长;q:我们选小李当班长。但命题(4)不能表示为 $p \lor q$,因为自然语言中的"或"具有二义性,有时表示相容性或,有时表示排斥或,本题的"或"是一种排斥或,不能既选小王当班长又选小李当班长。该命题应该符号化成 $(p \land \neg q) \lor (\neg p \land q)$。

联结词 $\lor$ 是自然语言中的"或""或者""不是……就是……"等的逻辑抽象;但"或"有"相容或""排斥或"两种。

定义 2.4 设 p,q 是任意两个命题,复合命题"如果 p,则 q"称为 p 与 q 的蕴涵式(Implication),记作 $p \rightarrow q$,$\rightarrow$ 为蕴涵联结词,p 称为蕴涵式的前件(或前提),q 称为蕴涵式的后件(或结论)。$p \rightarrow q$ 为假当且仅当 p 为真且 q 为假。

如在例 2.2(4)中,设

p:$\angle A$ 和 $\angle B$ 是对顶角。

q:$\angle A$ 等于 $\angle B$。

则 $p \rightarrow q$:如果 $\angle A$ 和 $\angle B$ 是对顶角,则 $\angle A$ 等于 $\angle B$。

此时当语句 p 为 1 时,则 q 一定为 1,所以 $p \rightarrow q$ 的真值必为 1。

关于蕴涵联结词,还得要着重说明以下几点。

(1) 在数学推理中的许多地方出现蕴涵,来表示蕴涵的术语很多,常用的有:

如果 p 则 q;

因为 p 所以 q;

只要 p 就 q;

只有 q 才 p;

p 蕴涵 q;

p 仅当 q;

q 如果 p;

q 每当 p;

p 是 q 的充分条件;

q 是 p 的必要条件。

上面句子均符号化成 $p \rightarrow q$。

(2) 如何理解只有在 p 为真且 q 为假时,$p \rightarrow q$ 才为假?

为有助于记住这点,可以把蕴涵想象成合同或义务。如果这一陈述中规定的条件不成立,也就没有义务。

例如:如果你的收入超过 3000 元,你将要缴个人所得税。

如果你的收入没达到 3000 元,不管你有没有缴个人所得税,都没有违背这条规定,此时上述命题为真。

如果你的收入超过了 3000 元,但你没有缴个人所得税,那就违背这条规定,你没有尽义务,此时上述命题为假。

如果你的收入超过了 3000 元,你也缴了个人所得税,你遵循这条规定,你已经尽了义务,此时上述命题为真。

(3) 在自然语言中,蕴涵式中前提和结论间必含有某种因果关系,但在数理逻辑中可以允许两者无必然因果关系,也就是说并不要求前件和后件有什么联系。

如"因为 $1+1\neq 2$,所以地球是圆的"在自然语言中可能认为是疯子说的话,在数理逻辑中它是有意义的。

(4) 蕴涵命题 $p\rightarrow q$ 的逆命题为 $q\rightarrow p$,逆否命题为 $\neg q\rightarrow \neg p$。

例 2.6 找出蕴涵命题"如果今天下雨,我就坐公共汽车上班"的逆命题和逆否命题。

解:蕴涵命题"如果今天下雨,我就坐公共汽车上班"的逆命题为"如果我坐公共汽车上班,那么今天下雨";蕴涵命题"如果今天下雨,我就坐公共汽车上班"的逆否命题为"如果我不是坐公共汽车上班,那么今天没下雨"。

定义 2.5 设 p,q 是任意两个命题,复合命题"p 当且仅当 q"称为 p 与 q 的等价式(Equivalence),记作 $p\leftrightarrow q$,$\leftrightarrow$ 为等价联结词。$p\leftrightarrow q$ 为真当且仅当 p,q 的真值相同。

如在例 2.2(5)中,设

p:杭州是浙江省的省会城市。

q:$1+1=2$。

则 $p\leftrightarrow q$:杭州是浙江省的省会城市当且仅当 $1+1=2$。

此时语句 p 的真值为 1,q 的真值也为 1,所以 $p\leftrightarrow q$ 的真值必为 1。

例 2.7 符号化下列各命题。

(1) π 是有理数当且仅当太阳从西面出来。

(2) $2+3=5$ 的充要条件是 $\sqrt{3}$ 是无理数。

(3) 若两圆的面积相等,则它们的半径相等,反之亦然。

解:

(1) 设 p:π 是有理数;q:太阳从西面出来。则命题(1)符号化成 $p\leftrightarrow q$。

(2) 设 p:$2+3=5$;q:$\sqrt{3}$ 是无理数。则命题(2)符号化成 $p\leftrightarrow q$。

(3) 设 p:两圆的面积相等;q:两圆的半径相等。则命题(3)符号化成 $p\leftrightarrow q$。

等价联结词 $\leftrightarrow$ 是自然语言中的"充分必要条件""当且仅当"等的逻辑抽象。

上述 5 个联结词的运算规则,见表 2.1。

表 2.1　5 个命题联结词的运算规则

p	q	$\neg p$	$p\wedge q$	$p\vee q$	$p\rightarrow q$	$p\leftrightarrow q$
0	0	1	0	0	1	1
0	1	1	0	1	1	0
1	0	0	0	1	0	0
1	1	0	1	1	1	1

上述例子涉及的是简单的复合命题,其中只包含一个联结词。但在日常生活中,遇到的复合命题常常由多个联结词构成。为了不使句子产生混淆,做如下约定。

命题联结词之优先级如下。

(1) 否定→合取→析取→蕴涵→等价。

(2) 同级的联结词,按其出现的先后次序(从左到右)确定优先级。

(3) 若运算要求与优先次序不一致时,可使用括号;同级符号相邻时,也可使用括号。括号中的运算优先级最高。

例 2.8 设命题 p:明天上午 7 点下雨;q:明天上午 7 点下雪;r:我将去学校。

符号化下述语句。

(1) 如果明天上午 7 点不是雨夹雪,则我将去学校。

(2) 如果明天上午 7 点不下雨并且不下雪,则我将去学校。

(3) 如果明天上午 7 点下雨或下雪,则我将不去学校。

(4) 明天上午我将雨雪无阻一定去学校。

解:句子(1)可符号化为 $\neg(p \wedge q) \rightarrow r$。

句子(2)可符号化为 $(\neg p \wedge \neg q) \rightarrow r$。

句子(3)可符号化为 $(p \vee q) \rightarrow \neg r$。

句子(4)可符号化为 $(p \wedge q \wedge r) \vee (\neg p \wedge q \wedge r) \vee (p \wedge \neg q \wedge r) \vee (\neg p \wedge \neg q \wedge r)$ 或 $((p \wedge q) \vee (\neg p \wedge q) \vee (p \wedge \neg q) \vee (\neg p \wedge \neg q)) \wedge r$。

例 2.9 设命题 p:你陪伴我;q:你代我叫车子;r:我将出去。

符号化下述语句。

(1) 除非你陪伴我或代我叫车子,否则我将不出去。

(2) 如果你陪伴我并且代我叫车子,则我将出去。

(3) 如果你不陪伴我或不代我叫车子,我将不出去。

解:句子(1)可符号化为 $r \rightarrow (p \vee q)$ 或 $\neg(p \vee q) \rightarrow \neg r$。

句子(2)可符号化为 $(p \wedge q) \rightarrow r$。

句子(3)可符号化为 $(\neg p \vee \neg q) \rightarrow \neg r$。

2.2 命题公式和分类

2.2.1 命题变元和命题公式

2.1 节说明了命题可以表示为符号串,那么符号串是否都代表命题呢?显然不是,如 $pv, pp\rightarrow$。哪些符号串代表命题呢?

由于简单命题是真值唯一确定的命题逻辑中最基本的研究单位,所以也称简单命题为命题常项或命题常元。从本节开始对命题进一步抽象,首先称真值可以变化的陈述句为命题变项或命题变元,也用 $p, q, r, \cdots$ 表示命题变项。当 $p, q, r, \cdots$ 表示命题变项时,它们就成了取值 0 或 1 的变项,因而命题变项已不是命题。这样一来,$p, q, r, \cdots$ 既可以表示命题常项,也可以表示命题变项。在使用中,需要由上下文确定它们表示的是常项还是变项。

定义 2.6

(1) 单个命题变项是合式公式,并称为原子命题公式。

(2) 若 A 是合式公式,则 $(\neg A)$ 也是合式公式。

(3) 若 A,B 是合式公式,则 $(A \wedge B),(A \vee B),(A \rightarrow B),(A \leftrightarrow B)$ 也是合式公式。

只有有限次地应用(1)~(3)形成的符号串才是合式公式。

合式公式也称为命题公式,并简称为公式。如 $(p \rightarrow q) \wedge (q \leftrightarrow r),(\neg p \wedge \neg q) \rightarrow r,(p \wedge q) \wedge \neg r,p \wedge (q \wedge \neg r)$ 等都是合式公式,而 $pq \rightarrow r,p \rightarrow (r \rightarrow q,(\neg p \vee q \vee rp \vee q \vee)$ 等不是合式公式。

从图论的观点看,每一个命题公式都可以用一棵树来表示,其中树中的结点与联结词对应,而树叶则对应于原子命题变元。

公式 $(p \wedge (q \vee r)) \rightarrow (q \wedge (\neg s \vee r))$ 可用图 2.1 表示。

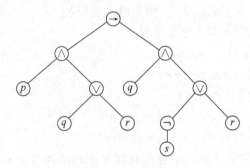

图 2.1　公式的树状表示

既然公式可以用树来表示,为描述公式的复杂性,对应树的层次概念,引入公式的层次定义。

定义 2.7

(1) 若公式 A 是单个的命题变项,则称 A 为 0 层合式。

(2) 称 A 是 $n+1(n \geq 0)$ 层公式是指下面情况之一。

① $A = \neg B,B$ 是 n 层公式。

② $A = B \wedge C$,其中 B,C 分别为 i 层和 j 层公式,且 $n = \max(i,j)$。

③ $A = B \vee C$,其中 B,C 的层次及 n 同②。

④ $A = B \rightarrow C$,其中 B,C 的层次及 n 同②。

⑤ $A = B \leftrightarrow C$,其中 B,C 的层次及 n 同②。

(3) 若公式 A 的层次为 k,则称 A 是 k 层公式。

易知,$(\neg p \wedge q) \rightarrow r,(\neg(p \rightarrow \neg q)) \wedge ((r \vee s) \leftrightarrow \neg p)$ 分别为 3 层和 4 层公式。

2.2.2　命题公式的赋值和真值表

公式就代表命题,但代表的命题是真还是假呢?

在命题公式中,由于有命题符号的出现,因而真值是不确定的。当将公式中出现的全部命题符号都解释成具体的命题之后,公式就成了真值确定的命题了。例如,在公式 $(p \vee q) \rightarrow r$ 中,若将 p 解释成:2 是素数,q 解释成:3 是偶数,r 解释成:$\sqrt{2}$ 是无理数,则 p 和 r 被解释成真命题,q 被解释成假命题了,此时公式 $(p \lor q) \to r$ 被解释成:若 2 是素数或 3 是偶数,则 $\sqrt{2}$ 是无理数。这是一个真命题。若 p,q 的解释不变,r 被解释成:$\sqrt{2}$ 是有理数,则 $(p \lor q) \to r$ 被解释成:若 2 是素数或 3 是偶数,则 $\sqrt{2}$ 是有理数。这是个假命题。其实,将命题符号 p 解释成真命题,相当于指定 p 的真值为 1;解释成假命题,相当于指定 p 的真值为 0。下面的问题是指定 p,q,r 的真值为何值时,$(p \lor q) \to r$ 的真值为 1;指定 p,q,r 的真值为何值时,$(p \lor q) \to r$ 的真值为 0。

定义 2.8　设 $p_1,p_2,\cdots,p_n$ 是出现在公式 A 中的全部命题符号,给 $p_1,p_2,\cdots,p_n$ 各指定一个真值,称为对 A 的一个赋值或解释,记为 I。若指定的一组值使 A 的真值为 1,则称这组值为 A 的成真赋值;若使 A 的真值为 0,则称这组值为 A 的成假赋值。

在这里,对含 n 个命题变项的公式 A 的赋值情况做如下规定。

(1) 若 A 中出现的命题符号为 $p_1,p_2,\cdots,p_n$,给定 A 的赋值 $\alpha_1,\alpha_2,\cdots,\alpha_n$ 是指 $p_1=\alpha_1$,$p_2=\alpha_2,\cdots,p_n=\alpha_n$。

(2) 若 A 中出现的命题符号为 $p,q,r,\cdots$,给定 A 的赋值 $\alpha_1,\alpha_2,\cdots,\alpha_n$ 是指 $p=\alpha_1$,$q=\alpha_2,\cdots$,最后一个字母赋值 α_n。

上述 α_i 取值为 0 或 1,$i=1,2,\cdots,n$。

例如,在公式 $(\neg p_1 \land \neg p_2 \land \neg p_3) \lor (p_1 \land p_2)$ 中,$000(p_1=0,p_2=0,p_3=0)$,$110(p_1=1,p_2=1,p_3=0)$ 都是成真赋值,而 $001(p_1=0,p_2=0,p_3=1)$,$011(p_1=0,p_2=1,p_3=1)$ 都是成假赋值。在 $(p \land \neg q) \to r$ 中,$011(p_1=0,p_2=1,p_3=1)$ 为成真赋值,$100(p_1=1,p_2=0,p_3=0)$ 为成假赋值。

不难看出,含 $n(n \geqslant 1)$ 个命题变项的公式共有 2^n 个不同的赋值。

为了能直观地表示一个公式所有可能的赋值与公式在此赋值下的结果,可定义真值表。

定义 2.9　公式 G 在其所有可能的赋值下所取真值的表,称为 G 的真值表(Truth Table)。

构造真值表的具体步骤如下。

(1) 找出公式中所含的全体命题变项 $p_1,p_2,\cdots,p_n$(若无下角标就按字典顺序排列),列出 2^n 个赋值。这里规定,赋值从 $00\cdots0$ 开始,然后按二进制数从小到大依次写出各赋值,直到 $11\cdots1$ 为止。

(2) 按从低到高的顺序写出公式的各个层次。

(3) 对应各个赋值计算出各层次的真值,直到最后计算出公式的真值。

例 2.10　求下列公式的真值表,并求成真赋值和成假赋值。

(1) $(p \lor q) \to \neg r$。(2) $(p \land \neg p) \leftrightarrow (q \land \neg q)$。(3) $\neg(p \to q) \land q \land r$。

解:公式(1)是含 3 个命题变项的 2 层合式公式。它的真值表如表 2.2 所示。

表 2.2　公式 $(p \lor q) \to \neg r$ 的真值表

p q r	$p \lor q$	$\neg r$	$(p \lor q) \to \neg r$
0　0　0	0	1	1
0　0　1	0	0	1
0　1　0	1	1	1
0　1　1	1	0	0
1　0　0	1	1	1

p q r	$p \vee q$	$\neg r$	$(p \vee q) \to \neg r$
1 0 1	1	0	0
1 1 0	1	1	1
1 1 1	1	0	0

从表 2.2 中看出,公式 $(p \vee q) \to \neg r$ 的成真赋值有 $000,001,010,100,110$,成假赋值有 $011,101,111$。

公式(2)是含 2 个命题变项的 3 层合式公式,它的真值表如表 2.3 所示。从表 2.3 中可以看出,该公式的 4 个赋值全是成真赋值,即无成假赋值。

表 2.3 公式 $(p \wedge \neg p) \leftrightarrow (q \wedge \neg q)$ 的真值表

p q	$\neg p$	$\neg q$	$p \wedge \neg p$	$q \wedge \neg q$	$(p \wedge \neg p)(q \wedge \neg q)$
0 0	1	1	0	0	1
0 1	1	0	0	0	1
1 0	0	1	0	0	1
1 1	0	0	0	0	1

公式(3)是含 3 个命题变项的 4 层合式公式。它的真值表如表 2.4 所示。不难看出,该公式的 8 个赋值全是成假赋值,它无成真赋值。

表 2.4 公式 $\neg(p \to q) \wedge q \wedge r$ 的真值表

p q r	$p \to q$	$\neg(p \to q)$	$\neg(p \to q) \wedge q$	$\neg(p \to q) \wedge q \wedge r$
0 0 0	1	0	0	0
0 0 1	1	0	0	0
0 1 0	1	0	0	0
0 1 1	1	0	0	0
1 0 0	0	1	0	0
1 0 1	0	1	0	0
1 1 0	1	0	0	0
1 1 1	1	0	0	0

2.2.3 命题公式的类型

从 2.2.2 节这 3 个真值表可以看到一个非常有趣的事实:公式(2)对所有可能的赋值都成真;公式(3)对所有可能的赋值都成假;而公式(1)则有些赋值成真,有些赋值成假。为此可定义如下公式的类型。

定义 2.10 设 A 为任一命题公式。

- 若 A 在它的各种赋值下取值均为真,则称 A 是**重言式**或**永真式**。
- 若 A 在它的各种赋值下取值均为假,则称 A 是**矛盾式**或**永假式**。
- 若 A 不是矛盾式,则称 A 是**可满足式**。

从定义 2.10 不难看出以下几点。

（1）A 是永真式当且仅当 $\neg A$ 是永假式。

（2）若 A 是永真式，则 A 一定是可满足式，但反之则不然。

（3）A 是可满足的当且仅当至少有一个解释 I，使 A 在 I 下为真。

如果公式 A 在赋值 I 下是真的，则称 I 满足 A；如果 A 在赋值 I 下是假的，则称 I 弄假 A。

在逻辑研究和计算机推理以及决策判断时，人们对于所研究的命题，最关心的莫过于真、假问题，所以重言式和矛盾式在数理逻辑的研究中占有特殊且重要的地位。

判定能否给出一个可行方法，对任意的公式，判定其是否为永真式、永假式、可满足式的问题，称为给定公式的判定问题。

由于一个命题公式的解释的数目是有穷的，所以命题逻辑的判定问题是可解的（可判断的、可计算的），即命题公式的永真、永假性是可判定的。其判定方法可用真值表法。

用真值表来判断公式的类型的方法如下。

（1）若真值表最后一列全为 1，则公式为重言式。

（2）若真值表最后一列全为 0，则公式为矛盾式。

（3）若真值表最后一列中至少有一个 1，则公式为可满足式。

例 2.10 中，公式（1）为可满足式，公式（2）为重言式，公式（3）为矛盾式。

2.3　等值演算与范式

2.3.1　等价和基本等价式

例 2.11　请列出下面两组公式的真值表。

（1）$\neg(p \vee q)$ 和 $\neg p \wedge \neg q$。

（2）$p \rightarrow q$ 和 $\neg p \vee q$。

解：真值表如表 2.5 所示。

表 2.5　公式的真值表

p　q	$\neg p$	$\neg q$	$\neg p \wedge \neg q$	$p \vee q$	$\neg(p \vee q)$	$p \rightarrow q$	$\neg p \vee q$
0　0	1	1	1	0	1	1	1
0　1	1	0	0	1	0	1	1
1　0	0	1	0	1	0	0	0
1　1	0	0	0	1	0	1	1

从表中可以看出，公式 $\neg(p \vee q)$ 和 $\neg p \wedge \neg q$ 的真值相同，公式 $p \rightarrow q$ 和 $\neg p \vee q$ 的真值也相同。是什么原因造成的呢？

关于 n 个命题变元 $p_1, p_2, \cdots, p_n$，可以构造多少个不同情形的真值呢？n 个命题变元共产生 2^n 个不同赋值，在每个赋值下，公式的值只有 0 和 1 两个值。于是 n 个命题变元的真值共有 2^{2^n} 种不同情况。而用 n 个命题变元采用定义 2.6 的方法可构造出无穷多种形式不同的公式，故存在多个形式不同的公式，它们具有相同的真值，称这些公式是等价的。

定义 2.11　称公式 G, H 是等价（等值）的（Equivalent），如果在其任意的解释 I 下，其真值相同。记作 $G \Leftrightarrow H$。

由定义 2.11 可得到定理 2.1。

定理 2.1　对于公式 G 和 H,$G{\Leftrightarrow}H$ 的充分必要条件是公式 $G{\leftrightarrow}H$ 是永真公式。

证明:必要性:假定 $G{\Leftrightarrow}H$,则 G,H 在其任意解释 I 下或同为真或同为假,于是由"$\leftrightarrow$"的意义知,$G{\leftrightarrow}H$ 在其任何的解释 I 下,其真值为"真",即 $G{\leftrightarrow}H$ 为永真公式。

充分性:假定公式 $G{\leftrightarrow}H$ 是永真公式,I 是它的任意解释,在 I 下,$G{\leftrightarrow}H$ 为真,因此,$G,$ H 或同为真,或同为假,由于 I 的任意性,故有 $G{\Leftrightarrow}H$。

必须注意,定理 2.1 的证明十分简单,但意义重大。由于在日常及数学推理中,许多人常把逻辑等价关系"$\Leftrightarrow$"与等价联结词"$\leftrightarrow$"混同起来,所以有必要加以详细说明。

(1) 等价联结词是一种逻辑联结词,公式 $G{\leftrightarrow}H$ 是命题公式,其中"$\leftrightarrow$"是一种逻辑运算,$G{\leftrightarrow}H$ 的结果仍是一个命题公式。而逻辑等价则是描述了两个公式 G 与 H 之间的一种逻辑等价关系,$G{\Leftrightarrow}H$ 表示"命题公式 G 等价于命题公式 H",$G{\Leftrightarrow}H$ 的结果是非命题公式。

(2) 如果要求用计算机来判断命题公式 G,H 是否逻辑等价,即 $G{\Leftrightarrow}H$,那是办不到的,然而计算机却可计算公式 $G{\leftrightarrow}H$ 是否是永真公式。

(3) 还要注意"$\Leftrightarrow$"与一般等号的区别。

判断两个公式是否等值可用列真值表的方法,看对所有赋值的真值是否相同。

例 2.12　判断命题 $p\wedge(q\vee r)$ 和命题 $(p\wedge q)\vee(p\wedge r)$ 是否等价。

解:列出这两个命题的真值表,如表 2.6 所示。

表 2.6　命题的真值表

p	q	r	$p\wedge q$	$p\wedge r$	$q\vee r$	$(p\wedge q)\vee(p\wedge r)$	$p\wedge(q\vee r)$
0	0	0	0	0	0	0	0
0	0	1	0	0	1	0	0
0	1	0	0	0	1	0	0
0	1	1	0	0	1	0	0
1	0	0	0	0	0	0	0
1	0	1	0	1	1	1	1
1	1	0	1	0	1	1	1
1	1	1	1	1	1	1	1

可见命题 $p\wedge(q\vee r)$ 和命题 $(p\wedge q)\vee(p\wedge r)$ 是逻辑等价的。

虽然用真值法可以判断任何两个命题公式是否等值,但当命题变项较多时,工作量是很大的。可以先用真值表验证一组基本的又是重要的重言式,以它们为基础进行公式之间的演算,来判断公式之间是否等值。本章给出 16 组重要的等值式,希望读者掌握它们。在下面公式中出现的 A,B,C 是元语言符号,它们代表任意的命题公式。

- 双重否定律

$$A{\Leftrightarrow}\neg\neg A \tag{2.1}$$

- 幂等律

$$A{\Leftrightarrow}A\vee A \tag{2.2}$$

$$A{\Leftrightarrow}A\wedge A \tag{2.3}$$

- 交换律

$$A\vee B{\Leftrightarrow}B\vee A \tag{2.4}$$

$$A \wedge B \Leftrightarrow B \wedge A \tag{2.5}$$

- 结合律

$$(A \vee B) \vee C \Leftrightarrow A \vee (B \vee C) \tag{2.6}$$

$$(A \wedge B) \wedge C \Leftrightarrow A \wedge (B \wedge C) \tag{2.7}$$

- 分配律

$$A \vee (B \wedge C) \Leftrightarrow (A \vee B) \wedge (A \vee C) \quad (\vee \text{ 对 } \wedge \text{ 的分配律}) \tag{2.8}$$

$$A \wedge (B \vee C) \Leftrightarrow (A \wedge B) \vee (A \wedge C) \quad (\wedge \text{ 对 } \vee \text{ 的分配律}) \tag{2.9}$$

- 德摩根律

$$\neg(A \vee B) \Leftrightarrow \neg A \wedge \neg B \tag{2.10}$$

$$\neg(A \wedge B) \Leftrightarrow \neg A \vee \neg B \tag{2.11}$$

- 吸收律

$$A \vee (A \wedge B) \Leftrightarrow A \tag{2.12}$$

$$A \wedge (A \vee B) \Leftrightarrow A \tag{2.13}$$

- 支配律

$$A \vee 1 \Leftrightarrow 1 \tag{2.14}$$

$$A \wedge 0 \Leftrightarrow 0 \tag{2.15}$$

- 同一律

$$A \vee 0 \Leftrightarrow A \tag{2.16}$$

$$A \wedge 1 \Leftrightarrow A \tag{2.17}$$

- 排中律

$$A \vee \neg A \Leftrightarrow 1 \tag{2.18}$$

- 矛盾律

$$A \wedge \neg A \Leftrightarrow 0 \tag{2.19}$$

- 蕴涵等值式

$$A \rightarrow B \Leftrightarrow \neg A \vee B \tag{2.20}$$

- 等价等值式

$$A \leftrightarrow B \Leftrightarrow (A \rightarrow B) \wedge (B \rightarrow A) \tag{2.21}$$

- 假言易位

$$A \rightarrow B \Leftrightarrow \neg B \rightarrow \neg A \tag{2.22}$$

- 等价否定等值式

$$A \leftrightarrow B \Leftrightarrow \neg A \leftrightarrow \neg B \tag{2.23}$$

- 归谬论

$$(A \rightarrow B) \wedge (A \rightarrow \neg B) \Leftrightarrow \neg A \tag{2.24}$$

2.3.2　等值演算

由已知的等值式可以推演出更多的等值式,我们称由已知的等值式推演出另外一些等值式的过程叫等值演算。等值演算是逻辑代数(或布尔代数)的重要组成部分。

简单快速推理,还需要一些保持等值性的规则。

置换规则　设 $\Phi(A)$ 是含公式 A 的命题公式,$\Phi(B)$ 是用公式 B 置换了 $\Phi(A)$ 中所有的

A 后得到的命题公式,若 $B{\Leftrightarrow}A$,则 $\Phi(B){\Leftrightarrow}\Phi(A)$。

例 2.13   用等值演算方法证明下列等值式。

(1) $(p{\rightarrow}q)\wedge(p{\rightarrow}r){\Leftrightarrow}p{\rightarrow}(q\wedge r)$。

(2) $(p\wedge\neg q)\vee(\neg p\wedge q){\Leftrightarrow}(p\vee q)\wedge\neg(p\wedge q)$。

证明: (1) $(p{\rightarrow}q)\wedge(p{\rightarrow}r)$

${\Leftrightarrow}(\neg p\vee q)\wedge(\neg p\vee r)$	蕴涵等值式
${\Leftrightarrow}\neg p\vee(q\wedge r)$	分配律
${\Leftrightarrow}p{\rightarrow}(q\wedge r)$	蕴涵等值式

(2) $(p\wedge\neg q)\vee(\neg p\wedge q)$

${\Leftrightarrow}((p\wedge\neg q)\vee\neg p)\wedge((p\wedge\neg q)\vee q)$	分配律
${\Leftrightarrow}(p\vee\neg p)\wedge(\neg q\vee\neg p)\wedge(p\vee q)\wedge(\neg q\vee q)$	分配律
${\Leftrightarrow}1\wedge(\neg q\vee\neg p)\wedge(p\vee q)\wedge1$	排中律
${\Leftrightarrow}(\neg q\vee\neg p)\wedge(p\vee q)$	同一律
${\Leftrightarrow}(p\vee q)\wedge(\neg p\vee\neg q)$	交换律
${\Leftrightarrow}(p\vee q)\wedge\neg(p\wedge q)$	德摩根律

例 2.14   用等值演算判断下列公式的类型。

(1) $(p{\rightarrow}q)\wedge p{\rightarrow}q$。

(2) $\neg(p{\rightarrow}(p\vee q))\wedge r$。

(3) $p\wedge(((p\vee q)\wedge\neg p){\rightarrow}q)$。

解: (1) $(p{\rightarrow}q)\wedge p{\rightarrow}q$

${\Leftrightarrow}(\neg p\vee q)\wedge p{\rightarrow}q$	蕴涵等值式
${\Leftrightarrow}\neg((\neg p\vee q)\wedge p)\vee q$	蕴涵等值式
${\Leftrightarrow}((p\wedge\neg q)\vee\neg p)\vee q$	德摩根律
${\Leftrightarrow}((p\vee\neg p)\wedge(\neg q\vee\neg p))\vee q$	分配律
${\Leftrightarrow}(1\wedge(\neg q\vee\neg p))\vee q$	排中律
${\Leftrightarrow}(\neg q\vee\neg p)\vee q$	同一律
${\Leftrightarrow}q\vee(\neg q\vee\neg p)$	交换律
${\Leftrightarrow}(q\vee\neg q)\vee\neg p$	结合律
${\Leftrightarrow}1\vee\neg p$	排中律
${\Leftrightarrow}1$	支配律

可知式(1)为重言式。

(2) $\neg(p{\rightarrow}(p\vee q))\wedge r$

${\Leftrightarrow}\neg(\neg p\vee(p\vee q))\wedge r$	蕴涵等值式
${\Leftrightarrow}\neg((\neg p\vee p)\vee q)\wedge r$	结合律
${\Leftrightarrow}\neg(1\vee q)\wedge r$	排中律
${\Leftrightarrow}\neg1\wedge r$	支配律
${\Leftrightarrow}0\wedge r$	
${\Leftrightarrow}0$	支配律

可知式(2)为矛盾式。

(3) $p \wedge (((p \vee q) \wedge \neg p) \rightarrow q)$

$\Leftrightarrow p \wedge (((p \wedge \neg p) \vee (q \wedge \neg p)) \rightarrow q)$ 分配律

$\Leftrightarrow p \wedge ((0 \vee (q \wedge \neg p)) \rightarrow q)$ 矛盾律

$\Leftrightarrow p \wedge ((q \wedge \neg p) \rightarrow q)$ 同一律

$\Leftrightarrow p \wedge (\neg (q \wedge \neg p) \vee q)$ 蕴涵等值式

$\Leftrightarrow p \wedge ((\neg q \vee p) \vee q)$ 德摩根律

$\Leftrightarrow p \wedge (q \vee (\neg q \vee p))$ 交换律

$\Leftrightarrow p \wedge ((q \vee \neg q) \vee p)$ 结合律

$\Leftrightarrow p$ 吸收律

可知式(3)是可满足式,00,01 都是成假赋值,10,11 都是成真赋值。

2.3.3 范式

由前面的讨论便可知道,一个命题公式存在着多个不同形式的等值式,这将给研究命题演算带来一定的困难。因此有必要对命题公式的标准形式问题进行深入的研究,使公式达到规范化。为此引入范式这一概念,范式给各种千变万化的公式提供了一个统一的表达形式,同时范式的研究对命题演算的发展起了极其重要的作用。

定义 2.12 命题变项及其否定统称为文字。仅有有限个文字构成的析取式称为简单析取式。仅有有限个文字构成的合取式称为简单合取式。

$p, \neg q$ 等为一个文字构成的简单析取式,$p \vee \neg p, \neg p \vee q$ 等为两个文字构成的简单析取式,$\neg p \vee \neg q \vee r, p \vee \neg q \vee r$ 等为三个文字构成的简单析取式。

$\neg p, q$ 等为一个文字构成的简单合取式,$\neg p \wedge p, p \wedge \neg q$ 等为两个文字构成的简单合取式,$p \wedge q \wedge \neg r, \neg p \wedge p \wedge q$ 等为三个文字构成的简单合取式。

$p \vee q \wedge r, \neg p \wedge \neg p \vee r$ 等既不是简单析取式,也不是简单合取式。

定义 2.13 (1) 由有限个简单合取式构成的析取式称为析取范式。

(2) 由有限个简单析取式构成的合取式称为合取范式。

(3) 析取范式与合取范式统称为范式。

$p \wedge q \wedge r, (p \wedge q) \vee (\neg p \wedge \neg q), (p \wedge q \wedge \neg r) \vee (\neg p \wedge \neg q \wedge r) \vee (q \wedge r)$ 等都是析取范式。

$p \vee q \vee r, (p \vee q) \wedge (\neg p \vee \neg q), (p \vee q \vee \neg r) \wedge (\neg p \vee \neg q \vee r) \wedge (q \vee r)$ 等都是合取范式。

$p \vee \neg q \vee r, p \wedge \neg q \wedge r$ 等既是析取范式,又是合取范式。$p \vee \neg q \vee r$ 公式既是含三个简单合取式的析取范式,又是含一个简单析取式的合取范式。$p \wedge \neg q \wedge r$ 公式既是一个简单合取式构成的析取范式,又是由三个简单析取式构成的合取范式。

范式有如下性质。

定理 2.2 (范式存在定理)任一命题公式都存在着与之等值的析取范式与合取范式。

证明:首先,我们观察到在范式中不出现联结词 $\rightarrow$ 与 $\leftrightarrow$。由蕴涵等值式与等价等值式可知:

$$A \rightarrow B \Leftrightarrow \neg A \vee B$$

$$A \leftrightarrow B \Leftrightarrow (A \rightarrow B) \wedge (B \rightarrow A) \Leftrightarrow (\neg A \vee B) \wedge (A \vee \neg B)$$

因而在等值的条件下,可消去任何公式中的联结词 $\rightarrow$ 和 $\leftrightarrow$。

其次,在范式中不出现如下形式的公式。

$$\neg\neg A,\neg(A \wedge B),\neg(A \vee B)$$

对其利用双重否定律和德摩根律,可得

$$\neg\neg A \Leftrightarrow A$$
$$\neg(A \wedge B) \Leftrightarrow \neg A \vee \neg B$$
$$\neg(A \vee B) \Leftrightarrow \neg A \wedge \neg B$$

再次,在析取范式中不出现如下形式的公式。

$$A \wedge (B \vee C)$$

在合取范式中不出现如下形式的公式。

$$A \vee (B \wedge C)$$

利用分配律,可得

$$A \wedge (B \vee C) \Leftrightarrow (A \wedge B) \vee (A \wedge C) \quad (\wedge 对 \vee 的分配律)$$
$$A \vee (B \wedge C) \Leftrightarrow (A \vee B) \wedge (A \vee C) \quad (\vee 对 \wedge 的分配律)$$

由上面三步,可将任一公式化成与之等值的析取范式或合取范式。

析取范式、合取范式仅含联结词集$\{\neg, \wedge, \vee\}$。

通过定理 2.2 的证明,对于任意命题公式,均可以通过等值演算求出等价于它的析取范式和合取范式,其步骤如下。

(1) 利用基本等价式中的蕴涵等值式和等价等值式将公式中的$\rightarrow$,$\leftrightarrow$用联结词$\neg$,$\wedge$,$\vee$来取代。

(2) 利用德摩根定律将括号前的否定号$\neg$内移到各个命题变元的前端。

(3) 利用结合律、分配律、吸收律、幂等律、交换律等将公式化成其等价的析取范式和合取范式。

例 2.15　求命题公式$(p \vee q) \rightarrow r$的析取范式和合取范式。

解:(1) 先求析取范式。

$(p \vee q) \rightarrow r$

$\Leftrightarrow \neg(p \vee q) \vee r$

$\Leftrightarrow (\neg p \wedge \neg q) \vee r$,这就是命题公式$(p \vee q) \rightarrow r$的析取范式。

(2) 再求合取范式。

$(p \vee q) \rightarrow r$

$\Leftrightarrow \neg(p \vee q) \vee r$

$\Leftrightarrow (\neg p \wedge \neg q) \vee r$

$\Leftrightarrow (\neg p \vee r) \wedge (\neg q \vee r)$,这就是命题公式$(p \vee q) \rightarrow r$的合取范式。

求析取范式和合取范式的前两步是一样的。

一个命题公式的析取范式是不唯一的,如例 2.15 所示。

$(\neg p \wedge \neg q) \vee r$,该式是命题公式$(p \vee q) \rightarrow r$的析取范式。

$(\neg p \wedge \neg q) \vee (p \wedge r) \vee (\neg p \wedge r)$,该式也是命题公式$(p \vee q) \rightarrow r$的析取范式。

$(\neg p \wedge \neg q \wedge r) \vee (\neg p \wedge \neg q \wedge \neg r) \vee (p \wedge r) \vee (\neg p \wedge r)$,该式也是命题公式$(p \vee q) \rightarrow r$的析取范式。

同样一个命题公式的合取范式也是不唯一的。为了求出命题公式的唯一规范化形式的范式,必须先将简单合取式和简单析取式规范化。

定义 2.14 在含有 n 个命题变项的简单合取式(简单析取式)中,若每个命题变项和它的否定式不同时出现,而二者之一必出现且仅出现一次,且第 i 个命题变项或它的否定式出现在从左算起的第 i 位上(若命题变项无角标,就按字典顺序排列),称这样的简单合取式(简单析取式)为**极小项(极大项)**。

如含有 3 个变元 p,q,r 的简单合取式,$p \wedge q \wedge r, p \wedge \neg q \wedge r, \neg p \wedge \neg q \wedge r$ 等简单合取式是极小项。而 $p \wedge q, p \wedge \neg p \wedge r, \neg q \wedge \neg r \wedge p$ 等不是极小项。

$p \vee q \vee r, p \vee \neg q \vee r, \neg p \vee \neg q \vee r$ 等简单析取式是极大项。而 $p \vee q, p \vee \neg p \vee r, \neg q \wedge \neg r \wedge p$ 等不是极大项。

由于每个命题变项在极小项中以原形或否定式形式出现且仅出现一次,因而 n 个命题变项共可产生 2^n 个不同的极小项。其中每个极小项都有且仅有一个成真赋值。若成真赋值所对应的二进制数转换为十进制数 i,就将所对应极小项记作 m_i。类似地,n 个命题变项共可产生 2^n 个极大项,每个极大项只有一个成假赋值,将其对应的十进制数 i 作为极大项的角标,记作 M_i。

为了便于记忆,将 p,q 与 p,q,r 形成的极小项和极大项分别列在表 2.7 和表 2.8 中。

表 2.7 p,q 形成的极小项和极大项

极 小 项				极 大 项			
公式	成真赋值	十进制数	记号	公式	成假赋值	十进制数	记号
$\neg p \wedge \neg q$	00	0	m_0	$p \vee q$	00	0	M_0
$\neg p \wedge q$	01	1	m_1	$p \vee \neg q$	01	1	M_1
$p \wedge \neg q$	10	2	m_2	$\neg p \vee q$	10	2	M_2
$p \wedge q$	11	3	m_3	$\neg p \vee \neg q$	11	3	M_3

表 2.8 p,q,r 形成的极小项和极大项

极 小 项				极 大 项			
公式	成真赋值	十进制数	记号	公式	成假赋值	十进制数	记号
$\neg p \wedge \neg q \wedge \neg r$	000	0	m_0	$p \vee q \vee r$	000	0	M_0
$\neg p \wedge \neg q \wedge r$	001	1	m_1	$p \vee q \vee \neg r$	001	1	M_1
$\neg p \wedge q \wedge \neg r$	010	2	m_2	$p \vee \neg q \vee r$	010	2	M_2
$\neg p \wedge q \wedge r$	011	3	m_3	$p \vee \neg q \vee \neg r$	011	3	M_3
$p \wedge \neg q \wedge \neg r$	100	4	m_4	$\neg p \vee q \vee r$	100	4	M_4
$p \wedge \neg q \wedge r$	101	5	m_5	$\neg p \vee q \vee \neg r$	101	5	M_5
$p \wedge q \wedge \neg r$	110	6	m_6	$\neg p \vee \neg q \vee r$	110	6	M_6
$p \wedge q \wedge r$	111	7	m_7	$\neg p \vee \neg q \vee \neg r$	111	7	M_7

定义 2.15 由有限个极小项组成的析取范式称为主析取范式;由有限个极大项组成的合取范式称为主合取范式。

定理 2.3 任何命题公式都存在着与之等值的主析取范式和主合取范式,并且是唯一的。

证明：这里只证主析取范式的存在性和唯一性。

首先证明存在性。设 A 是任一含 n 个命题变项的公式。由定理 2.2 可知,存在与 A 等值的析取范式 A',即 $A \Leftrightarrow A'$,若 A' 的某个简单合取式 A_i 中既不含命题变项 p_j,也不含它的

否定式 $\neg p_j$,则将 A_i 展成如下形式:

$$A_i \Leftrightarrow A_i \wedge 1 \Leftrightarrow A_i \wedge (\neg p_j \vee p_j) \Leftrightarrow (A_i \wedge \neg p_j) \vee (A_i \wedge p_j)$$

继续这一过程,直到所有的简单合取式都含任意命题变项或它的否定式。

若在演算过程中有重复出现的命题变项、极小项和矛盾式时,都应"消去":如用 p 代替 $p \wedge p$,m_i 代替 $m_i \vee m_i$,0 代替矛盾式等。最后就将 A 化成与之等值的主析取范式 A'。

下面再证明唯一性。假设某一命题公式 A 存在两个与之等值的主析取范式 B 和 C,即 $A \Leftrightarrow B$ 且 $A \Leftrightarrow C$,则 $B \Leftrightarrow C$。假设 B 和 C 是不同的主析取范式,不妨设极小项 m_i 只出现在 B 中而不出现在 C 中。于是,角标 i 的二进制表示为 B 的成真赋值,而为 C 的成假赋值。此时角标 i 的二进制表示即为 A 的成真赋值又为 A 的成假赋值,产生矛盾。因而 B 与 C 必相同。

主合取范式的存在唯一性可类似证明。

在证明定理 2.3 的过程中,已经给出了求主析取范式的步骤。为了醒目和便于记忆,求出某公式的主析取范式(主合取范式)后,将极小项(极大项)都用名称写出,并且按极小项(极大项)名称的角标由小到大的顺序排列。

例 2.16 求命题公式 $(p \vee q) \to r$ 的主析取范式和主合取范式。

解:(1) 先求主析取范式。

$$(p \vee q) \to r$$
$$\Leftrightarrow \neg(p \vee q) \vee r$$
$$\Leftrightarrow (\neg p \wedge \neg q) \vee r$$

这就是命题公式 $(p \vee q) \to r$ 的析取范式,其中简单合取式 $\neg p \wedge \neg q$ 和 r 都不是极小项,则将它们扩展成极小项。

$$((\neg p \wedge \neg q) \wedge 1) \vee (r \wedge 1)$$
$$\Leftrightarrow ((\neg p \wedge \neg q) \wedge (\neg r \vee r)) \vee (r \wedge (\neg p \vee p))$$
$$\Leftrightarrow (\neg p \wedge \neg q \wedge \neg r) \vee (\neg p \wedge \neg q \wedge r) \vee (\neg p \wedge r) \vee (p \wedge r) \quad (继续扩展)$$
$$\Leftrightarrow (\neg p \wedge \neg q \wedge \neg r) \vee (\neg p \wedge \neg q \wedge r) \vee (\neg p \wedge \neg q \wedge r) \vee (\neg p \wedge q \wedge r)$$
$$\vee (p \wedge \neg q \wedge r) \vee (p \wedge q \wedge r)$$
$$\Leftrightarrow (\neg p \wedge \neg q \wedge \neg r) \vee (\neg p \wedge \neg q \wedge r) \vee (\neg p \wedge q \wedge r) \vee (p \wedge \neg q \wedge r) \vee (p \wedge q \wedge r)$$
$$\quad (去掉重复的项)$$
$$\Leftrightarrow m_0 \vee m_1 \vee m_3 \vee m_5 \vee m_7,求得主析取范式。$$

(2) 再求主合取范式。

$$(p \vee q) \to r$$
$$\Leftrightarrow \neg(p \vee q) \vee r$$
$$\Leftrightarrow (\neg p \wedge \neg q) \vee r$$
$$\Leftrightarrow (\neg p \vee r) \wedge (\neg q \vee r)$$

这就是命题公式 $(p \vee q) \to r$ 的合取范式,其中简单析取式 $\neg p \vee r$ 和 $\neg q \vee r$ 都不是极大项,则将它们扩展成极大项。

$$((\neg p \vee r) \vee 0) \wedge ((\neg q \vee r) \vee 0)$$
$$\Leftrightarrow ((\neg p \vee r) \vee (q \wedge \neg q)) \wedge ((\neg q \vee r) \vee (p \wedge \neg p))$$
$$\Leftrightarrow (\neg p \vee q \vee r) \wedge (\neg p \vee \neg q \vee r) \wedge (p \vee \neg q \vee r) \wedge (\neg p \vee \neg q \vee r)$$
$$\Leftrightarrow (p \vee \neg q \vee r) \vee (\neg p \vee q \vee r) \wedge (\neg p \vee \neg q \vee r)$$

$\Leftrightarrow M_2 \wedge M_4 \wedge M_6$,求得主合取范式。

求命题公式的主析(合)取范式,除了用上面的等值演算方法外,还可以利用公式的真值表来求得。

如例 2.16,先列出命题公式$(p \vee q) \rightarrow r$的真值表,如表 2.9 所示。

表 2.9 公式$(p \vee q) \rightarrow r$的真值表

p	q	r	$p \vee q$	$(p \vee q) \rightarrow r$
0	0	0	0	1
0	0	1	0	1
0	1	0	1	0
0	1	1	1	1
1	0	0	1	0
1	0	1	1	1
1	1	0	1	0
1	1	1	1	1

从真值表中可以看出,公式$(p \vee q) \rightarrow r$的成真赋值有 000,001,011,101,111,对应的极小项分别为m_0, m_1, m_3, m_5, m_7,公式$(p \vee q) \rightarrow r$的成假赋值有 010,100,110,对应的极大项分别为M_2, M_4, M_6。

则公式$(p \vee q) \rightarrow r$的主析取范式为

$$m_0 \vee m_1 \vee m_3 \vee m_5 \vee m_7 \Leftrightarrow (\neg p \wedge \neg q \wedge \neg r) \vee (\neg p \wedge \neg q \wedge r)$$
$$\vee (\neg p \wedge q \wedge r) \vee (p \wedge \neg q \wedge r) \vee (p \wedge q \wedge r)$$

公式$(p \vee q) \rightarrow r$的主合取范式为

$$M_2 \wedge M_4 \wedge M_6 \Leftrightarrow (p \vee \neg q \vee r) \wedge (\neg p \vee q \vee r) \wedge (\neg p \vee \neg q \vee r)$$

总结利用真值表求主析取范式和主合取范式的简要方法如下。

(1) 从真值表中选出公式的真值为真的所有行,在这样的每一行中,找到其赋值所对应的极小项,将这些极小项用析取联结词连接起来即可得到相应的主析取范式。

(2) 从真值表中选出公式的真值为假的所有行,在这样的每一行中,找到其赋值所对应的极大项,将这些极大项用合取联结词连接起来即可得到相应的主合取范式。

注意:有些公式的主析(合)取范式可能只有一项极小(大)项或甚至没有极小(大)项。

例 2.17 求下列命题公式的主析取范式和主合取范式。

(1) $\neg(p \rightarrow q) \vee r$。

(2) $(p \wedge q) \rightarrow r$。

(3) $((p \wedge q) \rightarrow p) \vee r$。

(4) $\neg(p \rightarrow q) \wedge q \wedge r$。

解:(1) $\neg(p \rightarrow q) \wedge r$

$\Leftrightarrow \neg(\neg p \vee q) \wedge r$

$\Leftrightarrow p \wedge \neg q \wedge r \Leftrightarrow m_5$,即得公式(1)的主析取范式,它仅含一个极小项。

下面求公式(1)的主合取范式。

$(p \vee 0) \wedge (\neg q \vee 0) \wedge (r \vee 0)$

$\Leftrightarrow (p \vee (q \wedge \neg q)) \wedge (\neg q \vee (p \wedge \neg p)) \wedge (r \vee (p \wedge \neg p))$

$$\Leftrightarrow(p \vee q) \wedge(p \vee \neg q) \wedge(p \vee \neg q) \wedge(\neg p \vee \neg q) \wedge(p \vee r) \wedge(\neg p \vee r)$$

$$\Leftrightarrow(p \vee q) \wedge(p \vee \neg q) \wedge(\neg p \vee \neg q) \wedge(p \vee r) \wedge(\neg p \vee r)$$

$$\Leftrightarrow(p \vee q \vee r) \wedge(p \vee q \vee \neg r) \wedge(p \vee \neg q \vee r) \wedge(p \vee \neg q \vee \neg r) \wedge(\neg p \vee \neg q \vee r) \wedge(\neg p \vee \neg q \vee \neg r) \wedge(p \vee q \vee r) \wedge(p \vee \neg q \vee r) \wedge(\neg p \vee q \vee r) \wedge(\neg p \vee \neg q \vee r)$$

$$\Leftrightarrow(p \vee q \vee r) \wedge(p \vee q \vee \neg r) \wedge(p \vee \neg q \vee r) \wedge(p \vee \neg q \vee \neg r) \wedge(\neg p \vee \neg q \vee r) \wedge(\neg p \vee \neg q \vee \neg r) \wedge(\neg p \vee q \vee r)$$

$\Leftrightarrow M_0 \wedge M_1 \wedge M_2 \wedge M_3 \wedge M_4 \wedge M_6 \wedge M_7$，即得公式(1)的主合取范式。

(2) $(p \wedge q) \rightarrow r$

$\Leftrightarrow \neg(p \wedge q) \vee r$

$\Leftrightarrow \neg p \vee \neg q \vee r = M_6$，即得公式(2)的主合取范式，它仅含一个极大项。

通过扩展非极小项的简单合取式为极小项，可求得主析取范式。

$(\neg p \wedge \neg q \wedge \neg r) \vee(\neg p \wedge \neg q \wedge r) \vee(\neg p \wedge q \wedge \neg r) \vee(\neg p \wedge q \wedge r) \vee(p \wedge \neg q \wedge \neg r) \vee (p \wedge \neg q \wedge r) \vee(p \wedge q \wedge r)$

$\Leftrightarrow m_0 \vee m_1 \vee m_2 \vee m_3 \vee m_4 \vee m_5 \vee m_7$，即得公式(2)的主析取范式。

(3) $((p \wedge q) \rightarrow p) \vee r$

$\Leftrightarrow(\neg(p \wedge q) \vee p) \vee r$

$\Leftrightarrow(\neg p \vee \neg q \vee p) \vee r$

$\Leftrightarrow(1 \vee \neg q) \vee r$

$\Leftrightarrow 1 \vee r$

$\Leftrightarrow 1$，可知公式(3)为重言式，它的主合取范式为1，不含有一项极大项。

通过扩展非极小项的简单合取式为极小项，可求得主析取范式。

$((p \wedge q) \rightarrow p) \vee r \Leftrightarrow m_0 \vee m_1 \vee m_2 \vee m_3 \vee m_4 \vee m_5 \vee m_6 \vee m_7$，即得公式(3)的主析取范式，重言式的主析取范式包含所有的极小项。

(4) $\neg(p \rightarrow q) \wedge q \wedge r$

$\Leftrightarrow \neg(\neg p \vee q) \wedge q \wedge r$

$\Leftrightarrow(p \wedge \neg q) \wedge q \wedge r$

$\Leftrightarrow 0$，可知公式(4)为矛盾式，它的主析取范式为0，不含有一项极小项。

通过扩展非极大项的简单析取式为极大项，可求得主合取范式。

$\neg(p \rightarrow q) \wedge q \wedge r \Leftrightarrow M_0 \wedge M_1 \wedge M_2 \wedge M_3 \wedge M_4 \wedge M_5 \wedge M_6 \wedge M_7$，即得公式(4)的主合取范式，矛盾式的主合取范式包含所有的极大项。

从上面已有的例子可以看出，主析取范式和主合取范式分别含有的极小项和极大项是互补的，如例2.16中，主析取范式中的极小项下标分别为0,1,3,5,7，剩余的为2,4,6，而对应的主合取范式中的极大项下标恰好是2,4,6。如例2.17(1)中，主析取范式中的极小项下标为5，剩余的为0,1,2,3,4,6,7，而对应的主合取范式中的极大项下标恰好是0,1,2,3,4,6,7。

定理2.4 对于含有 n 个命题变元的极小项和极大项之间存在下面的关系。

(1) $\neg m_i \Leftrightarrow M_i (0 \leqslant i \leqslant 2^n - 1)$。

(2) $\neg M_i \Leftrightarrow m_i (0 \leqslant i \leqslant 2^n - 1)$。

证明略，可从表2.7和表2.8直接看出。

定理2.5 设公式 A 含有 n 个命题变项，A 的主析取范式含 $s(0 < s < 2^n)$ 个极小项，设

下标分别为 $i_1, i_2, \cdots, i_s$, 设没有出现的 $2^n - s$ 个下标分别为 $j_1, j_2, \cdots, j_{2^n - s}$, 则

$$A \Leftrightarrow m_{i_1} \vee m_{i_2} \vee \cdots \vee m_{i_s} \Leftrightarrow M_{j_1} \wedge M_{j_2} \wedge \cdots \wedge M_{j_{2^n - s}}.$$

证明: 若 $A \Leftrightarrow m_{i_1} \vee m_{i_2} \vee \cdots \vee m_{i_s}$, 则 $\neg A \Leftrightarrow m_{j_1} \vee m_{j_2} \vee \cdots \vee m_{j_{2^n - s}}$.

$$A \Leftrightarrow \neg \neg A \Leftrightarrow \neg (m_{j_1} \vee m_{j_2} \vee \cdots \vee m_{j_{2^n - s}})$$

$$\Leftrightarrow \neg m_{j_1} \wedge \neg m_{j_2} \wedge \cdots \wedge \neg m_{j_{2^n - s}} \quad (\text{德摩根律})$$

$$\Leftrightarrow M_{j_1} \wedge M_{j_2} \wedge \cdots \wedge M_{j_{2^n - s}} \quad (\text{根据定理 2.4})$$

由定理 2.5 知, 可以根据命题公式的主析取范式求主合取范式; 反之亦然。

综上所述, 主析取范式的作用有:

(1) 可判断两命题公式是否等值。

(2) 可判断命题公式的类型。

(3) 可求出命题公式的成真赋值和成假赋值。

(4) 可分析和解决实际问题。

例 2.18 某科研所要从 3 名科研骨干 A, B, C 中挑选一两名出国进修。由于工作原因, 选派时要满足以下条件。

(1) 若 A 去, 则 C 同去。

(2) 若 B 去, 则 C 不能去。

(3) 若 C 不去, 则 A 或 B 可以去。

问应如何选派他们?

解: 设 p: 派 A 去, q: 派 B 去, r: 派 C 去。

由已知条件可得公式

$$G \Leftrightarrow (p \rightarrow r) \wedge (q \rightarrow \neg r) \wedge (\neg r \rightarrow (p \vee q))$$

经过演算可得

$$G \Leftrightarrow (\neg p \wedge \neg q \wedge r) \vee (\neg p \wedge q \wedge \neg r) \vee (p \wedge \neg q \wedge r) \Leftrightarrow m_1 \vee m_2 \vee m_5$$

可知, 选派方案有 3 种:

(1) C 去, 而 A, B 都不去。

(2) B 去, 而 A, C 都不去。

(3) A, C 去, 而 B 不去。

2.4 命题逻辑的推理理论

2.4.1 推理的形式结构

命题逻辑主要包括 3 方面的内容: 概念、判断、推理。即首先用符号化来表示各式各样的语句, 并对语句进行肯定与否定的判断, 然后通过一个或几个判断来推出结论。即是说从前提(Premise)(或假设)出发, 依据公认的推理规则, 推导出一个结论(Conclusion), 这一过程称为有效推理(Efficacious Inference)或形式证明(Formal Proof)。

定义 2.16 设 $A_1, A_2, \cdots, A_k$ 和 B 都是命题公式, 若对于 $A_1, A_2, \cdots, A_k$ 和 B 中出现的命题变项的任意一组赋值, 或者 $A_1 \wedge A_2 \wedge \cdots \wedge A_k$ 为假, 或者当 $A_1 \wedge A_2 \wedge \cdots \wedge A_k$ 为真时, B 也

为真,则称由前提 $A_1,A_2,\cdots,A_k$ 推出 B 的**推理是有效的**,并称 B 是**有效结论**。记为 $A_1 \wedge A_2 \wedge \cdots \wedge A_k \Rightarrow B$ 或 $A_1,A_2,\cdots,A_k |= B$。

把 $A_1,A_2,\cdots,A_k$ 推出 B 的推理的形式结构记作蕴涵式 $(A_1 \wedge A_2 \wedge \cdots \wedge A_k) \rightarrow B$。

例 2.19 判断下列推理是否有效。

(1) 前提:$p,p \rightarrow q$,结论:q。

(2) 前提:$p,q \rightarrow p$,结论:q。

解:只要写出前提的合取式与结论的真值表,看是否出现前提合取式为真,而推论为假的情况(见表 2.10)。

表 2.10　前提合取式与结论的真值表

p	q	$p \wedge (p \rightarrow q)$	q	$p \wedge (q \rightarrow p)$	q
0	0	0	0	0	0
0	1	0	1	0	1
1	0	0	0	1	0
1	1	1	1	1	1

(1) 由表 2.10 可知,没有出现前提合取式为真,而结论为假的情况,因而(1)中推理是有效的。

(2) 由表 2.10 可知,在赋值为 10 情况下,出现了前提合取式为真,而结论为假的情况,因而(2)推理是无效的。

例如下面推理。

前提:若雪是黑的则太阳从西面出来,雪是黑的。

结论:太阳从西面出来。

根据例 2.19(1),推理是有效的,但在现实中,这推理显然是不正确的。所以我们要理解有效推理和正确推理的区别。

有效推理不一定产生真实的结论;而产生真实结论的推理过程未必是有效的,因为有效推理中可能包含为"假"的前提,而无效推理却可能包含为"真"的前提。由此可见,推理是一回事,前提与结论的真实与否是另一回事。所谓推理有效,指的是它的结论是它的前提的合乎逻辑的结果。也即,如果它的前提都为真,那么所得的结论也必然为真,而并不是要求前提或结论一定为真或为假,如果推理是有效的话,那么不可能它的前提都为真时,而它的结论为假。

定理 2.6 由前提 $A_1,A_2,\cdots,A_k$ 推出结论 B 的推理为有效的当且仅当 $A_1 \wedge A_2 \wedge \cdots \wedge A_k \rightarrow B$ 为重言式。

证明:

(1) 必要性:若 $A_1,A_2,\cdots,A_k |= B$,但 $A_1 \wedge A_2 \wedge \cdots \wedge A_k \rightarrow B$ 不是重言式。于是,必存在 $A_1,A_2,\cdots,A_k,B$ 的一个解释 I,使得 $A_1 \wedge A_2 \wedge \cdots \wedge A_k$ 为真,而 B 为假,因此对于该解释 I,有 $A_1,A_2,\cdots,A_k$ 都为真,而 B 为假,这就与推理 $A_1,A_2,\cdots,A_k |= B$ 是有效的相矛盾,故 $A_1 \wedge A_2 \wedge \cdots \wedge A_k \rightarrow B$ 为重言式。

(2) 充分性:若 $A_1 \wedge A_2 \wedge \cdots \wedge A_k \rightarrow B$ 为重言式,但 $A_1,A_2,\cdots,A_k |= B$ 不是有效的推理,故存在 $A_1,A_2,\cdots,A_k,B$ 的一个解释 I,使得 $A_1 \wedge A_2 \wedge \cdots \wedge A_k$ 为真,而 B 为假,就是说

$A_1 \wedge A_2 \wedge \cdots \wedge A_k \rightarrow B$ 为假,这就与 $A_1 \wedge A_2 \wedge \cdots \wedge A_k \rightarrow B$ 是重言式相矛盾,所以 $A_1, A_2, \cdots,$ $A_k \models B$ 是有效的推理。

同"$\Leftrightarrow$"一样,符号"$\Rightarrow$"并非是逻辑联结词。"$\Rightarrow$"与"$\rightarrow$"具有完全不同的意义。"$\rightarrow$"仅是一般的蕴涵联结词,$G \rightarrow H$ 的结果仍是一个公式,而"$G \Rightarrow H$"却描述了两个公式 G, H 之间的一种逻辑蕴涵关系。

2.4.2 演绎法证明推理

从定理 2.6 可知,要证明由前提 $A_1, A_2, \cdots, A_k$ 推出结论 B 的推理为有效的,只要证明 $A_1 \wedge A_2 \wedge \cdots \wedge A_k \rightarrow B$ 为重言式即可。而证明 $A_1 \wedge A_2 \wedge \cdots \wedge A_k \rightarrow B$ 为重言式根据前几节内容可以用真值表、等值演算和求主析取范式等方法,在此不再重复。

在推理的过程中,如果涉及的命题变元较多,以上三种方法都很不方便,因此,要采用一种"动态构造技术",即在提取少量公理的基础上,建立若干推理规则(Rules of Inference),借以进行演绎推理。为此,引入下面的演绎法。

演绎法是从前提(假设)出发,依据公认的推理规则,推导出一个结论来。

为此,下面将引入推理规则和推理定律。

(1) 推理规则。在数理逻辑中,主要的推理规则有如下几种。

① 前提引入规则:在证明的任何步骤上都可以引入前提。

② 结论引入规则:在证明的任何步骤上所得到的结论都可以作为后继证明的前提。

③ 置换规则:在证明的任何步骤上,命题公式中的子公式都可以用与之等值的公式置换,得到公式序列中的又一个公式。

(2) 推理定律。重要的推理定律有以下 8 条。

① $A \Rightarrow A \vee B$	附加律
② $A \wedge B \Rightarrow A$	化简律
③ $(A \rightarrow B) \wedge A \Rightarrow B$	假言推理
④ $(A \rightarrow B) \wedge \neg B \Rightarrow \neg A$	拒取式
⑤ $(A \vee B) \wedge \neg B \Rightarrow A$	析取三段论
⑥ $(A \rightarrow B) \wedge (B \rightarrow C) \Rightarrow (A \rightarrow C)$	假言三段论
⑦ $(A \leftrightarrow B) \wedge (B \leftrightarrow C) \Rightarrow (A \leftrightarrow C)$	等价三段论
⑧ $(A \rightarrow B) \wedge (C \rightarrow D) \wedge (A \vee C) \Rightarrow (B \vee D)$	构造性二难

例 2.20 证明下列推理是有效的。

(1) 前提:$p \vee q, \neg r \rightarrow \neg q, \neg p$。

结论:r。

(2) 前提:$p \vee q, p \rightarrow r, q \rightarrow s$。

结论:$r \vee s$。

证明:

(1) ① $p \vee q$ 前提引入

② $\neg p$ 前提引入

③ q ①,②,析取三段论

④ $\neg r \rightarrow \neg q$ 前提引入

⑤ r ③,④,拒取式

(2) ① $p \vee q$ 前提引入

② $p \rightarrow r$ 前提引入

③ $q \rightarrow s$ 前提引入

④ $r \vee s$ ①,②,③,构造性二难

例 2.21 证明下列推理是有效的。

若数 a 是实数,则它不是有理数就是无理数;若 a 不能表示成分数,则它不是有理数。因为 a 是实数且它不能表示成分数,所以 a 是无理数。

证明: 首先将简单命题符号化。

设 p:a 是实数。

        q:a 是有理数。

        r:a 是无理数。

        s:a 能表示成分数。

则该题推理的形式结构如下。

前提:$p \rightarrow (q \vee r)$,$\neg s \rightarrow \neg q$,$p \wedge \neg s$。

结论:r。

演绎法证明如下。

(1) $p \wedge \neg s$ 前提引入

(2) p (1)化简

(3) $\neg s$ (1)化简

(4) $\neg s \rightarrow \neg q$ 前提引入

(5) $\neg q$ (3),(4),假言推理

(6) $p \rightarrow (q \vee r)$ 前提引入

(7) $q \vee r$ (2),(6),假言推理

(8) r (5),(7),析取三段论

在用演绎法证明推理的有效性,为了方便还会采用一些技巧,现介绍如下两种方法。

1. 附加前提证明法

有时推理的形式结构具有如下形式。

前提:$A_1, A_2, \cdots, A_k$。

结论:$A \rightarrow B$。

也就是说结论也是一个蕴涵式。此时可以将结论蕴涵式中的前件 A 作为附加前提,推理的形式结构变为如下形式。

前提:$A_1, A_2, \cdots, A_k, A$。

结论:B。

此两种形式结构是等价的,我们称将结论中的前件作为前提的证明法为附加前提证明法。两种形式结构等价的证明如下。

$$(A_1 \wedge A_2 \wedge \cdots \wedge A_k) \rightarrow (A \rightarrow B)$$

$$\Leftrightarrow \neg(A_1 \wedge A_2 \wedge \cdots \wedge A_k) \vee (\neg A \vee B)$$
$$\Leftrightarrow (\neg(A_1 \wedge A_2 \wedge \cdots \wedge A_k) \vee \neg A) \vee B$$
$$\Leftrightarrow \neg(A_1 \wedge A_2 \wedge \cdots \wedge A_k \wedge A) \vee B$$
$$\Leftrightarrow (A_1 \wedge A_2 \wedge \cdots \wedge A_k \wedge A) \to B$$

例 2.22 用附加前提证明法证明下列推理。

前提：$p \to (q \to s), \neg r \vee p, q$。

结论：$r \to s$。

证明：

(1) r 附加前提引入

(2) $\neg r \vee p$ 前提引入

(3) p (1),(2),析取三段论

(4) $p \to (q \to s)$ 前提引入

(5) $q \to s$ 假言推理

(6) q 前提引入

(7) s 假言推理

例 2.22 的证明称为直接证明,若前提为真,得到结论也为真。即用若 p 为真则 q 也必然为真,来证明蕴涵式 $p \to q$。下面要介绍间接证明方法,因为蕴涵式 $p \to q$ 等价于它的逆否命题 $\neg q \to \neg p$,可以通过它的逆否命题 $\neg q \to \neg p$ 来证明蕴涵式 $p \to q$。若 $\neg q$ 为真得出 $p \wedge \neg p$ 矛盾来。

2. 归谬法

设 $A_1, A_2, \cdots, A_k$ 是 k 个公式,若 $A_1 \wedge A_2 \wedge \cdots \wedge A_k$ 是可满足式,则称 $A_1, A_2, \cdots, A_k$ 是相容的(或一致的),否则(即 $A_1 \wedge A_2 \wedge \cdots \wedge A_k$ 是矛盾式),则称 $A_1, A_2, \cdots, A_k$ 是不相容的(或不一致的)。

在构造形式结构为 $(A_1 \wedge A_2 \wedge \cdots \wedge A_k) \to B$ 的推理证明中,如果将 $\neg B$ 作为前提能推出矛盾来,例如得出 $\neg R \wedge R$,则说明推理正确。其原因如下。

$$(A_1 \wedge A_2 \wedge \cdots \wedge A_k) \to B$$
$$\Leftrightarrow \neg(A_1 \wedge A_2 \wedge \cdots \wedge A_k) \vee B$$
$$\Leftrightarrow \neg(A_1 \wedge A_2 \wedge \cdots \wedge A_k \wedge \neg B)$$

若 $A_1, A_2, \cdots, A_k, \neg B$ 是不相容的,正说明 $(A_1 \wedge A_2 \wedge \cdots \wedge A_k) \to B$ 为重言式,即 $(A_1 \wedge A_2 \wedge \cdots \wedge A_k) \Rightarrow B$ 的推理是有效的。

将结论的否定作为前提从而推出矛盾来证明原来的推理有效的方法称为归谬法。归谬法就是数学中常用的反证法。

例 2.23 用归谬法证明下列推理。

前提：$p \to q, r \to \neg q, r \vee s, s \to \neg q$。

结论：$\neg p$。

证明：

(1) $\neg(\neg p)$ 结论的否定引入

(2) p (1),等值演算

(3) $p \rightarrow q$　　　　前提引入

(4) q　　　　　　(2),(3),假言推理

(5) $r \rightarrow \neg q$　　　　前提引入

(6) $s \rightarrow \neg q$　　　　前提引入

(7) $r \lor s$　　　　　前提引入

(8) $\neg q$　　　　　(5),(6),(7)构造性二难

(9) $q \land \neg q$　　　　(4),(8),合取

(9)矛盾,故根据归谬法,推理有效。

2.5　谓词逻辑基础

在命题逻辑中,主要是研究命题与命题之间的逻辑关系,原子命题是不可分解的最小单位,命题逻辑不关心原子命题内部的特征。因此,命题逻辑的推理中存在很大的局限性,如要表达"某两个原子公式之间有某些共同的特点"或者是要表达"两个原子公式的内部结构之间的联系"等事实是不可能的。例如著名的苏格拉底三段论:

所有的人都是要死的;

苏格拉底是人。

所以,苏格拉底是要死的。

显然,在现实中上述推理是有效的。但在命题逻辑中,假设 p,q,r 表示上述三命题,由于 $(p \land q) \rightarrow r$ 不是重言式,故苏格拉底三段论不是有效的推理。

问题出在哪里呢?问题就在于这类推理中,各命题之间的逻辑关系不是体现在原子命题之间,而是体现在构成原子命题的内部成分之间,即体现在命题结构的更深层次上,对此,命题逻辑将无能为力。所以在研究某些推理时,有必要对原子命题做进一步分解,分解出其中的个体词、谓词和量词,以期找到个体和总体的内在联系和数量关系,这就是谓词逻辑的基本内容,谓词逻辑也叫一阶逻辑。

2.5.1　谓词逻辑的基本概念

在命题逻辑中,命题是具有决定真值的陈述句,从语法上分析,一个陈述句由主语和谓语两部分组成。如句子"张三是温州大学的学生",可分解成两个部分:"张三"和"是温州大学的学生",前者是主语,后者是谓语。若另一个陈述句"李四是温州大学的学生",此时,若用命题 p,q 分别表示上述两句话,则 p,q 显然是两个毫无关系的命题。但上述两个陈述句具有一个共同的特征:

是温州大学的学生

因此,若将句子分解成:

主语＋谓语

主语表示具体的对象或概念;谓语表示具体对象的某些属性,能够揭示一个命题的内部结构与另一个命题的内部结构之间的关系。

定义 2.17　个体词是指可以独立存在的客体,它可以是一个具体事物,也可以是一个

抽象的概念。

例如：张三是温州大学的学生。

张三和李四是好朋友。

花是迷人的。

$\sqrt{2}$是无理数。

这些句子中的"张三""李四""花""$\sqrt{2}$"都是个体词。

将表示具体或特定的客体的个体词称作**个体常项**，一般用小写英文字母 $a,b,c,\cdots$ 表示；而将表示抽象或泛指的个体词称为**个体变项**，常用 $x,y,z,\cdots$ 表示。称个体变项的取值范围为**个体域**（或称论域）。个体域可以是有穷集合，例如，$\{1,2,3\}$，$\{a,b,c,d\}$，$\{a,b,c,\cdots,x,y,z\}$，$\cdots$，也可以是无穷集合，例如，自然数集合 $\mathbf{N}=\{0,1,2,\cdots\}$，实数集合 $\mathbf{R}=\{x\mid x$ 是实数$\}$。有一个特殊的个体域，它是由宇宙间一切事物组成的，称它为**全总个体域**。本章在论述或推理中如没有指明所采用的个体域，都是使用全总个体域。

定义 2.18 谓词一般用来指明客体性质（属性）或客体之间的关系。一般用大写字母 $F,G,H,\cdots$ 表示。

若用 $F(x)$ 表示 x 是温州大学的学生，则张三是温州大学的学生可表示为 F（张三），$G(x,y)$ 表示 x 和 y 是好朋友，则张三和李四是好朋友可表示为 G（张三，李四）。

同个体词一样，谓词也有常项和变项之分。表示具体性质或关系的谓词称为谓词常项，表示抽象的、泛指的性质或关系的谓词称为**谓词变项**。它们都用大写字母来表示，具体是谓词常项还是变项根据上下文确定。

如 $L(x)$ 表示 x 具有属性 L，其中谓词 L 是谓词变项。

$F(x)$ 是一元谓词，$G(x,y)$ 是二元谓词。一般地，若谓词中含有 n 个个体变元，则该谓词称为 n 元谓词。n 元谓词 $P(x_1,x_2,\cdots,x_n)$ 可以看成以个体域为定义域，以 $\{0,1\}$ 为值域的 n 元函数或关系。它不是命题。要想使它成为命题，必须用谓词常项取代 P，用个体常项 $a_1,a_2,\cdots,a_n$ 取代 $x_1,x_2,\cdots,x_n$，得 $P(a_1,a_2,\cdots,a_n)$ 是命题。

有时候将不带个体变项的谓词称为 0 元谓词，例如：$F(a),G(a,b),P(a_1,a_2,\cdots,a_n)$ 等都是 0 元谓词。当 F,G,P 为谓词常项时，0 元谓词为命题。这样一来，命题逻辑中的命题均可以表示成 0 元谓词，因而可以将命题看成特殊的谓词。

例 2.24 若谓词 $F(x)$ 表示 x 是素数，$G(x,y)$ 表示整数 x,y 互质，判断下列 0 元谓词的真值。

(1) $F(2)$。

(2) $F(5)$。

(3) $F(9)$。

(4) $G(5,7)$。

(5) $G(12,21)$。

解：因为 $F(x)$ 表示 x 是素数，且 2、5 是素数，9 不是素数，故 $F(2)$、$F(5)$ 的真值为 1，$F(9)$ 的真值为 0。$G(x,y)$ 表示整数 x、y 互质，5、7 的最大公约数为 1，12、21 的最大公约数为 3，故 $G(5,7)$ 的真值为 1，$G(12,21)$ 的真值为 0。

例 2.25 若谓词 $F(x)$ 表示 x 是素数，$G(x)$ 表示 x 是偶数，并设个体域 $D=\{2,5,7,11\}$，请符号化下列各命题。

（1）个体域 D 中的所有数都是素数。

（2）个体域 D 中至少存在一个偶数。

解：（1）已知 $D=\{2,5,7,11\}$，命题"个体域 D 中的所有数都是素数"等价于 2 是素数且 5 是素数且 7 是素数且 11 是素数，则命题符号化成 $F(2)\wedge F(5)\wedge F(7)\wedge F(11)$。

（2）命题"个体域 D 中至少存在一个偶数"等价于 2 是偶数或者 5 是偶数或者 7 是偶数或者 11 是偶数，则命题符号化成 $G(2)\vee G(5)\vee G(7)\vee G(11)$。

例 2.25 中当个体域元素个数较多或无穷时，命题将很难符号化，因为缺乏表示个体之间数量关系的词。为此在谓词逻辑中引入一个重要概念——量词。

量词可分为全称量词和存在量词两种。

1. 全称量词

日常生活和数学中所用的"一切的""所有的""每一个""任意的""凡""都"等词可统称为全称量词，将它们都符号化为"$\forall$"。并用 $\forall x, \forall y$ 等表示个体域里的所有个体，而用 $\forall xF(x)$，$\forall yG(y)$ 等分别表示个体域里所有个体都有性质 F 和都有性质 G。

2. 存在量词

日常生活和数学中所用的"存在""有一个""有的""至少有一个"等词统称为存在量词，将它们都符号化为"$\exists$"。并用 $\exists x, \exists y$ 等表示个体域里有的个体，而用 $\exists xF(x)$，$\exists yG(y)$ 等分别表示个体域里存在个体具有性质 F 和存在个体具有性质 G 等。

例 2.26 符号化下面命题。

（1）凡人都是要死的。

（2）有的人活到百岁以上。

要求：

（a）个体域为人类集合。

（b）个体域为全总个体域。

解：（a）个体域为人类集合。

设 $F(x)$：x 是要死的。

$G(x)$：x 活到百岁以上。

则命题（1）符号化成：$\forall xF(x)$。

命题（2）符号化成：$\exists xG(x)$。

（b）个体域为全总个体域。

此时命题（1）不能符号化成 $\forall xF(x)$，否则表示宇宙间的一切事物都是要死的，这与原命题的含义不符；命题（2）不能符号化成 $\exists xG(x)$，否则表示宇宙间的有些事物可以活到百岁以上，这也与原命题的含义不符。解决的方法是必须再引入一个限制性的谓词，将人分离出来。命题（1）可理解为"对宇宙间所有的个体，若它是人，则总是要死的"。命题（2）可理解为"宇宙中存在着这样的个体，它是人且能活到百岁以上"。

假如设谓词 $M(x)$：x 是人，则命题（1）符号化成：$\forall x(M(x)\rightarrow F(x))$，命题（2）符号化成：$\exists x(M(x)\wedge G(x))$。

我们称谓词 $M(x)$ 为特征谓词。

例 2.27 设 $P(x)$：x 是素数。

$I(x)$：x 是整数。

$Q(x,y)$：$x+y=0$。

用自然语言描述下述命题，并判断其真值。

(1) $\forall x(I(x) \rightarrow P(x))$。

(2) $\exists x(I(x) \wedge P(x))$。

(3) $\forall x \forall y(I(x) \wedge I(y) \rightarrow Q(x,y))$。

(4) $\forall x(I(x) \rightarrow \exists y(I(y) \wedge Q(x,y)))$。

(5) $\exists x(I(x) \wedge \forall y(I(y) \rightarrow Q(x,y)))$。

解：句子(1)可描述为"所有整数一定是素数"，真值为"假"。

句子(2)可描述为"有些整数是素数"，真值为"真"。

句子(3)可描述为"对任意的整数 x,y，都有 $x+y=0$"，真值为"假"。

句子(4)可描述为"对任意的整数 x，都存在着整数 y，使得 $x+y=0$"，真值为"真"。

句子(5)可描述为"存在着整数 x，使得对任意的整数 y，都有 $x+y=0$"，真值为"假"。

在多个量词同时出现时，不能随意颠倒它们的顺序，颠倒后会改变原有的含义，如例 2.27 中的(4)和(5)。

例 2.28 在谓词逻辑中将下列命题符号化。

(1) 火车都比汽车快。

(2) 有的火车比所有汽车快。

(3) 不存在比所有火车都快的汽车。

解：设 $F(x)$：x 是火车。

$G(y)$：y 是汽车。

$H(x,y)$：x 比 y 快。

则命题(1)符号化为：$\forall x(F(x) \rightarrow x$ 比所有的汽车都快)。继续符号化为：$\forall x(F(x) \rightarrow \forall y(G(y) \rightarrow H(x,y)))$，把量词前置等价于 $\forall x \forall y(F(x) \wedge G(y) \rightarrow H(x,y))$。

同理有如下结论。

命题(2)符号化为：$\exists x(F(x) \wedge \forall y(G(y) \rightarrow H(x,y)))$。

命题(3)符号化为：$\neg \exists y(G(y) \wedge \forall x(F(x) \rightarrow H(y,x)))$。

2.5.2 谓词公式及其解释

同命题演算一样，在谓词逻辑中也同样包含命题变元和命题联结词，为了能够进行演绎和推理，为了对谓词逻辑中关于谓词的表达式加以形式化，利用联结词、谓词与量词同样可构成符合要求的谓词公式。

在形式化中，将使用如下 4 种符号。

(1) 常量符号：用带或不带下标的小写英文字母 $a,b,c,\cdots,a_1,b_1,c_1,\cdots$ 来表示。当个体域名称集合 D 给出时，它可以是 D 中的某个元素。

(2) 变量符号：用带或不带下标的小写英文字母 $x,y,z,\cdots,x_1,y_1,z_1,\cdots$ 来表示。当个体域名称集合 D 给出时，它可以是 D 中的任意元素。

(3) 函数符号:用带或不带下标的小写英文字母 $f,g,h,\cdots,f_1,g_1,h_1,\cdots$ 来表示。当个体域名称集合 D 给出时,n 元函数符号 $f(x_1,x_2,\cdots,x_n)$ 可以是 $D^n \rightarrow D$ 的任意一个函数。

(4) 谓词符号:用带或不带下标的大写英文字母 $F,G,H,\cdots,F_1,G_1,H_1,\cdots$ 来表示。当个体域名称集合 D 给出时,n 元谓词符号 $F(x_1,x_2,\cdots,x_n)$ 可以是 $D^n \rightarrow \{0,1\}$ 的任意一个谓词。

为了方便处理数学和计算机科学的逻辑问题及谓词表示的直觉清晰性,首先引入项的概念。

定义 2.19　谓词逻辑中的项(Term),被递归地定义为:

(1) 任意的常量符号或任意的变量符号是项。

(2) 若 $f(x_1,x_2,\cdots,x_n)$ 是 n 元函数符号,$t_1,t_2,\cdots,t_n$ 是项,则 $f(t_1,t_2,\cdots,t_n)$ 是项。

(3) 仅由有限次使用(1),(2)产生的表达式才是项。

由定义可知,所定义的项包括常量、变量及变量构成的函数,但它们是一些按递归法则构造出来的复合函数,不是一般的任意函数。

复合函数 $f(g(x),h(a,g(x),y))$ 是一个项。

有了项的定义,函数的概念就可用来表示个体常量和个体变量。

例 2.29　设 $f(x,y)=x+y$。

$N(x)$:x 是自然数。

则 $f(4,6)$ 表示个体常量 10,而 $N(f(4,6))$ 表示 10 是自然数。

函数的使用给谓词表示带来了很大的方便。

定义 2.20　若 $F(x_1,x_2,\cdots,x_n)$ 是 n 元谓词,$t_1,t_2,\cdots,t_n$ 是项,则称 $F(t_1,t_2,\cdots,t_n)$ 为原子谓词公式(Atomic Propositional Formulae),简称原子公式(Atomic Formulae)。

下面由原子公式出发,给出谓词逻辑中谓词的合适公式的递归定义。

定义 2.21　满足下列条件的表达式称为合式公式,简称公式。

(1) 原子公式是合式公式。

(2) 若 A 是合式公式,则 $(\neg A)$ 也是合式公式。

(3) 若 A,B 是合式公式,则 $(A \wedge B)$,$(A \vee B)$,$(A \rightarrow B)$,$(A \leftrightarrow B)$ 也是合式公式。

(4) 若 A 是合式公式,x 是个体变量,则 $\forall x A(x)$,$\exists x A(x)$ 也是合式公式。

(5) 仅由(1),(2),(3),(4)产生的表达式才是合式公式。

由上述定义可知,合式公式是按上述规则由原子公式、联结词、量词、圆括号和逗号所组成的符号串,而且命题公式是它的一个特例。

如 $\forall x(F(x) \vee G(f(x,y)))$ 是合式公式,而 $\forall x(F(x) \neg G(x))$ 不是合式公式。

以后为方便起见,所指的谓词公式就是合式公式,在不引起混淆的情况下简称为谓词公式或公式,并且公式中的括号同样可如命题公式的括号一样省略,即最外层括号可省略,但量词后面的括号省略方式为:若一量词之辖域中仅出现一个原子公式,则此确定辖域之括号可省略,否则不能省略其括号。

定义 2.22　在公式 $\forall x A$ 和 $\exists x A$ 中,称 x 为指导变元,A 为相应量词的辖域。在 $\forall x A$ 和 $\exists x A$ 的辖域中,x 的所有出现都称为约束出现。A 中不是约束出现的其他变项均称为是自由出现的。约束出现的变元称为约束变元,自由出现的变元称为自由变元。

通常,一个量词的辖域是某公式的子公式,因此,确定一个量词的辖域,就是找出位于该量词之后的相邻接的子公式。具体如下。

(1) 若量词后有括号,则括号内的子公式就是该量词的辖域。

(2) 若量词后无括号,则与量词邻接的子公式为该量词的辖域。

判断给定公式 A 中的个体变元是约束变元还是自由变元,关键要看它在 A 中是约束出现还是自由出现。

例 2.30 指出下列各公式的指导变元、辖域、约束变元、自由变元。

(1) $\forall x(F(x) \to \exists y G(x,y))$。

(2) $\exists x(F(x,y) \to G(x,z)) \lor H(x)$。

(3) $\forall x(F(x) \land \exists x G(x,z) \to \exists y H(x,y)) \lor G(x,y)$。

解:(1) x 是指导变元,辖域为 $F(x) \to \exists y G(x,y)$,$y$ 也是指导变元,辖域为 $G(x,y)$,公式中 x,y 均为约束出现,故为约束变元。

(2) x 是指导变元,辖域为 $F(x,y) \to G(x,z)$,在此辖域中 x 为约束变元,y,z 为自由变元,而 $H(x)$ 中的变元 x 不受指导变元 x 的控制,为自由变元。

(3) x,y 是指导变元,$\forall x$ 的辖域为 $F(x) \land \exists x G(x,z) \to \exists y H(x,y)$,$\exists x$ 的辖域为 $G(x,z)$,在 $G(x,z)$ 中 x 受 $\exists x$ 的控制,而不受前面的 $\forall x$ 的控制,当然子公式 $F(x) \land \exists x G(x,z) \to \exists y H(x,y)$ 中的 x 为约束变元。$\exists y$ 的辖域为 $H(x,y)$,其中 y 为约束变元。而式中的 z 和最后 $G(x,y)$ 中的 x,y 都是自由变元。

从例 2.30 可知,在一个公式中,某一个变元的出现既可以是自由的,又可以是约束的,如(2)中的 x,(3)中的 x,y;甚至有同名的指导变元出现,如(3)中的 $\forall x$ 和 $\exists x$。为了研究方便,不致引起混淆,同时为了使式子给大家一目了然的结果,对于表示不同意思的个体变元,总是以不同的变量符号来表示,即希望一个变元在同一个公式中只以一种身份出现。由此引进如下 2 个规则。

规则 1(约束变元的改名规则)如下。

(1) 将量词中出现的变元以及该量词辖域中此变量之所有约束出现,都用新的个体变元替换。

(2) 新的变元一定要有别于改名辖域中的所有其他变量。

规则 2(自由变元的代入规则)如下。

(1) 将公式中出现该自由变元的每一处都用新的个体变元替换。

(2) 新变元不允许在原公式中以任何约束形式出现。

如例 2.30(2)中通过改名规则将约束变元 x 改为 w,得到 $\exists w(F(w,y) \to G(w,z)) \lor H(x)$,也可以通过代入规则将自由变元 x 用 v 代替,得到 $\exists x(F(x,y) \to G(x,z)) \lor H(v)$。

例 2.30(3)中通过改名规则将第一个约束变元 x 改为 w,通过代入规则将自由变元 x 用 u 代替,自由变元 y 用 v 代替,得到 $\forall w(F(w) \land \exists x G(x,z) \to \exists y H(w,y)) \lor G(u,v)$。

通过改名规则得到的公式与原公式是等价的,故较多地使用约束变元的改名规则,对于自由变元则较少改名。

定义 2.23 设 A 是任意一个公式,若 A 中无自由出现的个体变元,则称 A 为封闭的公式,简称闭式。

如例 2.30(1)就是一个闭式。

谓词公式是由一些抽象的符号(包括常量符号、变量符号、函数符号、谓词符号)通过逻辑联结词、量词、括号连接起来的抽象表达式。所以若不对常量符号、函数符号、谓词符号等给以具体的解释,则公式没有实际的意义。只有对它们解释和赋值后,此时的公式可能是真或可能是假。由此,可定义如下。

定义 2.24 谓词逻辑中公式 A 的一个解释 I 由如下 4 部分组成。

(1) 非空的个体域集合 D。

(2) A 中的每个常量符号,指定 D 中的某个特定的元素。

(3) A 中的每个 n 元函数符号,指定 D^n 到 D 中的某个特定的函数。

(4) A 中的每个 n 元谓词符号,指定 D^n 到 $\{0,1\}$ 中的某个特定的谓词。

所谓解释就是将公式中未知的量用已知的量来代替。

例 2.31 设 I 是如下的一个解释。

$D=\{2,3\}$;

$a=3,b=2$;

$f(2)=3,f(3)=2$;

$F(2,2)=F(3,3)=1,F(2,3)=F(3,2)=0$。

试求下列公式在解释 I 下的真值。

(1) $F(a,f(b)) \wedge F(b,f(a))$。

(2) $\forall x \exists y F(x,y)$。

(3) $\exists y \forall x F(x,y)$。

(4) $\forall x \forall y (F(x,y) \rightarrow F(f(x),f(y)))$。

解:(1) $F(a,f(b)) \wedge F(b,f(a))$

$\Leftrightarrow F(3,f(2)) \wedge F(2,f(3))$

$\Leftrightarrow F(3,3) \wedge F(2,2)$

$\Leftrightarrow 1 \wedge 1 \Leftrightarrow 1$

(2) $\forall x \exists y F(x,y)$

$\Leftrightarrow \forall x (F(x,2) \vee F(x,3))$

$\Leftrightarrow (F(2,2) \vee F(2,3)) \wedge (F(3,2) \vee F(3,3))$

$\Leftrightarrow (1 \vee 0) \wedge (0 \vee 1) \Leftrightarrow 1 \wedge 1 \Leftrightarrow 1$

(3) $\exists y \forall x F(x,y)$

$\Leftrightarrow \exists y (F(2,y) \wedge F(3,y))$

$\Leftrightarrow (F(2,2) \wedge F(3,2)) \vee (F(2,3) \wedge F(3,3))$

$\Leftrightarrow (1 \wedge 0) \vee (0 \wedge 1) \Leftrightarrow 0 \vee 0 \Leftrightarrow 0$

(4) $\forall x \forall y (F(x,y) \rightarrow F(f(x),f(y)))$

$\Leftrightarrow \forall x ((F(x,2) \rightarrow F(f(x),f(2))) \wedge (F(x,3) \rightarrow F(f(x),f(3))))$

$\Leftrightarrow ((F(2,2) \rightarrow F(f(2),f(2))) \wedge (F(2,3) \rightarrow F(f(2),f(3))))$

$\qquad \wedge ((F(3,2) \rightarrow F(f(3),f(2))) \wedge (F(3,3) \rightarrow F(f(3),f(3))))$

$\Leftrightarrow ((F(2,2) \rightarrow F(3,3)) \wedge (F(2,3) \rightarrow F(3,2)))$

$\qquad \wedge ((F(3,2) \rightarrow F(2,3)) \wedge (F(3,3) \rightarrow F(2,2)))$

$\Leftrightarrow (1 \rightarrow 1) \wedge (0 \rightarrow 0) \wedge (0 \rightarrow 0) \wedge (1 \rightarrow 1)$

$\Leftrightarrow 1 \wedge 1 \wedge 1 \wedge 1 \Leftrightarrow 1$

例 2.32 给定解释 I 如下。

个体域 D 为自然数集合 **N**；

D 中特定的元素 $a=0$；

D 上特定的函数：$f(x,y)=x+y,g(x,y)=xy$；

D 上特定的谓词：$F(x,y)$ 为 $x=y$。

在解释 I 下，下列哪些公式为真？哪些公式为假？

(1) $\forall xF(g(x,a),x)$。

(2) $\forall x\forall y(F(f(x,a),y)\rightarrow F(f(y,a),x))$。

(3) $\forall x\forall y\exists zF(f(x,y),z)$。

(4) $\exists x\forall yF(f(x,y),g(x,y))$。

(5) $F(f(x,y),f(x,z))$。

解：在解释 I 下，各公式分别化为如下形式。

(1) 式 $\Leftrightarrow \forall x(x\cdot 0=x)$，这是假命题。

(2) 式 $\Leftrightarrow \forall x\forall y(x+0=y\rightarrow y+0=x)$，这是真命题。

(3) 式 $\Leftrightarrow \forall x\forall y\exists z(x+y=z)$，这是真命题。

(4) 式 $\Leftrightarrow \exists x\forall y(x+y=x\cdot y)$，这是假命题。

(5) 式 $\Leftrightarrow (x+y=x+z)$，真值不确定，不是命题。

从例 2.32 可以看出，有的公式在具体解释中真值确定，即为命题。有的公式在某些具体解释中真值不确定，即不为命题。然而对闭式来说，由于每个个体变元都受量词的约束，因而具体解释中总是表达一个意义确定的语句，即是具有真值的命题，而不是闭式的公式就不一定具有这样的性质了。

在谓词逻辑中与在命题逻辑中一样，有的公式在任何解释下均为真，有的公式在任何解释下均为假，而又有些公式既存在成真的解释，又存在成假的解释。下面给出公式类型的定义。

定义 2.25 设 A 为一个公式，若 A 在任何解释下均为真，则称 A 为永真式(或称逻辑有效式)。若 A 在任何解释下均为假，则称 A 为矛盾式(或永假式)。若至少存在一个解释使 A 为真，则称 A 为可满足式。

由于谓词公式的复杂性和解释的多样性，至今还没有一个可行的算法判定任何公式的类型，但对于一些较为简单的公式，或某些特殊的公式，还是可以判定其类型的。

定义 2.26 设 A_0 是含有命题变项 $p_1,p_2,\cdots,p_i,\cdots,p_n$ 的命题公式，$A_1,A_2,\cdots,A_i,\cdots,$ A_n 是 n 个谓词公式，用 $A_i(1\leqslant i\leqslant n)$ 处处代替 A_0 中的 p_i，所得公式 A 称为 A_0 的代换实例。

例如，$F(x)\rightarrow G(y)$，$\forall xF(x)\rightarrow\exists yG(y)$ 等都是 $p\rightarrow q$ 的代换实例，而 $\forall x(F(x)\rightarrow\exists yG(y))$ 等不是 $p\rightarrow q$ 的代换实例。

定理 2.7 重言式的代换实例都是永真式，矛盾式的代换实例都是矛盾式。

例 2.33 判断下列公式的类型。

(1) $\forall xF(x)\rightarrow\exists xF(x)$。

(2) $\forall xF(x)\rightarrow(\exists x\forall yG(x,y)\rightarrow\forall xF(x))$。

(3) $\neg(\forall xF(x)\rightarrow\exists yG(y))\wedge\exists yG(y)$。

解：(1) 对于任意的解释，若前件 $\forall xF(x)$ 为假，则公式 $\forall xF(x)\rightarrow\exists xF(x)$ 为真，若前

件 $\forall xF(x)$ 为真,即在个体域中任意个体 x,使得 $F(x)$ 为真,当然 $\exists xF(x)$ 也为真,则公式 $\forall xF(x) \to \exists xF(x)$ 为真。故公式 $\forall xF(x) \to \exists xF(x)$ 为永真式。

(2) 公式 $\forall xF(x) \to (\exists x \forall yG(x,y) \to \forall xF(x))$ 是公式 $p \to (q \to p)$ 的代换实例,容易知道公式 $p \to (q \to p)$ 是重言式,根据定理 2.7,公式 $\forall xF(x) \to (\exists x \forall yG(x,y) \to \forall xF(x))$ 为永真式。

(3) 公式 $\neg(\forall xF(x) \to \exists yG(y)) \wedge \exists yG(y)$ 是公式 $\neg(p \to q) \wedge q$ 的代换实例,容易知道公式 $\neg(p \to q) \wedge q$ 是矛盾式,根据定理 2.7,公式 $\neg(\forall xF(x) \to \exists yG(y)) \wedge \exists yG(y)$ 为矛盾式。

2.6   谓词逻辑等值式与范式

2.6.1   谓词逻辑等值式

在谓词逻辑中,有些命题可以有不同的符号化形式,如命题"凡人都是要死的"可以理解为"对于宇宙间的所有个体,若它是人,则是要死的"。也可以理解为"宇宙间不存在这样的个体,它是人而它是不会死的"。因此该命题可符号化为 $\forall x(M(x) \to F(x))$ 或 $\neg \exists x(M(x) \wedge \neg F(x))$。其中,$M(x)$ 表示 x 是人,$F(x)$ 表示 x 是要死的。称上述的两公式是等价的。

定义 2.27   设 A,B 是谓词逻辑中任意两个公式,若 $A \leftrightarrow B$ 是永真式,则称 A 与 B 是等值的。记作 $A \Leftrightarrow B$,称 $A \Leftrightarrow B$ 是等值式。

根据定理 2.7,重言式的代换实例都是永真式,因此 2.3.1 节中给出的 24 个等值式及其代换实例都是谓词逻辑中的等值式。

如 $\forall xF(x) \to \exists yG(y) \Leftrightarrow \neg \forall xF(x) \vee \exists yG(y)$,$\forall xF(x) \vee \neg \forall xF(x) \Leftrightarrow 1$ 是命题逻辑中等值式 $p \to q \Leftrightarrow \neg p \vee q$,$p \vee \neg p \Leftrightarrow 1$ 的代换实例。这些不再重复说明,下面讨论谓词逻辑中涉及量词的一些重要等值式。

定理 2.8   量词否定等值式。

(1) $\neg \forall xA(x) \Leftrightarrow \exists x \neg A(x)$。

(2) $\neg \exists xA(x) \Leftrightarrow \forall x \neg A(x)$。

式(1)可理解为"不是所有的个体都具有性质 A"等价于"至少有一个个体没有性质 A",当个体域为有限集时,定理是容易证明的。

设有限集个体域 $D = \{a_1, a_2, \cdots, a_n\}$,则

$$\neg \forall xA(x) \Leftrightarrow \neg(A(a_1) \wedge A(a_2) \wedge \cdots \wedge A(a_n))$$
$$\Leftrightarrow \neg A(a_1) \vee \neg A(a_2) \vee \cdots \vee \neg A(a_n)$$
$$\Leftrightarrow \exists x \neg A(x)$$

式(2)可以用同样的方法进行理解。

例 2.34   证明下列等值式。

(1) $\neg \forall x(M(x) \to F(x)) \Leftrightarrow \exists x(M(x) \wedge \neg F(x))$。

(2) $\neg \forall x \forall y \forall zF(x,y,z) \Leftrightarrow \exists x \exists y \exists z \neg F(x,y,z)$。

证明:(1) $\neg \forall x(M(x) \to F(x))$

$\Leftrightarrow \neg \forall x(\neg M(x) \vee F(x))$

$\Leftrightarrow \exists x(\neg(\neg M(x) \vee F(x)))$

$\Leftrightarrow \exists x(M(x) \wedge \neg F(x))$

(2) $\neg \forall x \forall y \forall z F(x,y,z)$

$\Leftrightarrow \exists x(\neg \forall y \forall z F(x,y,z))$

$\Leftrightarrow \exists x \exists y(\neg \forall z F(x,y,z))$

$\Leftrightarrow \exists x \exists y \exists z \neg F(x,y,z)$

定理 2.9 量词辖域的收缩和扩展等值式。

(1) $\forall x(A(x) \vee B) \Leftrightarrow \forall xA(x) \vee B$。

(2) $\forall x(A(x) \wedge B) \Leftrightarrow \forall xA(x) \wedge B$。

(3) $\forall x(A(x) \rightarrow B) \Leftrightarrow \exists xA(x) \rightarrow B$。

(4) $\forall x(B \rightarrow A(x)) \Leftrightarrow B \rightarrow \forall xA(x)$。

(5) $\exists x(A(x) \vee B) \Leftrightarrow \exists xA(x) \vee B$。

(6) $\exists x(A(x) \wedge B) \Leftrightarrow \exists xA(x) \wedge B$。

(7) $\exists x(A(x) \rightarrow B) \Leftrightarrow \forall xA(x) \rightarrow B$。

(8) $\exists x(B \rightarrow A(x)) \Leftrightarrow B \rightarrow \exists xA(x)$。

其中，$A(x)$是任意的含自由出现个体变项x的公式，B中不含x。等值式从左到右是量词辖域的收缩，从右到左是量词辖域的扩展。

对于式(1),(2),(5),(6)在个体域为有限集是容易证明的。设有限集个体域$D=\{a_1, a_2, \cdots, a_n\}$，式(1)的证明如下：

$$\forall x(A(x) \vee B)$$
$$\Leftrightarrow (A(a_1) \vee B) \wedge (A(a_2) \vee B) \wedge \cdots \wedge (A(a_n) \vee B)$$
$$\Leftrightarrow (A(a_1) \wedge A(a_2) \wedge \cdots \wedge A(a_n)) \vee B$$
$$\Leftrightarrow \forall xA(x) \vee B$$

式(3),(4),(7),(8)可以由其他等值式推出，如式(3)：

$\forall x(A(x) \rightarrow B)$

$\Leftrightarrow \forall x(\neg A(x) \vee B)$　　　　根据基本蕴涵等值式

$\Leftrightarrow \forall x(\neg A(x)) \vee B$　　　　根据定理2.9(1)，量词辖域的收缩

$\Leftrightarrow \neg \exists xA(x) \vee B$　　　　根据定理2.8(2)

$\Leftrightarrow \exists xA(x) \rightarrow B$　　　　根据基本蕴涵等值式

定理 2.10 量词分配等值式。

(1) $\forall xA(x) \wedge \forall xB(x) \Leftrightarrow \forall x(A(x) \wedge B(x))$。

(2) $\exists xA(x) \vee \exists xB(x) \Leftrightarrow \exists x(A(x) \vee B(x))$。

称(1)为$\forall$对$\wedge$的分配，(2)为$\exists$对$\vee$的分配，但$\forall$对$\vee$及$\exists$对$\wedge$都不存在分配等值式。

例 2.35 证明：

(1) $\forall xA(x) \vee \forall xB(x) \not\Leftrightarrow \forall x(A(x) \vee B(x))$。

(2) $\exists xA(x) \wedge \exists xB(x) \not\Leftrightarrow \exists x(A(x) \wedge B(x))$。

证明：取谓词公式$F(x),G(x)$分别代替$A(x),B(x)$，现给出解释I如下。

个体域D为实数集合，$F(x)$为x是有理数，$G(x)$为x为无理数，此时$\forall x(F(x) \vee G(x))$为真，而$\forall xF(x)$为假和$\forall xG(x)$为假，故$\forall xF(x) \vee \forall xG(x)$也为假。如此便证明

了式(1)。同样,此时 $\exists xF(x)$ 和 $\exists xG(x)$ 均为真,$\exists xF(x) \wedge \exists xG(x)$ 为真,而 $\exists x(F(x) \wedge G(x))$ 为假,因为不存在一个实数,它既是有理数又是无理数。如此也便证明了式(2)。

2.6.2 前束范式

定义 2.28 如果 G 中的一切量词都位于该公式的最前端(不含否定词)且这些量词的辖域都延伸到公式的末端,则称公式 G 是一个前束范式。其标准形式如下:

$$Q_1 x_1 Q_2 x_2 \cdots Q_n x_n M(x_1, x_2, \cdots, x_n)$$

其中,Q_i 为量词 $\forall$ 或 $\exists (1 \leqslant i \leqslant n)$,$M$ 称作公式 G 的母式(基式),M 中不再有量词。

如 $\forall xF(x)$,$\exists x \forall yF(x,y)$,$\forall x \exists y(F(x) \rightarrow G(y))$ 等是前束范式,而 $\neg \forall xF(x)$,$\forall xF(x) \rightarrow \exists yG(y)$ 等不是前束范式。特别地,若公式不含量词,也称为前束范式。

定理 2.11 谓词逻辑中的任一公式都可化为与之等价的前束范式,但其前束范式并不唯一。

求谓词公式的前束范式的步骤如下。

(1) 消去公式中的蕴涵联结词和等价联结词。

(2) 量词前的否定联结词内移。

(3) 若存在同名的变元既有约束出现又有自由出现,则使用换名规则进行改名。

(4) 使用量词辖域的扩充等值式将所有量词都提到公式的最前端。

例 2.36 求下列公式的前束范式。

(1) $\forall xF(x) \wedge \neg \exists xG(x)$。

(2) $\forall xF(x) \vee \neg \exists xG(x)$。

解: (1) $\forall xF(x) \wedge \neg \exists xG(x)$

$\Leftrightarrow \forall xF(x) \wedge \forall x \neg G(x)$ 量词否定等值式

$\Leftrightarrow \forall x(F(x) \wedge \neg G(x))$ 全称量词对合取的分配等值式

(2) $\forall xF(x) \vee \neg \exists xG(x)$

$\Leftrightarrow \forall xF(x) \vee \forall x \neg G(x)$ 量词否定等值式

$\Leftrightarrow \forall xF(x) \vee \forall y \neg G(y)$ 换名规则

$\Leftrightarrow \forall x(F(x) \vee \forall y \neg G(y))$ 量词辖域的扩充

$\Leftrightarrow \forall x \forall y(F(x) \vee \neg G(y))$ 量词辖域的扩充

注意一个公式的前束范式可能是不唯一的,如例 2.36 的式(2)可以做如下转换。

$\quad \forall xF(x) \vee \neg \exists xG(x)$

$\Leftrightarrow \forall xF(x) \vee \forall x \neg G(x)$ 量词否定等值式

$\Leftrightarrow \forall yF(y) \vee \forall x \neg G(x)$ 换名规则(与上面的不同)

$\Leftrightarrow \forall y(F(y) \vee \forall x \neg G(x))$ 量词辖域的扩充

$\Leftrightarrow \forall y \forall x(F(y) \vee \neg G(x))$ 量词辖域的扩充

例 2.37 求下列公式的前束范式。

$$(\forall xF(x,y) \rightarrow \exists yG(y)) \rightarrow \forall xH(x,y,z)$$

解: $(\forall xF(x,y) \rightarrow \exists yG(y)) \rightarrow \forall xH(x,y,z)$

$\Leftrightarrow (\forall xF(x,y) \rightarrow \exists wG(w)) \rightarrow \forall tH(t,y,z)$

$\Leftrightarrow \exists x(F(x,y) \rightarrow \exists wG(w)) \rightarrow \forall tH(t,y,z)$

$$\Leftrightarrow \exists x \exists w (F(x,y) \to G(w)) \to \forall t H(t,y,z)$$
$$\Leftrightarrow \forall x (\exists w (F(x,y) \to G(w)) \to \forall t H(t,y,z))$$
$$\Leftrightarrow \forall x \forall w ((F(x,y) \to G(w)) \to \forall t H(t,y,z))$$
$$\Leftrightarrow \forall x \forall w \forall t ((F(x,y) \to G(w)) \to H(t,y,z))$$

或者先消去公式中的蕴涵联结词：

$$(\forall x F(x,y) \to \exists y G(y)) \to \forall x H(x,y,z)$$
$$\Leftrightarrow (\forall x F(x,y) \to \exists w G(w)) \to \forall t H(t,y,z)$$
$$\Leftrightarrow \neg (\neg \forall x F(x,y) \vee \exists w G(w)) \vee \forall t H(t,y,z)$$
$$\Leftrightarrow (\forall x F(x,y) \wedge \neg \exists w G(w)) \vee \forall t H(t,y,z)$$
$$\Leftrightarrow (\forall x F(x,y) \wedge \forall w \neg G(w)) \vee \forall t H(t,y,z)$$
$$\Leftrightarrow \forall x \forall w \forall t ((F(x,y) \wedge \neg G(w)) \vee H(t,y,z))$$

请读者指出以上各步骤的依据。

2.7 谓词逻辑的推理理论

同命题逻辑一样，在谓词逻辑中推理的形式结构仍记作蕴涵式 $(A_1 \wedge A_2 \wedge \cdots \wedge A_k) \to B$，若该式为永真式，则称推理有效。并且沿用命题逻辑中的证明方法和推理规则，因此在这里可以引用命题演算和谓词演算的全部基本等价公式和基本的蕴涵公式。除此以外，由于谓词与命题之间最不同之处在于引进了个体域、个体词、量词，在谓词逻辑中，某些前提和结论可能受到量词的约束，为确立前提和结论之间的内在联系，有必要消去量词和添加量词，因此，正确理解和运用量词是谓词逻辑推理理论中的关键所在。下面讨论与量词有关的基本蕴涵式和推理规则。

2.7.1 有关量词的基本蕴涵式

定理 2.12 下列基本蕴涵式成立。

(1) $\forall x A(x) \vee \forall x B(x) \Rightarrow \forall x (A(x) \vee B(x))$。

(2) $\exists x (A(x) \wedge B(x)) \Rightarrow \exists x A(x) \wedge \exists x B(x)$。

(3) $\forall x (A(x) \to B(x)) \Rightarrow \forall x A(x) \to \forall x B(x)$。

(4) $\exists x A(x) \to \forall x B(x) \Rightarrow \forall x (A(x) \to B(x))$。

(5) $\forall x (A(x) \leftrightarrow B(x)) \Rightarrow \forall x A(x) \leftrightarrow \forall x B(x)$。

证明： (1) 设在某种解释下 $\forall x A(x) \vee \forall x B(x)$ 为真，于是 $\forall x A(x)$ 为真或 $\forall x B(x)$ 为真，即对个体域中任何一个个体 x，$A(x)$ 为真或 $B(x)$ 为真，于是 $A(x) \vee B(x)$ 为真，则在这种解释下，$\forall x (A(x) \vee B(x))$ 为真，蕴涵式成立。

(2) 设在某种解释下 $\exists x (A(x) \wedge B(x))$ 为真，则至少存在个体域中的一个个体 c，$A(c) \wedge B(c)$ 为真，有 $A(c)$ 为真且 $B(c)$ 为真，所以 $\exists x A(x)$ 和 $\exists x B(x)$ 均为真，得到 $\exists x A(x) \wedge \exists x B(x)$ 也为真，蕴涵式成立。

(3) 假设 $\forall x A(x) \to \forall x B(x)$ 为假，则 $\forall x A(x)$ 为真而 $\forall x B(x)$ 为假，则必有个体域中一个个体 c，使得 $A(c)$ 为真而 $B(c)$ 为假，于是 $A(c) \to B(c)$ 为假，所以 $\forall x (A(x) \to B(x))$ 为

假,蕴涵式成立。

(4) $\exists xA(x)\to\forall xB(x)$

$\Leftrightarrow\neg\exists xA(x)\vee\forall xB(x)$

$\Leftrightarrow\forall x\neg A(x)\vee\forall xB(x)$

$\Rightarrow\forall x(\neg A(x)\vee B(x))$

$\Leftrightarrow\forall x(A(x)\to B(x))$

(5) $\forall x(A(x)\leftrightarrow B(x))$

$\Leftrightarrow\forall x((A(x)\to B(x))\wedge(B(x)\to A(x)))$

$\Leftrightarrow\forall x(A(x)\to B(x))\wedge\forall x(B(x)\to A(x))$

$\Rightarrow(\forall xA(x)\to\forall xB(x))\wedge(\forall xB(x)\to\forall xA(x))$

$\Leftrightarrow\forall xA(x)\leftrightarrow\forall xB(x)$

对于多个量词的公式,有时候可以交换量词的顺序,如:

$$\forall x\forall yG(x,y)\Leftrightarrow\forall y\forall xG(x,y),\exists x\exists yG(x,y)\Leftrightarrow\exists y\exists xG(x,y)$$

$\forall x\exists y(F(x)\wedge G(y))\Leftrightarrow\exists y\forall x(F(x)\wedge G(y))$,因为公式 $F(x)$ 与 $G(y)$ 是相互独立的。

但一般情况下 $\forall x\exists yG(x,y)\not\Leftrightarrow\exists y\forall xG(x,y)$,因为在 $G(x,y)$ 中 x 与 y 是联系在一起的。

关于量词的排列顺序有下列基本蕴涵式。

定理 2.13 量词的排列顺序基本蕴涵式。

(1) $\forall x\forall yG(x,y)\Rightarrow\exists y\forall xG(x,y)$。

(2) $\forall y\forall xG(x,y)\Rightarrow\exists x\forall yG(x,y)$。

(3) $\exists y\forall xG(x,y)\Rightarrow\forall x\exists yG(x,y)$。

(4) $\exists x\forall yG(x,y)\Rightarrow\forall y\exists xG(x,y)$。

(5) $\forall x\exists yG(x,y)\Rightarrow\exists y\exists xG(x,y)$。

(6) $\forall y\exists xG(x,y)\Rightarrow\exists x\exists yG(x,y)$。

2.7.2 有关量词的推理规则

1. 全称量词消去规则(简记 UI 规则或 US 规则)

$$\forall xA(x)\Rightarrow A(y) \text{ 或 } \forall xA(x)\Rightarrow A(c)$$

说明:

(1) 代替 x 的 c 可以是个体域中的任意一个体常元。

(2) 代替 x 的 y 为任意的不在 $A(x)$ 中约束出现的个体变元,否则会出现推理错误。

设 $F(x,y)$: $x>y$,个体域为全体实数集,则公式 $\forall x\exists yF(x,y)$ 显然为真,设 $A(x)=\exists yF(x,y)$,构造下面的推理:

(1) $\forall x\exists yF(x,y)$ 前提引入

(2) $\exists yF(y,y)$ (1),UI 规则

得到的结论为"存在 $y,y>y$",这是一个假命题,出错的原因是代替 x 的 y 在 $A(x)$ 中约束出现。对于这点在使用过程中一定要引起重视。正确的推导为:

(1) $\forall x \exists y F(x,y)$ 前提引入

(2) $\exists y F(z,y)$ (1),UI 规则

2. 全称量词引入规则(简记为 UG 规则)

$$A(y) \Rightarrow \forall x A(x)$$

该式成立的条件是:

(1) 无论 $A(y)$ 中自由出现的个体变项 y 取何值,$A(y)$ 应该均为真。

(2) 取代自由出现的 y 的 x 也不能在 $A(y)$ 中约束出现。

设 $F(x,y)$:$x > y$,个体域为全体实数集,设 $A(y) = \exists x F(x,y)$,对任意给定的 y 都是成立的,但在应用全称量词引入规则时,用 x 来取代 y,得到 $\forall x \exists x F(x,x)$,这显然是假命题,发生错误的原因是违背了条件(2)。

3. 存在量词引入规则(简称 EG 规则)

$$A(c) \Rightarrow \exists x A(x)$$

该式成立的条件是:

(1) c 是特定的个体常项。

(2) 取代 c 的 x 不能在 $A(c)$ 中出现过。

设 $F(x,y)$:$x > y$,个体域为全体实数集,设 $A(2) = \exists x F(x,2)$,$A(2)$ 显然是真命题,x 在 $A(2)$ 中已出现过,但在应用存在量词引入规则时,用 x 来取代 2,得到 $\exists x F(x,x)$,这显然是假命题,发生错误的原因是违背了条件(2)。

4. 存在量词消去规则(简记为 EI 规则或 ES 规则)

$$\exists x A(x) \Rightarrow A(c)$$

该式成立的条件是:

(1) c 是使 A 为真的特定的个体常项。

(2) c 不在 $A(x)$ 中出现。

(3) 若 $A(x)$ 中除自由出现的 x 外,还有其他自由出现的个体变项,此规则不能使用。

在定理 2.12 中有 $\exists x(A(x) \wedge B(x)) \Rightarrow \exists x A(x) \wedge \exists x B(x)$,但没有 $\exists x A(x) \wedge \exists x B(x) \Rightarrow \exists x(A(x) \wedge B(x))$,下面的推理能证明 $\exists x A(x) \wedge \exists x B(x) \Rightarrow \exists x(A(x) \wedge B(x))$,请观察哪一步发生错误。

(1) $\exists x A(x) \wedge \exists x B(x)$ 前提引入

(2) $\exists x A(x)$ (1)化简

(3) $\exists x B(x)$ (1)化简

(4) $A(c)$ (2),EI

(5) $B(c)$ (3),EI

(6) $A(c) \wedge B(c)$ (4),(5),合取

(7) $\exists x(A(x) \wedge B(x))$ (6),EG

错误的原因是第 5 步违反了 EI 规则的条件(1)。由 $\exists x A(x) \wedge \exists x B(x)$ 可以得到 $A(c)$

$\land B(d)$,而不能得到 $A(c)\land B(c)$。

上述 4 条规则,看似简单,但要正确使用它们,常常有许多限制,稍不注意就会出错,读者必须了解它们的应用条件。

例 2.38　在谓词逻辑中证明苏格拉底三段论。

设 $M(x)$:x 是人,$F(x)$:x 是要死的,c:苏格拉底,则将苏格拉底三段论符号化为

前提:$\forall x(M(x)\rightarrow F(x)),M(c)$。

结论:$F(c)$。

证明:

(1) $\forall x(M(x)\rightarrow F(x))$	前提引入
(2) $M(c)\rightarrow F(c)$	(1),UI
(3) $M(c)$	前提引入
(4) $F(c)$	(2),(3),假言推理

例 2.39　在谓词逻辑中证明下列推理。

任何有理数均可以表示成分数。存在着有理数,所以存在着可表示成分数的数。

设个体域为所有实数集合,$F(x)$:x 为有理数,$G(x)$:x 可表示成分数,推理可符号化为

前提:$\forall x(F(x)\rightarrow G(x)),\exists xF(x)$。

结论:$\exists xG(x)$。

证明:

(1) $\exists xF(x)$	前提引入
(2) $F(c)$	(1),EI
(3) $\forall x(F(x)\rightarrow G(x))$	前提引入
(4) $F(c)\rightarrow G(c)$	(3),UI
(5) $G(c)$	(2),(4),假言推理
(6) $\exists xG(x)$	(5),EG

若用如下的推理顺序来证明将是错误的,为什么?

(1) $\forall x(F(x)\rightarrow G(x))$	前提引入
(2) $F(c)\rightarrow G(c)$	(1),UI
(3) $\exists xF(x)$	前提引入
(4) $F(c)$	(3),EI
(5) $G(c)$	(2),(4),假言推理
(6) $\exists xG(x)$	(5),EG

错误发生在第(4)步,它违反了 EI 规则的条件(1),原因是第(2)步的 c 可以取个体域中任意一个个体,而第(4)步中的 c 只能取某个特定的 c。

因此在前提中同时有 $\forall$,$\exists$ 量词出现时,一般先引入量词 $\exists$,再引入量词 $\forall$,否则可能出现上面的错误。

例 2.40　在谓词逻辑中证明下列推理。

前提:$\exists x(P(x)\land\forall y(D(y)\rightarrow L(x,y))),\forall x\forall y(P(x)\land Q(y)\rightarrow\neg L(x,y))$。

结论:$\forall x(D(x)\rightarrow\neg Q(x))$。

证明：

(1) $\exists x(P(x) \wedge \forall y(D(y) \rightarrow L(x,y)))$	前提引入
(2) $P(c) \wedge \forall y(D(y) \rightarrow L(c,y))$	(1)，EI
(3) $P(c)$	(2)化简
(4) $\forall y(D(y) \rightarrow L(c,y))$	(2)化简
(5) $\forall x \forall y(P(x) \wedge Q(y) \rightarrow \neg L(x,y))$	前提引入
(6) $\forall y(P(c) \wedge Q(y) \rightarrow \neg L(c,y))$	(5)，UI
(7) $P(c) \wedge Q(z) \rightarrow \neg L(c,z)$	(6)，UI
(8) $P(c) \rightarrow (Q(z) \rightarrow \neg L(c,z))$	(7)，等值演算
(9) $Q(z) \rightarrow \neg L(c,z)$	(3)，(8)，假言推理
(10) $L(c,z) \rightarrow \neg Q(z)$	(9)，等值演算
(11) $D(z) \rightarrow L(c,z)$	(4)，UI
(12) $D(z) \rightarrow \neg Q(z)$	(10)，(11)，假言三段论
(13) $\forall x(D(x) \rightarrow \neg Q(x))$	(12)，UG

对于该例这样比较复杂的问题，不能急于求成，要理清思路，一步一步向目标逼近。

在谓词逻辑中，同样可以用附加前提法和归谬法等技巧。

例 2.41 在谓词逻辑中证明下列推理。

前提：$\forall x(F(x) \vee G(x))$。

结论：$\neg \forall xF(x) \rightarrow \exists xG(x)$。

证明：

(1) $\neg \forall xF(x)$	附加前提引入
(2) $\exists x \neg F(x)$	(1)，等值演算
(3) $\neg F(c)$	(2)，EI
(4) $\forall x(F(x) \vee G(x))$	前提引入
(5) $F(c) \vee G(c)$	(4)，UI
(6) $G(c)$	(3)，(5)，析取三段论
(7) $\exists xG(x)$	(6)，EG

对于该例还须说明两点。

（1）第（2）步是必需的，不能由 $\neg \forall xF(x)$ 使用 UI 规则得到 $\neg F(c)$，因为 $\neg \forall xF(x)$ 不是一个前束范式，在使用 EI，UI 规则时，公式必须为前束范式。

（2）对于结论形如 $\forall x(F(x) \rightarrow G(x))$，不能使用附加前提法，引入附加前提 $\forall xF(x)$，因为 $\forall x(F(x) \rightarrow G(x))$ 不是一个蕴涵式。

习题 2

1. 下列语句哪些是命题，哪些不是命题？

（1）太阳是圆的。

（2）杭州是一个旅游城市。

（3）杭州是浙江省的省会城市。

(4) 这个语句是假的。

(5) 1＋0＝10。

(6) $x+y=2$。

(7) 我喜欢踢足球。

(8) 4 能被 2 整除。

(9) 2012 年元旦下雪。

(10) 中国是世界上人口最多的国家。

(11) 今天是晴天。

2. 将下列命题符号化。

(1) 吴颖既用功又聪明。

(2) 吴颖不仅用功而且聪明。

(3) 吴颖虽然聪明,但不用功。

(4) 张辉与王丽都是三好生。

(5) 张辉与王丽是同学。

3. 将下列命题符号化。

(1) 2 或 4 是素数。

(2) 2 或 3 是素数。

(3) 4 或 6 是素数。

(4) 小元元只能拿一个苹果或一个梨。

(5) 王小红生于 1975 年或 1976 年。

4. 设 p：天冷,q：小王穿羽绒服,将下列命题符号化。

(1) 只要天冷,小王就穿羽绒服。

(2) 因为天冷,所以小王穿羽绒服。

(3) 若小王不穿羽绒服,则天不冷。

(4) 只有天冷,小王才穿羽绒服。

(5) 除非天冷,小王才穿羽绒服。

(6) 除非小王穿羽绒服,否则天不冷。

(7) 如果天不冷,则小王不穿羽绒服。

(8) 小王穿羽绒服仅当天冷的时候。

5. 将下列命题符号化。

(1) 2＋2＝4 当且仅当 3＋3＝6。

(2) 2＋2＝4 当且仅当 3 是偶数。

(3) 2＋2＝4 当且仅当太阳从东方升起。

(4) 2＋2＝4 当且仅当美国位于非洲。

(5) 函数 $f(x)$在 x_0 可导的充要条件是它在 x_0 连续。

6. 设 p：2＋3＝5,q：大熊猫产在中国,r：太阳从西边升起。求下列符合命题的真值。

(1) $(p \leftrightarrow q) \rightarrow r$。

(2) $(r \rightarrow (p \wedge q)) \leftrightarrow \neg p$。

(3) $\neg r \rightarrow (\neg p \vee \neg q \vee r)$。

(4) $(p \wedge q \wedge r) \leftrightarrow ((\neg p \vee \neg q) \rightarrow r)$。

7. 判定下列符号串是否是命题合式公式,为什么? 如果是命题合式公式,请指出它是几层公式,并标明各层次。

(1) $\neg p$。

(2) $(p \vee qr) \rightarrow s$。

(3) $(p \vee q) \rightarrow (\neg p \leftrightarrow q)$。

(4) $(p \rightarrow \rightarrow q) \wedge r$。

(5) $(p \rightarrow q) \wedge \neg (\neg q \leftrightarrow (q \rightarrow \neg r))$。

8. 指出下列公式的层次,并构造其真值表。

(1) $(p \vee q) \wedge q$。

(2) $q \wedge (p \rightarrow q) \rightarrow p$。

(3) $(p \wedge q \wedge r) \rightarrow (p \vee q)$。

(4) $(p \vee q) \wedge (\neg p \vee r) \wedge (q \vee r)$。

9. 构造下列公式的真值表,并据此说明哪些是其成真赋值,哪些是其成假赋值。

(1) $(\neg p \wedge \neg q) \vee p$。

(2) $r \rightarrow (p \wedge q)$。

(3) $(p \rightarrow q) \leftrightarrow (p \vee \neg q)$。

10. 构造下列公式的真值表,并据此说明它是重言式、矛盾式或者仅为可满足式。

(1) $p \vee \neg (p \wedge q)$。

(2) $(p \wedge q) \wedge \neg (p \vee q)$。

(3) $(p \rightarrow q) \leftrightarrow (\neg p \leftrightarrow q)$。

(4) $((p \rightarrow q) \wedge (q \rightarrow r)) \rightarrow (p \rightarrow r)$。

11. 用真值表方法证明下列各等值式。

(1) $\neg (p \vee q) \Leftrightarrow \neg p \wedge \neg q$。

(2) $p \Leftrightarrow (p \wedge q) \vee (p \wedge \neg q)$。

(3) $(p \rightarrow q) \wedge (p \rightarrow \neg q) \Leftrightarrow \neg p$。

(4) $p \rightarrow (q \rightarrow r) \Leftrightarrow (p \wedge q) \rightarrow r$。

12. 证明下列等值式。

(1) $(p \wedge q) \vee \neg (\neg p \vee q) \Leftrightarrow p$。

(2) $(p \rightarrow q) \wedge (q \rightarrow p) \Leftrightarrow (p \wedge q) \vee (\neg p \wedge \neg q)$。

(3) $\neg (p \leftrightarrow q) \Leftrightarrow \neg p \leftrightarrow q$。

(4) $p \rightarrow (q \rightarrow r) \Leftrightarrow q \rightarrow (p \rightarrow r)$。

(5) $p \rightarrow (q \vee r) \Leftrightarrow (p \wedge \neg q) \rightarrow r$。

(6) $(p \rightarrow q) \wedge (r \rightarrow q) \Leftrightarrow (p \vee r) \rightarrow q$。

13. 用等值演算的方法化简下列公式。

(1) $\neg (p \rightarrow \neg q)$。 (2) $\neg (\neg p \rightarrow \neg q)$。 (3) $\neg (p \leftrightarrow \neg q)$。 (4) $\neg (\neg p \leftrightarrow q)$。

14. 用真值表方法判断下列公式的类型。

(1) $((p \rightarrow q) \wedge (q \rightarrow r)) \rightarrow (p \rightarrow r)$。

(2) $(p \rightarrow q) \leftrightarrow (\neg q \rightarrow \neg p)$。

(3) $(\neg p \vee q) \wedge (p \wedge \neg q)$。

(4) $(p \wedge q \wedge r) \rightarrow (p \wedge q)$。

(5) $p \rightarrow \neg(\neg p \rightarrow q)$。

(6) $((p \rightarrow q) \wedge (r \rightarrow q)) \rightarrow ((p \wedge r) \rightarrow q)$。

15. 尽可能简单地写出下列语句的否定。

(1) 他若努力学习就会通过考试。

(2) 当且仅当水温暖时他游泳。

(3) 如果天冷,他则穿外套但不穿衬衫。

(4) 如果他学习,那么他将上清华大学或者北京大学。

16. 张三说李四在说谎,李四说王五在说谎,王五说张三、李四都在说谎,问到底谁说真话,谁说假话?

17. 将下列公式化为析取范式和合取范式。

(1) $(p \rightarrow q) \rightarrow (r \rightarrow s)$。

(2) $\neg p \wedge (q \leftrightarrow r)$。

(3) $(p \vee q) \wedge \neg r$。

(4) $p \rightarrow (q \rightarrow r)$。

18. 求下列公式的主析取范式和主合取范式。

(1) $p \wedge (\neg p \vee q)$。

(2) $(\neg p \rightarrow q) \vee (\neg p \wedge \neg q)$。

(3) $((p \vee q) \rightarrow r) \rightarrow p$。

(4) $(p \rightarrow q) \rightarrow (r \rightarrow s)$。

19. 用真值表法求下列公式的各极小项和极大项,并写出主析取范式和主合取范式。

(1) $\neg(p \rightarrow q)$。　　　(2) $\neg(p \rightarrow q) \vee (p \vee q)$。

(3) $p \vee (\neg p \wedge q \wedge r)$。(4) $(p \rightarrow q) \rightarrow r$。

20. 通过求主析取范式,判断下列公式的类型。

(1) $(\neg p \vee q) \wedge (\neg(\neg p \wedge \neg q))$。

(2) $((p \rightarrow q) \wedge (q \rightarrow r)) \rightarrow (p \rightarrow r)$。

(3) $\neg(p \vee (q \wedge r)) \leftrightarrow ((p \vee q) \wedge (p \vee r))$。

(4) $((p \rightarrow q) \vee (r \rightarrow s)) \rightarrow ((p \vee r) \rightarrow (q \vee s))$。

21. 通过求主合取范式证明下列各等值式。

(1) $\neg(p \vee q) \Leftrightarrow \neg p \wedge \neg q$。

(2) $p \Leftrightarrow (p \wedge q) \vee (p \wedge \neg q)$。

(3) $p \rightarrow (q \rightarrow r) \Leftrightarrow (p \wedge q) \rightarrow r$。

22. 符号化下面问题中的前提和结论,指出推理是否正确并说明原因。

前提:(1) 如果这里有演出,则通行是困难的。

(2) 如果他们按照指定的时间到达,则通行是不困难的。

(3) 他们按照指定时间到达了。

结论:这里没有演出。

23. 给出下列推理的过程的形式证明。

（1）$p \rightarrow q, s \rightarrow p, s \Rightarrow q$。

（2）$p \rightarrow \neg q, r \rightarrow q, \neg p \rightarrow s \Rightarrow r \rightarrow s$。

（3）$p \rightarrow q, q \rightarrow r, \neg r \wedge s \Rightarrow \neg p$。

（4）$\neg p \vee q, r \rightarrow \neg q \Rightarrow p \rightarrow \neg r$。

（5）前提：$p \rightarrow (q \rightarrow r), (r \vee s) \rightarrow t, \neg h \rightarrow (s \wedge \neg t)$。

结论：$p \rightarrow (q \rightarrow h)$。

24. 下面的推理过程是否正确？结论是否有效？并说明理由。

（1）$p \wedge q \rightarrow r$　　　　前提引入

（2）$p \rightarrow r$　　　　　　（1）化简

（3）p　　　　　　　　前提引入

（4）r　　　　　　　　（2），（3），假言推理

25. 判断下面的推理证明过程是否正确，若不正确请指出错误所在位置及出错原因，若正确则请补足每一步所用的推理规则。

前提：$p \rightarrow (r \rightarrow q)$，$\neg s \vee p, r$。

结论：$s \rightarrow q$。

证明：（1）$\neg s \vee p$　　　（1）

（2）s　　　　　　（2）

（3）p　　　　　　（3）

（4）$p \rightarrow (r \rightarrow q)$　　　（4）

（5）$r \rightarrow q$　　　　（5）

（6）r　　　　　　（6）

（7）q　　　　　　（7）

（8）$s \rightarrow q$　　　　（8）

26. 用推理规则证明下列推理的正确性：如果张三努力工作，那么李四或王五感到高兴；如果李四感到高兴，那么张三不努力工作；如果刘强高兴，那么王五不高兴。所以，如果张三努力工作，则刘强不高兴。

27. 已知事实如下，问结论是否有效？

前提：（1）如果天下雪，则马路就会结冰。

（2）如果马路结冰，汽车就不会开快。

（3）如果汽车开得不快，马路上就会塞车。

（4）马路上没有塞车。

结论：天没有下雪。

28. 指出下列命题的个体、谓词或量词。

（1）离散数学是一门计算机基础课程。

（2）田亮是一名优秀的跳水运动员。

（3）所有大学生都要好好学习计算机课程。

（4）并非一切推理都能够由计算机来完成。

29. 将下列命题符号化。

（1）没有最大的整数。

（2）每一个学生都要好好学习。

（3）并不是所有的液体都能溶于水。

（4）并不是所有人都一样高。

（5）每一个数是要么是实数，要么是复数。

（6）一个数既是奇数又是偶数，当且仅当这个数是2。

（7）如果别的星球上有人，那么金星上有人。

30．符号化下列命题。

（1）有的人喜欢开汽车，有的人喜欢骑自行车。限定个体域：①所有人的集合；②全总个体域。

（2）任何学生都必须学好数学。限定个体域：①所有学生的集合；②全总个体域。

（3）所有质数的平方不是质数。限定个体域：①所有自然数的集合；②全总个体域；③所有质数的集合。

31．给定个体域如下：$U=\{1,2,3\}$，$A(x)=$"x是偶数"；$B(x)=$"x是奇数"。求下列谓词公式的真值。

（1）$\exists x(A(x) \wedge B(x))$。

（2）$\forall x(A(x) \rightarrow \neg(x \leqslant 2))$。

32．设个体域为$\{a,b,c\}$，试将下列公式写成不含量词的形式。

（1）$\forall x P(x) \wedge \forall x Q(x)$。

（2）$\exists x(P(x) \rightarrow \forall x Q(x))$。

（3）$\forall x \exists y R(x,y)$。

33．指出下列公式中量词的辖域，个体变元是约束变元还是自由变元。

（1）$\forall x(P(x) \rightarrow Q(x)) \wedge M(a)$。

（2）$\forall x(P(x) \rightarrow \exists y Q(x,y))$。

（3）$\neg(\forall x F(x,y) \vee \exists y G(x,y))$。

34．对下列公式应用改名规则，使得自由变元和约束变元不用相同的符号。

（1）$\forall x \exists y(P(x,z) \rightarrow Q(y)) \leftrightarrow S(x,y)$。

（2）$M(x,y) \rightarrow \forall x(P(x,y) \vee \forall z Q(x,z))$。

35．判断下列公式是逻辑有效式、矛盾式和可满足式中的哪一种。

（1）$\neg \exists x P(x) \rightarrow \forall x P(x)$。

（2）$\neg \forall x A(x) \leftrightarrow \exists x(\neg A(x))$。

（3）$\exists x(P(x) \wedge Q(x)) \rightarrow \exists x(P(x) \rightarrow \neg Q(x))$。

36．限定个体域如下：$U=\{1,2,3\}$，证明下列公式是逻辑有效式。

（1）$\forall x(P(x) \rightarrow Q(x)) \rightarrow (\exists x P(x) \rightarrow \exists x Q(x))$。

（2）$(\exists x P(x) \rightarrow \forall x Q(x)) \rightarrow \forall x(P(x) \rightarrow Q(x))$。

（3）$\forall x(A(x) \wedge B(x)) \leftrightarrow (\forall x A(x) \wedge \forall x B(x))$。

37．证明下列等值式。

（1）$\exists x(A(x) \rightarrow B(x)) \Leftrightarrow \forall x A(x) \rightarrow \exists x B(x)$。

（2）$\forall x \forall y(P(x) \rightarrow Q(y)) \Leftrightarrow \exists x P(x) \rightarrow \forall y Q(y)$。

38．求出下列公式的前束范式。

(1) $\forall x(P(x) \rightarrow Q(x,y)) \vee \exists z R(y,z) \rightarrow S(x)$。

(2) $\forall x F(x) \rightarrow \exists y G(x,y)$。

(3) $\neg \forall x(P(x) \rightarrow \exists y B(y))$。

(4) $\neg(\forall x \exists y)P(a,x,y) \rightarrow \exists x(\neg(\forall y)Q(y,b) \rightarrow R(x))$。

39. 构造下列推理的证明。

(1) $\forall x(\neg P(x) \rightarrow Q(x)), \forall x \neg Q(x) \Rightarrow \exists x P(x)$。

(2) $\forall x(P(x) \rightarrow Q(x)) \Rightarrow \forall x P(x) \rightarrow \forall x Q(x)$。

(3) $\neg \forall x(P(x) \vee Q(x)) \Rightarrow \neg \forall x Q(x)$。

40. 构造下列推理的证明。

(1) $\forall x(F(x) \rightarrow \forall y((F(y) \vee G(y)) \rightarrow R(y))), \exists x F(x) \Rightarrow \exists x(F(x) \wedge R(x))$。

(2) $\forall x(A(x) \rightarrow B(x)), \forall x(C(x) \rightarrow \neg B(x)) \Rightarrow \forall x(C(x) \rightarrow \neg A(x))$。

41. 符号化下列命题,并推证其结论。

(1) 苏格拉底三段论"所有的人都是要死的;苏格拉底是人。所以苏格拉底是要死的"。

(2) 有些学生相信所有的教师;任何一个学生都不相信骗子;所以,教师不是骗子。

(3) 每个学术会的成员都是工人,并且是专家;有些成员是青年人;所以,有的成员是青年专家。

(4) 所有的有理数都是实数,所有的无理数也是实数,虚数不是实数。因此,虚数既不是有理数,也不是无理数。

第 3 章

计数

组合数学是离散数学的重要部分。早在 17 世纪人们就开始了对这类课题的研究,当时在赌博游戏的研究中出现了组合的问题。枚举是对具有确定性质的个体的计数,是组合数学的一个重要部分。我们必须根据个体计数来求解许多不同类型的问题。例如,用计数确定算法的复杂性,确定是否存在着能够充分满足需求的电话号码或因特网址,等等。计数技术也广泛用于计算事件的概率。我们可以用计数技术分析游戏,如扑克;确定抽奖获胜的概率,如 25 选 6,排列 5 等彩票。

3.1 基本计数、排列与组合

3.1.1 基本的计数原则

定义 3.1 加法法则:如果完成第一个任务有 n_1 种方式,完成第二个任务有 n_2 种方式,并且这两个任务不能同时完成,那么完成第一个或第二个任务有 $n_1 + n_2$ 种方式(可推广到多个任务的情形)。

例 3.1 假定要从计算机学院 10 计本①和②班中推选一名学生参加院座谈会,若 10 计本①班有 55 名学生,10 计本②班有 60 名学生,那么有多少种不同的选择?

解:完成第一个任务,选择 10 计本①班的一名学生作为代表,有 55 种不同的选择,完成第二个任务,选择 10 计本②班的一名学生作为代表,有 60 种不同的选择,根据加法法则,结果有 55+60=115 种不同的选择方式。

定义 3.2 乘法法则:假定一个过程可以分解成两个相互独立的任务。如果完成第一个任务有 n_1 种方式,完成第二个任务有 n_2 种方式,那么完成这个过程有 $n_1 \times n_2$ 种方式(可推广到多个任务的情形)。

例 3.2 设一标识符由两个字符组成,第一个字符由 a, b, c, d, e 组成,第二个字符由 1,2,3 组成,则可以组成多少种不同的标识符?

解:第一个任务为从 a, b, c, d, e 中选择一个字符作为标识符的第一个字符,共有 5 种方式,第二个任务为从 1,2,3 中选择一个字符作为标识符的第二个字符,共有 3 种方式,根据乘法法则有 5×3=15 种不同的标识符。

许多计数问题不能仅仅使用加法法则或者乘法法则来求解。但是不管多复杂的计数问题总可以使用加法法则和乘法法则的组合来求解。

例 3.3 我国曾经推行的 02 式汽车牌照的式样为：999.999,999.XXX,XXX.999,那么共有多少个不同的车牌号码(其中 9 表示该位为数字,X 表示该位为大写字母)?

解:根据乘法法则

式样为 999.999 的有 $10\times10\times10\times10\times10\times10=1\,000\,000$ 个不同牌照;

式样为 999.XXX 的有 $10\times10\times10\times26\times26\times26=17\,576\,000$ 个不同的牌照;

式样为 XXX.999 的同样有 $17\,576\,000$ 个不同的牌照。

根据加法法则,可用车牌数量为

$$1\,000\,000+17\,576\,000+17\,576\,000=36\,152\,000$$

例 3.4 计算机系统的每个用户有一个由 6~8 个字符构成的登录密码,其中每个字符是一个大写字母或者数字,且每个密码必须至少包含一个数字,有多少种可能的密码?

解:令 P 是可能的密码总数,且 P_6,P_7,P_8 分别表示 6,7 或 8 位的可能的密码数,由加法法则,$P=P_6+P_7+P_8$。现在找 P_6,P_7 和 P_8。直接找 P_6 是困难的,而找 6 个大写字母和数字构成的字符串数是容易的,其中包含那些没有数字的串在内,然后从中减去没有数字的串数就得到 P_6,由乘法法则可知,6 个字符的串数是 36^6,而没有数字的字符串数是 26^6,因此

$$P_6=36^6-26^6=2\,176\,782\,336-308\,915\,776=1\,867\,866\,560$$

类似地

$$P_7=36^7-26^7=78\,364\,164\,096-8\,031\,810\,176=70\,332\,353\,920$$

$$P_8=36^8-26^8=2\,812\,109\,907\,456-208\,827\,064\,576=2\,612\,282\,842\,880$$

从而 $P=P_6+P_7+P_8=2\,684\,483\,063\,360$。

3.1.2 排列与组合

定义 3.3 设 A 是含有 n 个不同元素的集合,任取 A 中的 $r(0\leqslant r\leqslant n)$ 个元素,按顺序排成一列,称为从 A 中取 r 个的一个排列。

例如:$A=\{a,b,c\}$,$r=2$。从 A 中取 2 个的排列的全体如下:ab,ac,ba,bc,ca,cb。总数为 6 个。

令 P_n^r 表示从 n 中取 r 个排列的全体数目,有时也记为 $\mathrm{P}(n,r)$。从 n 中取 r 个排列,可以与下面的问题一一对应。

图 3.1 为 r 个依次排列的具有不同序号的盒子,设 A 为带有标志 $1,2,\cdots,n$ 的 n 个球。从 A 中取 1 个球放在第 1 个盒子中,从剩下的 $n-1$ 个球中取 1 个球放在第 2 个盒子中,以此类推,从 $n-r+1$ 个余下的球中取 1 个放在第 r 个盒子中。由此可得到从 A 中取 r 个的一个排列。

$$\boxed{(1)}\quad\boxed{(2)}\quad\boxed{(3)}\quad\cdots\quad\boxed{(r)}$$

图 3.1 r 个依次排列的盒子

根据乘法法则,排列总数为 $n(n-1)\cdots(n-r+1)$。

定理 3.1 具有 n 个不同元素的集合的 r-排列数是

$$\mathrm{P}_n^r=n(n-1)(n-2)\cdots(n-r+1)=n!/(n-r)!$$

例 3.5 假定有 10 名长跑运动员,按成绩给前 3 名运动员分别颁发金、银、铜牌。如果比赛可能出现所有可能的结果,有多少种不同的颁奖方式?

解：颁奖方式就是 10 个不同元素集合的 3-排列数。

因此存在 $P_{10}^3=10\times9\times8=720$ 种可能的颁奖方式。

例 3.6 TSP 问题(旅行商问题)。一个商人从一个城市出发。不重复地走遍 n 个城市。如果路径可以按照他想要的任何次序进行,可能有多少种不同的路径?

解：这个问题等同于求 n 个元素集合的 n-排列数。

$P_n^n=n!$,若 $n=8$,该商人要想找到一条具有最短距离的路径,那么他必须考虑 $8!=40\ 320$ 条不同的路径。

定义 3.4 当从 n 个元素中取出 r 个而不考虑它们的顺序时,称为从 n 中取 r 的组合,其数目记为 C_n^r,$C(n,r)$ 或 $\binom{n}{r}$。

从 $\{a,b,c\}$ 中取 2 个进行组合,则有以下几种组合形式:

$$\{a,b\},\{a,c\},\{b,c\}$$

组合问题可以看作是:球有标志 $1,2,3,\cdots,n$,盒子则没有区别。从 n 个球中取 r 个球放到 r 个盒子里,每个盒子 1 个,便得到 n 取 r 的组合。

若在每一种组合结果的基础上再对盒子进行排列,便得到 n 取 r 的排列。所以有

$$P_n^r=C_n^r\cdot r!$$

即

$$C_n^r=P_n^r/r!=\frac{n!}{(n-r)!r!}$$

定理 3.2 设 n 是正整数,r 是满足 $0\leq r\leq n$ 的整数,n 元素集合的 r 组合数为 $C_n^r=\frac{n!}{(n-r)!r!}$。

推论 3.1 设 n 和 r 是满足 $r\leq n$ 的非负整数,那么 $C_n^r=C_n^{n-r}$。

证：由定理 3.2 得 $C_n^r=\frac{n!}{(n-r)!\ r!}$。

$$C_n^{n-r}=\frac{n!}{(n-n+r)!(n-r)!}=\frac{n!}{r!(n-r)!}=C_n^r$$

例 3.7 为开展学校的离散数学课程的教学工作,要成立一个委员会。如果数学系有 9 个教师,计算机科学系有 11 个教师,而这个委员会要由 3 个数学系的教师和 4 个计算机科学系的教师组成,那么有多少种不同的选择方式?

解：从数学系 9 个教师中选 3 个教师有 $C_9^3=\frac{9!}{6!\cdot3!}=84$ 种不同的选择方式。从计算机科学系 11 个教师中选 4 个教师有 $C_{11}^4=\frac{11!}{7!\cdot4!}=330$ 种不同的选择方式。

根据乘法法则,选择这个委员会委员的方式有 $84\times330=27\ 720$ 种。

例 3.8 从 1~300 任取 3 个不同的数,使得这 3 个数的和正好被 3 除尽,试问有几种方案?

解：把 1~300 的数按除以 3 的余数分成 3 组。

$A=\{1,4,7,\cdots,298\}$

$B=\{2,5,8,\cdots,299\}$

$C=\{3,6,9,\cdots,300\}$

下面两种情况是被 3 除尽的可能情况。

(1) 3 个数同属于 A 或 B 或 C。

(2) 3 个数分别属于 A、B、C。

属于 A 的 3 个数共有 C_{100}^3 种方式,属于 B 或 C 的也各有 C_{100}^3 种方案,分别属于 A、B、C 的 3 个数,根据乘法规则有 100^3 种方案。

按照加法法则,总方案数 $N=3C_{100}^3+100^3=1\,485\,100$。

组合数 C_n^r 又称为二项式系数,使用这个名字是由于这些数作为系数出现在形如 $(a+b)^n$ 的二项式幂的展开式中:

$$(a+b)^n = C_n^0 a^n + C_n^1 a^{n-1}b + \cdots + C_n^r a^{n-r}b^r + \cdots + C_n^{n-1}ab^{n-1} + C_n^n b^n$$

这个式子称为二项式定理。

定理 3.3(帕斯卡恒等式) 设 n 和 k 是满足 $n \geqslant k$ 的正整数,那么有

$$C_{n+1}^k = C_n^{k-1} + C_n^k$$

证明:假定 T 是包含 $n+1$ 个元素的集合。令 a 是 T 的一个元素,且 $S=T-\{a\}$。从 T 的 $n+1$ 个元素中取 k 个元素的组合,可看成以下 2 种情况。

(1) 所取的 k 个元素一定包含 a。

(2) 所取的 k 个元素一定不包含 a。

第 1 种情况的组合数等于从除 a 之外的 n 个元素中取 $k-1$ 个的组合数,值为 C_n^{k-1}。

第 2 种情况的组合数等于从除 a 之外的 n 个元素中取 k 个的组合数,值为 C_n^k。

根据加法法则 $C_{n+1}^k = C_n^{k-1} + C_n^k$,即证。

当然也可以利用 C_n^r 的公式通过代数推导来证明这个恒等式。

帕斯卡恒等式是二项式系数以三角形表示的几何排列的基础,如图 3.2 所示。

$$
\begin{array}{ccccccc}
 & & & C_0^0 & & & \\
 & & C_1^0 & & C_1^1 & & \\
 & C_2^0 & & C_2^1 & & C_2^2 & \\
C_3^0 & & C_3^1 & & C_3^2 & & C_3^3 \\
\end{array}
$$

				C_0^0					1				
			C_1^0		C_1^1				1	1			
		C_2^0		C_2^1		C_2^2		1	2	1			
	C_3^0		C_3^1		C_3^2		C_3^3	1	3	3	1		
C_4^0		C_4^1		C_4^2		C_4^3		C_4^4	1	4	6	4	1
C_5^0	C_5^1	C_5^2	C_5^3	C_5^4	C_5^5			1	5	10	10	5	1

图 3.2 帕斯卡三角形

这个三角形叫作杨辉三角形,也叫帕斯卡三角形。

例 3.9 $(a+b)^4$ 的展开式是什么?

解: $(a+b)^4 = C_4^0 a^4 + C_4^1 a^3 b + C_4^2 a^2 b^2 + C_4^3 ab^3 + C_4^4 b^4$
$= a^4 + 4a^3 b + 6a^2 b^2 + 4ab^3 + b^4$

例 3.10 在 $(3x+2y)^{17}$ 中 $x^8 y^9$ 的系数是什么?

解: $(3x+2y)^{17} = \sum_{k=0}^{17} C_{17}^k (3x)^{17-k}(2y)^k$

当 $k=9$ 时,得到展开式中 $x^8 y^9$ 的系数为

$$C_{17}^{9} 3^8 2^9 = \frac{17!}{9!8!} 3^8 2^9 = 81\ 662\ 929\ 920$$

3.2　排列组合的进一步讨论

在许多计数问题中元素可以被重复使用,例如,一个字母或一个数字可以在一个车牌中多次使用;某些计数问题涉及不可区别的元素,例如,单词 SUCCESS 中字母可能被重新排列的方式数;此外,还有把不同的元素放入盒子的方法数问题,如把扑克牌发给 4 个玩牌人的不同的方式数。

3.2.1　圆周排列

前面讨论的排列是排列成一列,如若排列在一个圆周上,则称为圆周排列,或简称圆排列。

如 4 个元素 a,b,c,d 的下面 4 种排列 $abcd,dabc,cdab,bcda$ 属于同一个圆周排列。

从 n 中取 r 个做圆周排列的排列数 C_n^r 与 P_n^r 的关系是:

$$C_n^r = P_n^r/r$$

因为取 r 个做排列的结果与圆周排列比较重复了 r 次。

例 3.11　5 对夫妻出席一宴会,围一圆桌坐下,有多少种不同的方案? 若要求每对夫妻相邻又有多少种不同的方案?

解:10 个人围圆桌而坐,相当于 10 个元素的圆排列。排列数为:

$$C_{10}^{10} = 9! = 362\ 880$$

若加上限制条件,夫妻相邻而坐,则可看作 5 个元素的圆排列,排列数为 4!,但夫妻双方可以交换座位。根据乘法法则,方案数为 $2^5 \cdot 4! = 768$。

3.2.2　有重复的排列

例 3.12　用英文字母可以构成多少个 n 位字符串?

解:英文字母有 26 个,每个字母可以被重复使用,故每位上都有 26 种可能。根据乘法法则存在 26^n 个 n 位字符串。

例 3.13　r 个不同的球放入 n 个盒子,每个盒子可放任意多个球,有多少种放法?

解:因为每个球都有 n 个盒子可供选择,根据乘法法则有 n^r 种放法。

定理 3.4　具有 n 个物体的集合允许重复的 r 排列数为 n^r。

在计数问题中某些元素可能是没有区别的,在这种情况下必须小心避免重复计数。

例 3.14　用 2 面红旗、3 面黄旗和 4 面蓝旗依次悬挂在一根旗杆上,可以组成多少种不同的标志?

解:这个问题可以被看成 9 个位置上分别挂红旗、黄旗或蓝旗。

第 1 步:从 9 个位置上选 2 个位置挂红旗有 C_9^2 种方式。

第 2 步:从剩下的 7 个位置上选 3 个位置挂黄旗有 C_7^3 种方式。

第 3 步:从剩下的 4 个位置上选 4 个位置挂蓝旗有 C_4^4 种方式。

根据乘法法则,方式数为 $C_9^2 C_7^3 C_4^4 = 1260$。

定理 3.5 设类型 1 的相同的物体有 n_1 个,类型 2 的相同的物体有 n_2 个,$\cdots\cdots$,类型 k 的相同的物体有 n_k 个,那么 $n = n_1 + n_2 + \cdots + n_k$ 个物体的不同排列数是 $\dfrac{n!}{n_1! n_2! \cdots n_k!}$。

证明: 为确定排列数,按下面的步骤进行。

第 1 步:在 n 个位置中选择 n_1 个位置放置类型 1 的物体,有 $C_n^{n_1}$ 种选择。

第 2 步:在剩下的 $n - n_1$ 个空位置上选择 n_2 个位置放置类型 2 的物体,有 $C_{n-n_1}^{n_2}$ 种选择。

以此类推。

第 k 步:在剩下的 $n - n_1 - n_2 - \cdots - n_{k-1} = n_k$ 个空位置上选择 n_k 个位置放置类型 k 的物体,有 $C_{n-n_1-n_2-\cdots-n_{k-1}}^{n_k}$ 种选择。

根据乘法法则,不同的排列数是:

$$
\begin{aligned}
C_n^{n_1} C_{n-n_1}^{n_2} \cdots C_{n-n_1-n_2-\cdots-n_{k-1}}^{n_k} &= \frac{n!}{(n-n_1)! n_1!} \cdot \frac{(n-n_1)!}{(n-n_1-n_2)! n_2!} \cdot \cdots \cdot \\
&\quad \frac{(n-n_1-n_2-\cdots-n_{k-1})!}{n_k!} \\
&= \frac{n!}{n_1! n_2! \cdots n_k!}
\end{aligned}
$$

例 3.15 重新排序单词 SUCCESS 中的字母能构成多少个不同的串?

解: 因为 SUCCESS 中的某些字母是重复的,因此答案并不是 7 个字母的排列数,这个单词包含 3 个 S,2 个 C,1 个 U 和 1 个 E。根据定理 3.5,排列数为 $\dfrac{7!}{3! 2! 1! 1!} = 420$。

有些计数问题可以通过枚举把不同的物体放入不同的盒子的方式来求解。典型的例子就是扑克牌游戏,此时物体是牌,而盒子是玩牌人的手。

例 3.16 有多少种方式把 52 张标准的扑克牌发给 4 个人使得每个人 5 张牌?

解: 第 1 步,第 1 个人得 5 张牌,有 C_{52}^5 种可能。

第 2 步,第 2 个人得 5 张牌,有 C_{47}^5 种可能。

第 3 步,第 3 个人得 5 张牌,有 C_{42}^5 种可能。

第 4 步,第 4 个人得 5 张牌,有 C_{37}^5 种可能。

根据乘法法则有 $C_{52}^5 C_{47}^5 C_{42}^5 C_{37}^5 = \dfrac{52!}{5! 5! 5! 5! 32!}$。

值得注意的是,例 3.16 是将 52 个物体分成 5 堆,前 4 堆分别为 5 个,第 5 堆为 32 个。也就是说,将 52 个物体放入 5 个不同的盒子中,前 4 个盒子是玩牌人的手,第 5 个盒子放剩下的牌。

定理 3.6 把 n 个不同的物体分配到 k 个不同的盒子,使得 n_i 个物体放入盒子 i ($i = 1, 2, \cdots, k$)的方式数等于 $\dfrac{n!}{n_1! n_2! \cdots n_k!}$。

例 3.17 打桥牌时,把一副标准的 52 张牌发给 4 个人,有多少种不同发牌的方式?

解: 把 52 张牌发给 4 个人,每人得 13 张。

根据定理 3.6,其方式数为 $\dfrac{52!}{13! 13! 13! 13!}$。

例 3.18   设某地的街道把城市分割成矩形方格,每个方格称为块,某甲从家里出发上班,向东要走过 m 块,向北要走过 n 块,问某甲上班的路径有多少种?

解:问题可化成图 3.3 所示的方格图,每格一个单位,求从 $(0,0)$ 点到 (m,n) 点的路径数,这里的路径指的是不允许后退,即不允许逆着 x、y 的正向走。

设从 $(0,0)$ 点开始向水平方向前进一步为 x,垂直方向上升一步为 y。于是从 $(0,0)$ 到 (m,n) 点,水平方向要走 m 步,垂直方向要走 n 步,总和为 $m+n$ 步。一条到达 (m,n) 点的路径对应一个由 m 个 x、n 个 y 组成的一个排列:$\underbrace{xxy\cdots xy}_{m\text{个}x,\,n\text{个}y}$。反之,$m$ 个 x、n 个 y 的任一排列对应一条

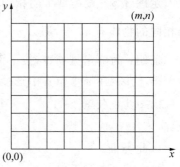

图 3.3   某地街道对应的方格图

从 $(0,0)$ 到 (m,n) 的路径,所以从 $(0,0)$ 点到 (m,n) 点的路径和 m 个 x、n 个 y 的排列一一对应,故所求的路径数为 $C_{m+n}^{m}=\dfrac{(m+n)!}{m!\,n!}$。

3.2.3   有重复的组合

先看下面允许重复的组合实例。

例 3.19   从装有苹果、橙子和梨的篮子里选 4 个水果。如果与选择水果的顺序无关,且只关心水果的类型而不管是该类型的哪一个水果,那么当篮子中每类水果至少有 4 个时,有多少种选法?

解:为了求解这个问题,我们列出选择水果的所有可能的方式。

令 a 表示苹果,b 表示橙子,c 表示梨,共有以下 15 种方式:$aaaa$,$aaab$,$aaac$,$aabb$,$aabc$,$aacc$,$abbb$,$abbc$,$abcc$,$accc$,$bbbb$,$bbbc$,$bbcc$,$bccc$,$cccc$。

这个解是从 3 个元素的集合 $\{a,b,c\}$ 中允许重复的 4-组合数。

为求解这种类型的更复杂的计数问题,我们需要计数一个 n 元素集合的 r-组合的一般方法。在例 3.20 中,将给出这一方法。

例 3.20   从包含 1 元、2 元、5 元、10 元、20 元、50 元、100 元的钱袋中选 5 张纸币,有多少种方式?假设不管纸币被选的次序,同种币值的纸币都是不加区别的,并且至少每种纸币有 5 张。

解:因为与纸币被选的次序是无关的且 7 种不同类型的纸币都可以最多选 5 次,问题涉及的是计数从 7 个元素的集合中允许重复的 5-组合数。列出所有的可能情况是乏味的,因为存在许多解。下面给出一种方法来计数允许重复的组合数。

假设一个零钱盒子有 7 个间隔,每格保存一种纸币,如图 3.4 所示。

1元	2元	5元	10元	20元	50元	100元

图 3.4   零钱盒子示意图

这些间隔被 6 块隔板分开,每选择 1 张纸币就对应于在相应的隔板里放置 1 个标记。

图 3.5 针对选择 5 张纸币的 3 种不同方式给出了这种对应,其中的竖线表示 6 个隔板,

星表示 5 种纸币。

	1张		2张			2张	
1元	2元	5元	10元	20元	50元	100元
*			**			**

		3张		1张			1张
1元	2元	5元	10元	20元	50元	100元
	***			*			*

			1张		2张	1张	1张
1元	2元	5元	10元	20元	50元	100元
		*		**	*	*

图 3.5　5 张纸币的 3 种不同方式示意图

选择 5 张纸币的方法数对应于安排 6 条竖线和 5 颗星的方法数,因此选择 5 张纸币的方法数就是从 11 个可能的位置选 5 颗星位置的方法数。这对应于从含 11 个物体的集合中无序地选择 5 个物体的方法数,可以有 C_{11}^5 种方式。

因此存在 $C_{11}^5 = \dfrac{11!}{5!\,6!} = 462$ 种方式从有 7 类纸币的袋中选择 5 张纸币。

定理 3.7　从 n 个元素的集合中允许重复的 r 组合有 C_{n+r-1}^r 个。

证明略。

例 3.21　方程 $x_1 + x_2 + x_3 = 11$ 有多少个解?其中 x_1, x_2, x_3 是非负整数。

解:方程 $x_1 + x_2 + x_3 = 11$ 的一个解对应从 3 个元素集合中允许重复地选 11 个元素的一种方式,以使得 x_1 为选自第一类的个数,x_2 为选自第二类的个数,x_3 为选自第三类的个数,因此解的个数就是 3 个元素集合允许重复的 11-组合数。根据定理 3.7,其值为 $C_{3+11-1}^{11} = C_{13}^{11} = 78$。

思考:若添加限制,当变元满足 $x_1 \geqslant 1, x_2 \geqslant 2, x_3 \geqslant 3$ 的整数时有多少个解?

例 3.22　在下面的伪码被执行后 k 的值是多少?

```
k = 0;
for( i₁ = 1; i₁ <= n; i₁ ++)
    for( i₂ = 1; i₂ <= i₁; i₂ ++)
        …
            for( iₘ = 1; iₘ <= iₘ₋₁; iₘ ++)
                k++;
```

解:k 的初值是 0,且对于一组满足 $1 \leqslant i_m \leqslant i_{m-1} \leqslant \cdots \leqslant i_1 \leqslant n$ 的整数 $i_1, i_2, \cdots, i_m$,每次执行这个嵌套循环时 k 的值加 1,这种整数的组数是从 $\{1, 2, \cdots, n\}$ 中允许重复地选择 m 个整数的方式数(因为一旦这组整数选定以后,如果按非降序排列它们,这就唯一地确定了一组对 $i_m, i_{m-1}, \cdots, i_1$ 的赋值;相反,每个这样的赋值对应了一个唯一的无序集合)。所以由定理 3.7 得出代码被执行后 $k = C_{n+m-1}^m$。

定理 3.8　r 个无区别的小球放进 n 个有标志的盒子中,每个盒子可多于 1 个,则共有 C_{n+r-1}^r 种不同方式。

证明略。

例 3.23 $(x+y+z)^4$ 有多少项？

解：这个问题可对应于将 4 个无区别的球放进 3 个有标志的盒子的方法数(因为这个式子的展开式中每项的指数和为 4,分别分配到 3 个变量上,如：x^2yz 相当于放两个球到标志为 x 的盒子,各放一个球到标志为 y 和 z 的盒子)。根据定理 3.8 $r=4$、$n=3$ 的方法数为 $C_{n+r-1}^r = C_{3+4-1}^4 = 15$。

3.3　生成排列和组合

本章前几节已经描述了各种类型的排列和组合的计数方法,但是有时需要生成排列和组合,而不仅仅是计数。例如以下 3 个问题。

(1) TSP 问题,假设一个销售商必须访问 6 个城市,应该按照什么顺序访问这些城市而使得总的旅行时间最少？确定最好顺序的一种方法就是确定 6!=720 种不同顺序的访问时间并且选择具有最小旅行时间的访问顺序。

(2) 假定 6 个数的集合中某些数的和是 100。找出这些数的一种方法就是生成集合的所有 $2^6=64$ 个子集并且检查它们的元素和。

(3) 假设一个实验室有 95 个雇员,一个项目需要一组由 12 人组成的有 25 种特定技能的雇员(每个雇员可能有一种或多种技能)。找出这组雇员的一种方法就是找出所有的 12 个雇员的小组,然后检查他们是否有所需要的技能。

这些例子都说明为了求解问题常常需要生成排列和组合。

3.3.1　生成排列

任何 n 元素集合可以与集合 $\{1,2,\cdots,n\}$ 建立一一对应。可以用如下方法列出任何 n 元素集合的所有排列：生成 n 个最小正整数的排列,然后用对应的元素替换这些整数。现在已经有许多不同的算法可以生成这个集合的 $n!$ 个排列。下列要描述的算法是以 $\{1,2,\cdots,n\}$ 的排列集合的字典顺序为基础的。按照这个顺序,如果对于某个 k,$1 \leqslant k \leqslant n$,$a_1=b_1$,$a_2=b_2$,$\cdots$,$a_{k-1}=b_{k-1}$,$a_k<b_k$,那么排列 $a_1a_2\cdots a_n$ 在排列 $b_1b_2\cdots b_n$ 的前边。换句话说,如果在 n 个最小正整数集合的两个排列不等的第一位置,一个排列的数小于第二个排列的数,那么这个排列按照字典顺序排在第二个排列的前边。

例如,集合 $\{1,2,3,4,5\}$ 的排列 23415 在排列 23514 的前边,因为这两个排列的前两位相同,但第一排列的第三位是 4,小于第二排列的第三位数 5。类似地,排列 41532 在排列 52143 的前边。

生成 $\{1,2,\cdots,n\}$ 的排列的算法基础是从一个给定排列 $a_1a_2\cdots a_n$ 按照字典顺序构成下一个排列的过程,具体描述如下。

首先,假设最后两位 $a_{n-1}<a_n$,交换 a_{n-1} 和 a_n 可以得到一个更大的排列而且没有任何一个排列既大于原来的排列而又小于这个通过交换 a_{n-1} 与 a_n 得到的排列,例如,234156 后面的排列为 234165。

另外,如果 $a_{n-1}>a_n$,那么由交换这个排列中的最后两项不可能得到一个更大的排列。

此时可以看排列中的最后 3 个整数,如果 $a_{n-2}<a_{n-1}$,那么可以重新安排这后 3 个数而得到下一个更大的排列。在 a_{n-1} 和 a_n 中找一个大于 a_{n-2} 的较小数,先把这个数放在位置 $n-2$ 上,然后把剩下的那个数和 a_{n-2} 按照递增的顺序放到最后的两个位置上。例如,234165 的下一个更大的排列是 234516,235461 的下一个更大的排列是 235614。

但是,如果 $a_{n-2}>a_{n-1}>a_n$,那么不可能由安排在这个排列的最后 3 项而得到下一个更大的排列。基于这个观察,可以描述一个一般的方法,对于给定的排列 $a_1a_2\cdots a_n$,依据字典顺序来生成下一个更大的排列。

首先找到整数 a_j 和 a_{j+1},使得 $a_j<a_{j+1}$,且 $a_{j+1}>a_{j+2}>\cdots>a_n$,即在这个排列中的最后一对相邻的整数,使得这个对的第一个整数小于第二个整数,然后把 $a_{j+1},a_{j+2},\cdots,a_n$ 中大于 a_j 的最小的整数放到第 j 个位置,再按照递增顺序从位置 $j+1$ 到 n 列出 $a_j,a_{j+1},\cdots,$ a_n 中其余的整数,这就得到依照字典顺序的下一个更大的排列。容易看出,没有其他排列大于 $a_1a_2\cdots a_n$ 而小于这个新生成的排列。

例 3.24 在 362541 后面按照字典顺序的下一个更大排列是什么?

解:使得 $a_j<a_{j+1}$ 的最后一对整数是 a_3 和 a_4($a_3=2,a_4=5$),排列在 a_3 右边大于 a_3 的最小整数是 $a_5=4$。因此交换 a_3 与 a_5 的位置。后 3 个数字依递增顺序排列,即 125。于是得下一排列为 364125。

为生成整数 $1,2,\cdots,n$ 的 $n!$ 个排列,按照字典顺序由最小的排列,即从 $123\cdots n$ 开始,连续施用 $n!-1$ 次生成下一个更大排列的过程,就得到 n 个最小整数按字典顺序的所有排列。

例 3.25 按字典顺序生成整数 $1,2,3,4$ 的排列。

解:从 1234 开始,交换 4、3 得下一个排列 1243。下一步,由于 $4>3,2<4$,把 3、4 中大于 2 的最小数 3 放在第二位,后两位按递增放置,得 1324。以此类推,得到:

$$1234\to1243\to1324\to1342\to1423\to1432$$
$$\to2134\to2143\to2314\to2341\to2413\to2431$$
$$\to3124\to3142\to3214\to3241\to3412\to3421$$
$$\to4123\to4132\to4213\to4231\to4312\to4321$$

下面算法为在给定排列不是最大排列 $n,n-1,\cdots,1$ 时,在它的后面按照字典顺序找到下一个更大排列的过程。

算法 3.1

```
void nextpermutation(int a[1…n])
//a₁a₂…aₙ 存储在数组 a 中
{
    j = n-1;
    while(a[j]>a[j+1]) j--;
        //使得 j 是 aⱼ<aⱼ₊₁的最大下标
    k = n;
    while(a[j]>a[k]) k--;
        //aₖ 是在 aⱼ的右边大于 aⱼ的最小正整数
    swap(a[j],a[k]);         //互换 aⱼ,aₖ
    r = n;
    s = j+1;
```

```
    while(r > s){swap(a[r],a[s]); r-- ; s++; }
}
```

3.3.2 生成组合

怎样可以生成一个有穷集的元素的所有组合呢？由于一个组合仅仅就是一个子集,所以可以利用在$(a_1, a_2, \cdots, a_n)$和n位二进制串之间的对应。

如果a_k在子集中,对应的二进制串在位置k有一个1;如果a_k不在子集中,对应的二进制串在位置k有一个0。如果可以列出所有的n位二进制串,那么通过在子集和二进制串之间的对应就可以列出所有的子集。

一个n位二进制串也是一个在$0 \sim 2^n - 1$的整数的二进制展开式。按照它们的二进制展开式,作为整数根据递增顺序可以列出这2^n个二进制串。为生成所有的n位二进制展开式,从具有n个0的二进制串$000 \cdots 00$开始,然后继续找下一个更大的二进制展开式,直到得到$111 \cdots 11$为止。在每一步找下一个更大的二进制展开式时先确定从右边起第一个不是1的位置,然后把这个位置的0变成1,它的右边的所有1变成0。

例 3.26 找出在1000100111后面的下一个更大的二进制串。

解：这个串最右边的0在右起第4位上,把这位变成1,它的右边的3位都变成0,就生成下一个更大的二进制串1000101000。

下面给出生成串$b_{n-1}b_{n-2} \cdots b_1 b_0$的下一个更大的二进制串的算法。

算法 3.2

```
void nextbitstring(b_{n-1}b_{n-2} … b_1 b_0 不等于 111…11 的二进制串)
{
    i = 0;
    while(b_i == 1)
    {
        b_i = 0;
        i++;
    }
    b_i = 1;
}
```

下面将给出生成集合$\{1, 2, \cdots, n\}$的r-组合的算法,一个r-组合可以表示成一个序列,这个序列按照递增的顺序包含这个子集中的元素。使用在这个序列的字典顺序可以列出这些r-组合。

例如,集合$\{1,2,3,4\}$的2-组合可由下面的几个序列给出：$\{1,2\}, \{1,3\}, \{1,4\}, \{2,3\}, \{2,4\}, \{3,4\}$。

在$a_1 a_2 \cdots a_r$后面的下一个组合可以按下列方法得到：首先,找到序列中使得$a_i \neq n - r + i$的最后元素a_i,然后用$a_i + 1$代替a_i,且对于$j = i+1, i+2, \cdots, r$,用$a_i + j - i$代替a_j。

这就是按字典顺序生成下一组合的方法。

例 3.27 找到集合$\{1,2,3,4,5,6\}$在$\{1,2,5,6\}$后面的下一个更大的4-组合。

解：在具有$a_1 = 1, a_2 = 2, a_3 = 5, a_4 = 6$的项中使得$a_i \neq 6 - 4 + i$的最后项是$a_2 = 2$,根

据上面的方法,为得到下一个更大的组合,执行 $a_2 \leftarrow a_2+1$ 得 $a_2=3$,然后置 $a_3=4,a_4=5$ 得下一个更大的组合 $\{1,3,4,5\}$。

例 3.28 列出集合 $\{1,2,3,4,5,6\}$ 的所有 4-组合。

解:最小的一个 4-组合为 $\{1,2,3,4\}$。根据上面的方法,下一个为 $\{1,2,3,5\}$。

如此依次得到所有的 4-组合:

$\{1,2,3,4\},\{1,2,3,5\},\{1,2,3,6\}$;

$\{1,2,4,5\},\{1,2,4,6\},\{1,2,5,6\}$;

$\{1,3,4,5\},\{1,3,4,6\},\{1,3,5,6\}$;

$\{1,4,5,6\},\{2,3,4,5\},\{2,3,4,6\}$;

$\{2,3,5,6\},\{2,4,5,6\},\{3,4,5,6\}$。

下面给出这个生成下一个组合的算法。

算法 3.3

```
void nextr_combination({a₁ a₂ … aᵣ})
    //{a₁ a₂ … aᵣ}包含于{1,2,…,n},且满足 a₁ < a₂ <…< aᵣ 的不等于{n-r+1,…,n}的真子集
{
    i = r;
    while(aᵢ == n - r + i)i-- ;
    aᵢ++;
    for(j = i + 1; j <= r; j++)
        aⱼ = aᵢ + j - i;
}
```

3.4 生成函数及其应用

表示序列的一种有效方法就是生成函数,它把序列的项作为一个形式幂级数中变量 x 的幂的系数。可以用生成函数求解许多类型的计数问题,例如在各种限制下选取或分配不同种类物体的方式数,使用不同面额的硬币换 10 元钱的方式数等,还可以用生成函数求解递推关系。

3.4.1 生成函数的定义

定义 3.5 实数序列 $a_0,a_1,\cdots,a_k,\cdots$ 的生成函数是无穷级数

$$G(x) = a_0 + a_1x + a_2x^2 + \cdots + a_kx^k + \cdots = \sum_{k=0}^{\infty} a_kx^k$$

例如,序列 $\{a_k\}$ 具有 $a_k=3$,$a_k=k+1$ 和 $a_k=2^k$ 的生成函数分别为

$$\sum_{k=0}^{\infty} 3x^k, \quad \sum_{k=0}^{\infty} (k+1)x^k, \quad \sum_{k=0}^{\infty} 2^kx^k$$

可以通过置 $a_{n+1}=0,a_{n+2}=0,\cdots$ 把一个有限的序列 $a_0,a_1,\cdots,a_n$ 扩充成一个无限的序列,这样就可以定义一个实数的有限序列的生成函数。这个有限序列 $\{a_n\}$ 的生成函数为 $G(x)=a_0+a_1x+a_2x^2+\cdots+a_nx^n$。

例 3.29 求序列 $1,1,1,1,1,1$ 的生成函数。

解：序列 $1,1,1,1,1,1$ 的生成函数是 $G(x)=1+x+x^2+x^3+x^4+x^5=\dfrac{x^6-1}{x-1}$。

例 3.30　设 m 是正整数，令 $a_k=\mathrm{C}_m^k, k=0,1,\cdots,m$，那么序列 $a_0,a_1,\cdots,a_m$ 的生成函数是什么？

解：$G(x)=\mathrm{C}_m^0+\mathrm{C}_m^1 x+\cdots+\mathrm{C}_m^m x^m$，根据二项式定理得 $G(x)=(1+x)^m$。

表 3.1 列出了几个有用的生成函数。

表 3.1　几个有用的生成函数

$G(x)$	a_k
$(1+x)^n=\displaystyle\sum_{k=0}^{n}\mathrm{C}_n^k x^k$	C_n^k
$(1+ax)^n=\displaystyle\sum_{k=0}^{n}\mathrm{C}_n^k a^k x^k$	$\mathrm{C}_n^k a^k$
$\dfrac{1-x^{n+1}}{1-x}=\displaystyle\sum_{k=0}^{n} x^k$	当 $k\leqslant n$ 时为 1，否则为 0
$\dfrac{1}{1-x}=\displaystyle\sum_{k=0}^{\infty} x^k$	1
$\dfrac{1}{1-ax}=\displaystyle\sum_{k=0}^{\infty} a^k x^k$	a^k
$\dfrac{1}{(1-x)^2}=\displaystyle\sum_{k=0}^{\infty}(k+1) x^k$	$k+1$
$\dfrac{1}{(1-x)^n}=\displaystyle\sum_{k=0}^{\infty}\mathrm{C}_{n+k-1}^k x^k$	C_{n+k-1}^k
$e^x=\displaystyle\sum_{k=0}^{\infty}\dfrac{x^k}{k!}$	$\dfrac{1}{k!}$
$\ln(1+x)=\displaystyle\sum_{k=0}^{\infty}\dfrac{(-1)^{k+1}}{k}x^k=x-\dfrac{x^2}{2}+\dfrac{x^3}{3}-\dfrac{x^4}{4}+\cdots$	$\dfrac{(-1)^{k+1}}{k}$

3.4.2　生成函数求解计数问题

$G(x)=(1+x)^n=\displaystyle\sum_{k=0}^{n}\mathrm{C}_n^k x^k$ 是组合数 $\mathrm{C}_n^0,\mathrm{C}_n^1,\cdots,\mathrm{C}_n^n$ 的生成函数，称 $(1+x)^n$ 为组合问题的生成函数。我们的目的是求组合问题的解，而不是由组合问题的解求出生成函数。因此，希望能对具体的问题构造出生成函数，再由 x^k 的系数来求组合问题的解，即组合问题的解是某生成函数所对应的数列通项。

考虑 $(1+x)^n=\underbrace{(1+x)(1+x)\cdots(1+x)}_{n}$，$\mathrm{C}_n^r$ 的组合数是 n 个对象中取 r 个进行组合的方式数，每个因子 $(1+x)$ 代表一个对象，因子中有 2 项，$1=x^0$ 表示没取到该对象，$x=x^1$ 表示取到了该对象，每个因子正好提供这个对象取到或者没取到这两种信息。二项式展开时，x^r 是由于这些因子中有 r 个取的是 x，$(n-r)$ 个取的是 1 而产生的。

$$x^r=x^{r_1+r_2+\cdots+r_n}=x^{r_1}\cdot x^{r_2}\cdot\cdots\cdot x^{r_n}$$

其中

$$r_k=\begin{cases}0, & \text{没取到第 } k \text{ 个对象}\\ 1, & \text{取到第 } k \text{ 个对象}\end{cases}$$

$$\sum_{k=1}^{n} r_k = r$$

x^r 前的系数 C_n^r 应该是含 x^r 的单项的系数之和,任意取到 r 个对象都会构成一个 x^r 的单项,C_n^r 也正是 n 个对象中任选 r 个的方式数。把生成函数 $G(x)=(1+x)^n$ 看成是用这种思想构造出来的。有 n 个对象,就对应 n 个因子,每个因子包括题意中可能出现的情况,如取到或取不到,取到的个数以 x 的指数形式表示,把这种思想加以扩充,扩充到一种对象可取多个的情况。从 n 类可以重复选取的对象(充分供应)中,任取 r 个的组合数,也就是3.2.3 节讨论的有重复的组合问题。如果用生成函数来解,可以想到,应该有 n 个因子,由于每类对象都可以无限制地选取,因此,每个因子应形如 $(1+x+x^2+\cdots)$,x 的指数正是此对象被选取的次数。

$$G(x) = (1+x+x^2+\cdots)^n = \left(\frac{1}{1-x}\right)^n$$

只需求展开式中 x^r 前的系数 a_r 就够了。

对 $G(x) = \left(\frac{1}{1-x}\right)^n$ 求 r 次导数:

$$G^{(r)}(x) = n(n+1)\cdots(n+r-1)\frac{1}{(1-x)^{n+r}} \tag{3.1}$$

令

$$G(x) = a_0 + a_1 x + \cdots + a_r x^r + \cdots + a_n x^n + \cdots$$
$$G^{(r)}(x) = a_r r! + a_{r+1} \cdot (r+1)r\cdots 2 \cdot x + \cdots + $$
$$a_n \cdot n(n-1)\cdots(n-r+1)x^{n-r} + \cdots \tag{3.2}$$

将 $x=0$ 分别代入式(3.1)和式(3.2),分别得到式(3.3)和式(3.4)

$$G^{(r)}(0) = n(n+1)\cdots(n+r-1) \tag{3.3}$$
$$G^{(r)}(0) = a_r r! \tag{3.4}$$

由式(3.3)和式(3.4)得

$$a_r = \frac{n(n+1)\cdots(n+r-1)}{r!} = \frac{(n+r-1)!}{r!(n-1)!} = C_{n+r-1}^r$$

所得结论与 3.2.3 节一致。

例 3.31 用生成函数求解例 3.21。

解:$x_1+x_2+x_3=11$ 的非负解可看作 3 个元素重复计数的 11-组合数。

因为每个对象可以取任意个数,故因子为 $1+x+x^2+\cdots$,则生成函数

$$G(x) = (1+x+x^2+\cdots)^3 = \left(\frac{1}{1-x}\right)^3$$

展开式中 x^{11} 的系数 a_{11} 即为解。

$$a_{11} = \frac{G^{(11)}(0)}{11!} = \frac{3\times 4\times 5\times \cdots \times 13}{11!} = \frac{13!}{11!2!} = 78$$

例 3.32 对例 3.31 的问题的解添加一些限制,如求 $x_1+x_2+x_3=11$ 的非负解的个数且满足 $2 \leqslant x_1 \leqslant 5, 3 \leqslant x_2 \leqslant 4, 2 \leqslant x_3 \leqslant 6$。

解:对于对象 x_1 要满足 $2 \leqslant x_1 \leqslant 5$,则对应因子为 $x^2+x^3+x^4+x^5$。同理,对象 x_2 对应的因子为 x^3+x^4,对象 x_3 对应的因子为 $x^2+x^3+x^4+x^5+x^6$。

则生成函数 $G(x)=(x^2+x^3+x^4+x^5)(x^3+x^4)(x^2+x^3+x^4+x^5+x^6)$。

$G(x)$ 中 x^{11} 的系数为 8。

故满足条件的 $x_1+x_2+x_3=11$ 的非负解的个数为 8。

例 3.33 把 8 块相同的饼干分给 3 个不同的孩子,如果每个孩子至少接受 2 块饼干并且不超过 4 块饼干,那么有多少种不同的方式?

解:每个孩子是一个对象,因为他们每个人都必须至少接受 2 块饼干并且不超过 4 块饼干,则对应的因子为 $x^2+x^3+x^4$,则生成函数 $G(x)=(x^2+x^3+x^4)^3$。

因为 $G(x)$ 中 x^8 的系数等于 6,故存在 6 种分配方案。

例 3.34 某单位有 8 个男同志,5 个女同志,现要组织一个由偶数个男同志和不少于 2 个女同志组成的工作组,有多少种组织法?

解:男同志取偶数个,有 0,2,4,6,8 共 5 种情况,但是男同志不能看成一类对象,8 个男同志是 8 个不同的人。选取的人数定下后选谁还有不同的方案,如果选 2 人参加,就有 C_8^2 种方案。因此有关男同志的因子应为 $C_8^0+C_8^2x^2+C_8^4x^4+C_8^6x^6+C_8^8x^8$。同理,女同志的因子应为 $C_5^2x^2+C_5^3x^3+C_5^4x^4+C_5^5x^5$。

该生成函数 $G(x)=(C_8^0+C_8^2x^2+C_8^4x^4+C_8^6x^6+C_8^8x^8)(C_5^2x^2+C_5^3x^3+C_5^4x^4+C_5^5x^5)$

$$=10x^2+10x^3+285x^4+281x^5+840x^6+728x^7+$$
$$630x^8+350x^9+150x^{10}+38x^{11}+5x^{12}+x^{13}$$

故有 10 种方法组织 2 人小组,有 10 种方法组织 3 人小组,有 285 种方法组织 4 人小组,有 281 种方法组织 5 人小组。

3.4.3 使用生成函数求解递推关系

可以通过找相关生成函数的显式公式来求解关于一个递推关系和初始条件的解。

例 3.35 求解递推关系 $a_k=3a_{k-1}$,$k=1,2,\cdots$ 且初始条件 $a_0=2$。

解:设 $G(x)$ 是序列 $\{a_n\}$ 的生成函数。
即

$$G(x)=\sum_{k=0}^{\infty}a_kx^k \tag{3.5}$$

$$3xG(x)=\sum_{k=0}^{\infty}3a_kx^{k+1}=\sum_{k=1}^{\infty}3a_{k-1}x^k \tag{3.6}$$

式(3.5)−式(3.6)得

$$G(x)-3xG(x)=\sum_{k=0}^{\infty}a_kx^k-\sum_{k=1}^{\infty}3a_{k-1}x^k$$
$$=a_0+\sum_{k=1}^{\infty}a_kx^k-\sum_{k=1}^{\infty}3a_{k-1}x^k$$
$$=a_0+\sum_{k=1}^{\infty}(a_k-3a_{k-1})x^k$$
$$=a_0$$

$$G(x) = \frac{a_0}{1-3x} = \frac{2}{1-3x} = 2\sum_{k=0}^{\infty} 3^k x^k = \sum_{k=0}^{\infty} 2 \cdot 3^k x^k$$

于是 $a_k = 2 \cdot 3^k$。

例 3.36 设一个有效的编码是一个包含偶数个 0 的 n 位十进制数字串。令 a_n 表示 n 位有效编码字的个数,已经知道序列 $\{a_n\}$ 的递推关系是 $a_n = 8a_{n-1} + 10^{n-1}$ 及初始条件 $a_1 = 9$,使用生成函数找出关于 a_n 的显式公式。

解: 为了简化关于生成函数的推导,通过置 $a_0 = 1$ 将序列扩充,当把这个值赋给 a_0 并且使用递推关系就得到 $a_1 = 8a_0 + 10^0 = 9$,这与初始条件一致(由于存在长度为 0 的编码字——空串,这也是有意义的)。

序列 $\{a_n\}$ 的生成函数

$$G(x) = \sum_{k=0}^{\infty} a_k x^k \tag{3.7}$$

$$8xG(x) = \sum_{k=0}^{\infty} 8a_k x^{k+1} = \sum_{k=1}^{\infty} 8a_{k-1} x^k \tag{3.8}$$

式(3.7)-式(3.8)得

$$\begin{aligned}
(1-8x)G(x) &= \sum_{k=0}^{\infty} a_k x^k - \sum_{k=1}^{\infty} 8a_{k-1} x^k \\
&= a_0 x^0 + \sum_{k=1}^{\infty} a_k x^k - \sum_{k=1}^{\infty} 8a_{k-1} x^k \\
&= 1 + \sum_{k=1}^{\infty} (a_k - 8a_{k-1}) x^k \\
&= 1 + \sum_{k=1}^{\infty} 10^{k-1} x^k \\
&= \sum_{k=0}^{\infty} 10^{k-1} x^k + 1 - 10^{-1} \\
&= \frac{1}{10(1-10x)} + \frac{9}{10} = \frac{1-9x}{1-10x}
\end{aligned}$$

$$\begin{aligned}
G(x) &= \frac{1-9x}{(1-10x)(1-8x)} = \frac{1}{2(1-10x)} + \frac{1}{2(1-8x)} \\
&= \frac{1}{2}\sum_{k=0}^{\infty} 10^k x^k + \frac{1}{2}\sum_{k=0}^{\infty} 8^k x^k \\
&= \frac{1}{2}\sum_{k=0}^{\infty} (10^k + 8^k) x^k
\end{aligned}$$

于是,有 $a_n = \frac{1}{2}(10^n + 8^n)$。

例 3.37 Fibonacci(斐波那契)数列的递推关系为 $a_n = a_{n-1} + a_{n-2}$。当 $n > 2$ 时,初始条件为 $a_1 = 1, a_2 = 1$。试利用生成函数求 $\{a_n\}$ 的显式公式。

解: 同例 3.36 一样,通过置 $a_0 = 0$ 将序列扩充。

序列 $\{a_n\}$ 的生成函数

$$G(x) = \sum_{k=0}^{\infty} a_k x^k \qquad\qquad (3.9)$$

$$xG(x) = \sum_{k=0}^{\infty} a_k x^{k+1} \qquad\qquad (3.10)$$

$$x^2 G(x) = \sum_{k=0}^{\infty} a_k x^{k+2} \qquad\qquad (3.11)$$

式(3.9)-式(3.10)-式(3.11)得

$$(1-x-x^2)G(x) = \sum_{k=0}^{\infty} a_k x^k - \sum_{k=0}^{\infty} a_k x^{k+1} - \sum_{k=0}^{\infty} a_k x^{k+2}$$

$$= a_0 + a_1 x + \sum_{k=2}^{\infty} a_k x^k - a_0 x - \sum_{k=1}^{\infty} a_k x^{k+1} - \sum_{k=0}^{\infty} a_k x^{k+2}$$

$$= x + \sum_{k=0}^{\infty} a_{k+2} x^{k+2} - \sum_{k=0}^{\infty} a_{k+1} x^{k+2} - \sum_{k=0}^{\infty} a_k x^{k+2}$$

$$= x + \sum_{k=0}^{\infty} (a_{k+2} - a_{k+1} - a_k) x^{k+2}$$

$$= x$$

得

$$G(x) = \frac{x}{1-x-x^2} = \frac{1}{\sqrt{5}\left(1 - \frac{1+\sqrt{5}}{2}x\right)} - \frac{1}{\sqrt{5}\left(1 - \frac{1-\sqrt{5}}{2}x\right)}$$

$$= \frac{1}{\sqrt{5}} \sum_{k=0}^{\infty} \left(\frac{1+\sqrt{5}}{2}\right)^k x^k - \frac{1}{\sqrt{5}} \sum_{k=0}^{\infty} \left(\frac{1-\sqrt{5}}{2}\right)^k x^k$$

$$= \frac{1}{\sqrt{5}} \sum_{k=0}^{\infty} \left[\left(\frac{1+\sqrt{5}}{2}\right)^k - \left(\frac{1-\sqrt{5}}{2}\right)^k\right] x^k$$

所以 $a_n = \dfrac{1}{\sqrt{5}} \left[\left(\dfrac{1+\sqrt{5}}{2}\right)^n - \left(\dfrac{1-\sqrt{5}}{2}\right)^n \right]$。

3.5　鸽巢原理

3.5.1　一般的鸽巢原理

先看下面几个例子。

(1) 367 个人中必然有至少 2 个人生日相同。

(2) 抽屉里散放着 10 双手套,从中任意抽取 11 只,其中至少有 2 只是成双的。

(3) 某些会议有 n 位代表参加,每位代表认识其他代表中某些人,则至少有 2 个认识的人数是一样的。

(4) 在 27 个英文单词中一定至少有 2 个单词以同一个字母开始。

这些例子的道理都很简单,以第 1 个例子为例,一年最多 366 天(闰年),367 个人至少有 2 个人的生日相同。第 4 个例子是因为英文字母表中只有 26 个字母。这些例子都可以通俗地用鸽巢原理来描述。

一群鸽子飞入一组鸽巢安歇,如果鸽子数比鸽巢数多,那么一定至少有一个鸽巢里至少有 2 只鸽子。

定理 3.9 如果 $k+1$ 个或更多的物体放入 k 个盒子,那么至少有 1 个盒子包含了 2 个或更多的物体。

证明: 假定 k 个盒子中没有 1 个盒子包含的物体多于 1 个,那么物体总数至多是 k,这与至少有 $k+1$ 个物体矛盾。

鸽巢原理也叫狄利克雷(G. L. Dirichlet)抽屉原理,以 19 世纪的法国数学家狄利克莱命名,他经常在工作中使用这个原理。

例 3.38 如果考试给分是 $0\sim100$,班上必须有多少个学生才能保证在这次期终考试中至少有 2 个学生得到相同的分数?

解: 期终考试有 101 个分数,鸽巢原理证明在 102 个学生中一定至少有 2 个学生是有相同的分数。

例 3.39 从 1 到 $2n$ 的正整数中任取 $n+1$ 个,则这 $n+1$ 个数中至少有一对数,其中一个数是另一个数的倍数。

证明: 设所取 $n+1$ 个数是 $a_1,a_2,\cdots,a_{n+1}$,对 $a_1,a_2,\cdots,a_{n+1}$ 序列中的每一个数去掉一切 2 的因子,直到剩下一个奇数为止,例如 $68=2\times34=2\times2\times17$,去掉因子 2,留下奇数 17,结果得到由奇数组成的序列 $r_1,r_2,\cdots,r_{n+1}$,1 到 $2n$ 中只有 n 个奇数,故序列 $r_1,r_2,\cdots,r_{n+1}$ 中至少有两个是相同的。

不妨设 $r_i=r_j=r$,则对应地有 $a_i=2^{e_i}r$,$a_j=2^{e_j}r$(其中 e_i 为 a_i 中因子 2 的个数,e_j 为 a_j 中因子 2 的个数)。若 $a_i>a_j$,则 a_i 是 a_j 的倍数。

3.5.2　推广的鸽巢原理

鸽巢原理指出当物体比盒子多时,一定至少有 2 个物体在同 1 个盒子里。但是当物体数超过盒子数的倍数时可以得到更多的结果。例如,有 21 只鸽子,只有 10 个鸽巢,则至少有 1 个鸽巢中住着 3 只鸽子。

定理 3.10 (推广的鸽巢原理)如果 N 个物体放入 k 个盒子,那么至少有 1 个盒子包含了至少 $\lceil N/k \rceil$ 个物体。其中 $\lceil x \rceil$ 是不小于 x 的最小整数。

证明: 假定没有盒子包含了比 $\lceil N/k \rceil-1$ 多的物体,那么物体总数至多是

$$k(\lceil N/k \rceil-1) < k[(N/k+1)-1] = N$$

这与存在有总数为 N 个物体矛盾。这里用到不等式 $\lceil N/k \rceil < N/k+1$。

例 3.40 在 100 个人中至少有 $\lceil 100/12 \rceil=9$ 个人生日在同一个月。

例 3.41 如果有 5 个可能的成绩 A,B,C,D,E,那么在一个离散数学班里至少要多少个学生才能保证有 7 个学生得到同一个分数?

解: 为保证至少有 7 个学生得到相同的分数所需的最少学生数是使得 $\lceil N/5 \rceil=7$ 的最小整数 N。这样的最小整数 $N=5\times6+1=31$。于是 31 是保证至少 7 个学生得到相同的分数所需要的最少学生数。

在鸽巢原理的许多有趣应用中必须使用某种巧妙的公式选择放入盒子的物体。下面将描述这样的一些应用。

例 3.42　每个由 n^2+1 个不同实数构成的序列都包含一个长为 $n+1$ 的严格递增子序列或严格递减子序列。例如序列 8,11,9,1,4,6,12,10,5,7 包含 10 项,则一定存在长为 4 的递增子序列或递减子序列。这些序列有 $\{1,4,6,12\},\{1,4,6,7\},\{1,4,6,10\},\{1,4,5,7\},\{11,9,6,5\}$。

证明：令 $a_1,a_2,\cdots,a_{n^2+1}$ 是 n^2+1 个不同的实数的序列。和序列中的每一项 a_k 联系着一个有序对,即 (i_k,d_k),其中 i_k 是从 a_k 开始的最长的递增子序列的长度,且 d_k 是从 a_k 开始的最长的递减子序列的长度。

假定没有长为 $n+1$ 的递增或递减子序列,那么 i_k 和 d_k 都是小于或等于 n 的正整数,由乘法法则,(i_k,d_k) 存在 n^2 个可能的有序对。根据鸽巢原理,n^2+1 个有序对中必有 2 个相等。换句话说,存在项 a_s 和 a_t,$s<t$,使得 $i_s=i_t$ 和 $d_s=d_t$,我们将证明这是不可能的。由于序列的项是不同的,不是 $a_s<a_t$ 就是 $a_t<a_s$。如果 $a_s<a_t$ 由于 $i_s=i_t$,那么把 a_s 加到从 a_t 开始的递增子序列前面就构造出一个从 a_s 开始的长为 i_t+1 的递增子序列,从而产生矛盾。类似地,如果 $a_t<a_s$,可以证明 d_s 一定大于 d_t,从而也产生矛盾。

例 3.43　假定一组有 6 个人,任意 2 个人或者是朋友或者是敌人。证明在这组人中或存在 3 个人彼此都是朋友,或存在 3 个人彼此都是敌人。

证明：令 A 是 6 个人中的 1 人,但是其他 5 个人中至少有 3 个人是 A 的朋友或至少有 3 个人是 A 的敌人。这可从推广的鸽巢原理得出,因为当 5 个物体被分成 2 个集合时,其中的 1 个集合至少有 $\lceil 5/2 \rceil=3$ 个元素。若是前一种情况,假定 B,C,D 是 A 的朋友,如果这 3 人中有 2 个人也是朋友,那么这 2 个人与 A 构成彼此是朋友的 3 人组,否则 B,C,D 构成彼此是敌人的 3 人组。对于后一种情况,当 A 存在 3 个或更多的敌人时可以用类似的方法证明。

这个例子说明了怎样把推广的鸽巢原理用于组合数学的重要部分——拉姆赛理论,它是以英国数学家拉姆赛(F. P. Ramsey)而命名的。一般地说,拉姆赛理论可用于处理集合元素的子集分配问题。

3.6　容斥原理

3.6.1　容斥原理简介

容斥原理是计数中常用的一种方法,先看下面的例子：求不超过 20 的正整数中为 2 或 3 的倍数的数的个数。

不超过 20 的正整数中为 2 的倍数的数有 10 个：2,4,6,8,10,12,14,16,18,20；不超过 20 的正整数中为 3 的倍数的数有 6 个：3,6,9,12,15,18。但其中为 2 或 3 的倍数的数只有 13 个,而不是 10+6=16 个,即 2,3,4,6,8,9,10,12,14,15,16,18,20,其中 6,12,18 同时为 2 和 3 的倍数,若计算 10+6=16,则 6,12,18 三个数都重复计算了一次。

这里引入集合,用求集合的元素个数来求解更为广泛的计数问题。

定理 3.11　设 A,B 是两个有限集合,则 $|A\cup B|=|A|+|B|-|A\cap B|$。其中 $|A|$,$|B|$ 分别表示集合 A,B 的元素个数。

证明：(1) 当 $A \cap B = \varnothing$ 时，由于 A, B 无公共部分，故 $A \cup B$ 的元数就是 A 的元素与 B 的元素之和，如图 3.6(a)所示。

(2) 当 $A \cap B \neq \varnothing$ 时，A, B 的公共元素的个数是 $|A \cap B|$，在计算 $|A \cup B|$ 时，$A \cap B$ 的元素只能计算一次，但在计算 $|A| + |B|$ 时，$A \cap B$ 的元素计算了两次，故 $|A \cup B| = |A| + |B| - |A \cap B|$，如图 3.6(b)所示。

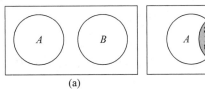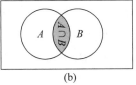

图 3.6 $A \cup B$ 的两种情况

此定理称为容斥原理(包容排斥原理)。

例 3.44 以 1 开始或者以 00 结束的 8 位二进制符号串有多少个？

解：设 A 为以 1 开始的 8 位二进制符号串集合，B 为以 00 结束的 8 位二进制符号串集合。已知 $|A| = 2^7 = 128$，$|B| = 2^6 = 64$，$A \cap B$ 表示以 1 开始 00 结束的 8 位二进制符号串集合，故 $|A \cap B| = 2^5 = 32$。以 1 开始或者以 00 结束的 8 位二进制符号串全体可以用 $A \cup B$ 来表示。根据容斥原理，有

$$|A \cup B| = |A| + |B| - |A \cap B| = 128 + 64 - 32 = 160$$

例 3.45 假设我院有 1807 个新生，这些学生中有 453 人选了一门计算机科学课，567 人选了一门数学课，299 人同时选了计算机科学课和数学课。有多少学生既没有选计算机科学课也没有选数学课？

解：为找出既没有选数学课也没有选计算机科学课的新生数，就要从新生总数中减去至少选了其中一门课的学生数。设 A 为选择计算机课的新生集合，B 为选择数学课的新生集合，则有 $|A| = 453$，$|B| = 567$ 且 $|A \cap B| = 299$。选了一门计算机科学或数学课的学生数是

$$|A \cup B| = |A| + |B| - |A \cap B| = 453 + 567 - 299 = 721$$

因此，有 $1807 - 721 = 1086$ 个新生既没选计算机科学课也没选数学课。

接着要推导求 n 个(n 为任意正整数)有限集合的并集中的元素数。先推导 3 个集合的并集的元素数。

设 A, B, C 为 3 个有限集，一般情况如图 3.7 所示，从图中可以看出集合 $A \cup B \cup C$ 由 7 部分组成。

Ⅰ部分的元素个数为 $|A| - |A \cap B| - |A \cap C| + |A \cap B \cap C|$；

Ⅱ部分的元素个数为 $|B| - |A \cap B| - |B \cap C| + |A \cap B \cap C|$；

Ⅲ部分的元素个数为 $|C| - |A \cap C| - |B \cap C| + |A \cap B \cap C|$；

Ⅳ部分的元素个数为 $|A \cap B| - |A \cap B \cap C|$；

Ⅴ部分的元素个数为 $|A \cap C| - |A \cap B \cap C|$；

Ⅵ部分的元素个数为 $|B \cap C| - |A \cap B \cap C|$；

Ⅶ部分的元素个数为 $|A \cap B \cap C|$。

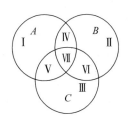

图 3.7 $A \cup B \cup C$ 的组成部分

则 $|A \cup B \cup C| = |A| - |A \cap B| - |A \cap C| + |A \cap B \cap C| +$

$\qquad\qquad\qquad |B| - |A \cap B| - |B \cap C| + |A \cap B \cap C| +$

$\qquad\qquad\qquad |C| - |A \cap C| - |B \cap C| + |A \cap B \cap C| +$

$\qquad\qquad\qquad |A \cap B| - |A \cap B \cap C| +$

$\qquad\qquad\qquad |A \cap C| - |A \cap B \cap C| +$

$\qquad\qquad\qquad |B \cap C| - |A \cap B \cap C| +$

$\qquad\qquad\qquad |A \cap B \cap C|$

$\qquad\qquad\quad = (|A| + |B| + |C|) - (|A \cap B| + |A \cap C| + |B \cap C|) + |A \cap B \cap C|$

把这推广到 n 个有限集的情况,有如下定理。

定理 3.12 (一般的容斥原理)设 $A_1, A_2, \cdots, A_n$ 是有限集,那么

$$|A_1 \cup A_2 \cup \cdots \cup A_n| = \sum_{i=1}^{n} |A_i| - \sum_{1 \leqslant i < j \leqslant n} |A_i \cap A_j| +$$

$$\sum_{1 \leqslant i < j < k \leqslant n} |A_i \cap A_j \cap A_k| - \cdots +$$

$$(-1)^{n+1} |A_1 \cap A_2 \cap \cdots \cap A_n|$$

证明: 将通过证明并集中的每个元素在等式的右边恰好被计数一次来证明这个公式。

假设 a 恰好是 $A_1, A_2, \cdots, A_n$ 中 r 个集合的成员,其中 $1 \leqslant r \leqslant n$。这个元素被 $\sum_{i=1}^{n} |A_i|$ 计数了 C_r^1 次。被 $\sum_{1 \leqslant i < j \leqslant n} |A_i \cap A_j|$ 计数了 C_r^2 次,一般来说,它被涉及 m 个集合的求和计数了 C_r^m 次,于是,这个元素恰好被等式右边的表达式计数了 $C_r^1 - C_r^2 + \cdots + (-1)^{r+1} C_r^r$ 次。

根据二项式定理,有 $C_r^0 - C_r^1 + C_r^2 - \cdots + (-1)^r C_r^r = 0$。

得 $C_r^1 - C_r^2 + \cdots + (-1)^{r+1} C_r^r = C_r^0 = 1$。

因此,并集中的每个元素在等式右边的表达式中恰好被计数 1 次,即证。

例 3.46 1232 个学生选了西班牙语课,879 个学生选了法语课,114 个学生选了俄语课,103 个学生选了西班牙语和法语课,23 个学生选了西班牙语和俄语课,14 个学生选了法语和俄语课。如果 2092 个学生至少在西班牙语,法语和俄语中选 1 门,有多少个学生选了所有这 3 门语言课?

解: 设 S 是选西班牙语课的学生集合,F 是选法语课的学生集合,R 是选俄语课的学生集合。

那么 $|S| = 1232$,$|F| = 879$,$|R| = 114$,$|S \cap F| = 103$,$|S \cap R| = 23$,$|F \cap R| = 14$ 且 $|S \cup F \cup R| = 2092$。

根据容斥原理,有

$|S \cup F \cup R| = |S| + |F| + |R| - |S \cap F| - |S \cap R| - |F \cap R| + |S \cap F \cap R|$

得 $2092 = 1232 + 879 + 114 - 103 - 23 - 14 + |S \cap F \cap R|$,所以 $|S \cap F \cap R| = 7$。

因此有 7 个学生选了所有这 3 门语言课。

3.6.2 容斥原理的应用

例 3.47 求 $1 \sim 1000$ 不能被 5 和 6 整除,也不能被 8 整除的数的个数。

解:设 $1 \sim 1000$ 的整数构成全集 E,A,B,C 分别表示其中可被 $5,6$ 或 8 整除的数的集合。

则 $|A| = \lfloor 1000/5 \rfloor = 200$,$|B| = \lfloor 1000/6 \rfloor = 166$,$|C| = \lfloor 1000/8 \rfloor = 125$,式中 $\lfloor x \rfloor$ 表示不大于 x 的最大整数。

$A \cap B$ 表示能同时被 5 和 6 整除的数,即能够被 5 和 6 的最小公倍数 30 整除的数。

则 $|A \cap B| = \lfloor 1000/30 \rfloor = 33$,同理 $|A \cap C| = \lfloor 1000/40 \rfloor = 25$,$|B \cap C| = \lfloor 1000/24 \rfloor = 41$,$|A \cap B \cap C| = \lfloor 1000/120 \rfloor = 8$。

根据容斥原理,得

$$|A \cup B \cup C| = (|A| + |B| + |C|) -$$
$$(|A \cap B| + |A \cap C| + |B \cap C|) + |A \cap B \cap C|$$
$$= 200 + 166 + 125 - 33 - 25 - 41 + 8 = 400$$

则 $|\overline{A} \cap \overline{B} \cap \overline{C}| = |E| - |A \cup B \cup C| = 1000 - 400 = 600$。

所以,不能被 $5,6$ 和 8 整除的数有 600 个。

可以用例 3.47 的方法找出不超过一个给定的正整数的素数个数。一个合数可以被一个不超过它的平方根的素数整除。因此,为找出不超过 100 的素数个数,首先注意到不超过 100 的合数一定有一个不超过 10 的素因子。由于小于 10 的素数只有 $2,3,5,7$,因此不超过 100 的素数就是这 4 个素数以及那些大于 1 和不超过 100 且不被 $2,3,5$ 和 7 整除的正整数。

同例 3.47 一样的计算方法,$1 \sim 100$ 能够被 $2,3,5$ 或 7 整除的数的个数为

$$\left\lfloor \frac{100}{2} \right\rfloor + \left\lfloor \frac{100}{3} \right\rfloor + \left\lfloor \frac{100}{5} \right\rfloor + \left\lfloor \frac{100}{7} \right\rfloor -$$

$$\left\lfloor \frac{100}{2 \times 3} \right\rfloor - \left\lfloor \frac{100}{2 \times 5} \right\rfloor - \left\lfloor \frac{100}{2 \times 7} \right\rfloor - \left\lfloor \frac{100}{3 \times 5} \right\rfloor - \left\lfloor \frac{100}{3 \times 7} \right\rfloor - \left\lfloor \frac{100}{5 \times 7} \right\rfloor +$$

$$\left\lfloor \frac{100}{2 \times 3 \times 5} \right\rfloor + \left\lfloor \frac{100}{2 \times 3 \times 7} \right\rfloor + \left\lfloor \frac{100}{2 \times 5 \times 7} \right\rfloor + \left\lfloor \frac{100}{3 \times 5 \times 7} \right\rfloor -$$

$$\left\lfloor \frac{100}{2 \times 3 \times 5 \times 7} \right\rfloor$$

$$= 50 + 33 + 20 + 14 - 16 - 10 - 7 - 6 - 4 - 2 + 3 + 2 + 1 + 0 - 0 = 78$$

$1 \sim 100$ 不能被 $2,3,5,7$ 整除数的个数为 $100 - 78 = 22$ 个。则 100 以内的素数应在 22 个数内除去 1 这个数,再加上 $2,3,5,7$ 这 4 个数,共 $22 - 1 + 4 = 25$ 个素数。

于是存在 25 个不超过 100 的素数。

可以用伊拉脱森(Eratosthens)筛求不超过一个给定正整数的所有的素数。首先,保留 2 而将其余那些被 2 整除的整数删除,因为 3 是保留下来的第一个大于 2 的整数,除 3 之外,删除其余那些被 3 整除的整数,因为 5 是在 3 后面下一个留下来的整数,除 5 之外删除其余被 5 整除的整数,下一个留下的整数是 7,因此留下 7,删除其余那些被 7 整除的整数。由于所有不超过 100 的合数被 $2,3,5$ 或 7 整除,那么所有留下来的大于 1 的数是素数。

(1) 除 2 以外删除 2 的倍数。

2	3	~~4~~	5	~~6~~	7	~~8~~	9	~~10~~
11	~~12~~	13	~~14~~	15	~~16~~	17	~~18~~	19	~~20~~
21	~~22~~	23	~~24~~	25	~~26~~	27	~~28~~	29	~~30~~
31	~~32~~	33	~~34~~	35	~~36~~	37	~~38~~	39	~~40~~
41	~~42~~	43	~~44~~	45	~~46~~	47	~~48~~	49	~~50~~
51	~~52~~	53	~~54~~	55	~~56~~	57	~~58~~	59	~~60~~
61	~~62~~	63	~~64~~	65	~~66~~	67	~~68~~	69	~~70~~
71	~~72~~	73	~~74~~	75	~~76~~	77	~~78~~	79	~~80~~
81	~~82~~	83	~~84~~	85	~~86~~	87	~~88~~	89	~~90~~
91	~~92~~	93	~~94~~	95	~~96~~	97	~~98~~	99	~~100~~

(2) 除 3 以外删除 3 的倍数。

2	3	5	7	~~9~~
11	13	~~15~~	17	19
~~21~~	23	25	~~27~~	29
31	~~33~~	35	37	~~39~~
41	43	~~45~~	47	49
~~51~~	53	55	~~57~~	59
61	~~63~~	65	67	~~69~~
71	73	~~75~~	77	79
~~81~~	83	85	~~87~~	89
91	~~93~~	95	97	~~99~~

(3) 除 5 以外删除 5 的倍数。

2	3	5	7	
11	13		17	19
	23	~~25~~		29
31		~~35~~	37	
41	43		47	49
	53	~~55~~		59
61		~~65~~	67	
71	73		77	79
	83	~~85~~		89
91		~~95~~	97	

(4) 除 7 以外删除 7 的倍数。

2	3	5	7	
11	13		17	19
	23			29
31			37	
41	43		47	~~49~~
	53			59
61			67	
71	73		~~77~~	79
	83			89
~~91~~			97	

得到 2,3,5,7,11,13,17,19,23,29,31,37,41,43,47,53,59,61,67,71,73,79,83,89, 97 共 25 个素数。

习题 3

1. 一个学院有 180 个数学专业和 300 个计算机科学专业的学生。

(1) 选两个代表,使得一个是数学专业的学生且另一个是计算机科学专业的学生,有多少种方式?

(2) 选一个数学专业的或计算机科学专业的学生作代表又有多少种方式?

2. 在一场 12 匹马的赛马中,如果所有的比赛结果都是可能的,对于第一名、第二名和第三名有多少种可能性?

3. 有 6 个不同的同学竞选班长,有多少种不同的次序在选票上打印竞选者的名字?

4. 一个 10 元素集合有多少个子集含有奇数个元素?

5. 一个老师写了 30 道的离散数学的真假判断题,其中有 16 道为真。如果按照任意的次序排列这些题,可能有多少种不同的答案?

6. 求 $(x+y)^{15}$ 的展开式中 x^7y^8 的系数,$(2x+3y)^{15}$ 的展开式中 x^7y^8 的系数,$(2x-3y)^{15}$ 的展开式中 x^8y^7 的系数。

7. 从一个 3 元素集合中允许重复有序选取 5 个元素有多少种不同的方式? 从一个 3 元素集合中允许重复地无序选取 5 个元素有多少种不同的方式?

8. 一个小猪储钱罐有 100 个相同的 5 角和 80 个 1 元的硬币,从中选出 8 个硬币有多少种方式?

9. 一个小猪储钱罐有 1 分、2 分、5 分、1 角、5 角和 1 元等硬币,从中选出 20 个硬币有多少种方式?

10. 设 x_1,x_2,x_3,x_4 是非负整数,方程 $x_1+x_2+x_3+x_4=17$ 有多少个解?

11. 设 x_1,x_2,x_3 是非负整数,不等式 $x_1+x_2+x_3 \leqslant 11$ 有多少个解?

12. 假设一个大家庭有 14 个孩子,包括 2 组三胞胎、3 组双胞胎,以及 2 个单胞胎。这些孩子坐在一排椅子上,如果相同的三胞胎或双胞胎的孩子不能互相区分,那么有多少种不同的方式?

13. 使用 MISSISSIPPI 中的所有字母可以构成多少个不同的串? 使用 ABRACADABR 中的所有字母可以构成多少个不同的串?

14. 有多少种不同的方式在 xyz 空间上从原点$(0,0,0)$到达$(4,3,5)$点? 这个旅行的每一步是在 x 的正方向移动一个单位,y 的正方向移动一个单位,或者 z 的正方向移动一个单位,负方向的移动是禁止的。

15. 把一副标准的 52 张扑克牌发给 5 个人,每人得 7 张,有多少种不同的方式? 把一副标准的 52 张扑克牌平均发给 4 个人,有多少种不同的方式?

16. 有多少种不同的方式把 5 个不同的物体放到 3 个不同的盒子里? 有多少种不同的方式把 5 个相同的物体放到 3 个不同的盒子里?

17. 找出按照字典顺序跟在下面每个排列后面的下一个更大的排列。

(1) 1432。   (2) 54123。   (3) 12453。

(4) 45231。　　(5) 6714235。　　(6) 31528764。

18. 按照字典顺序排列下述$\{1,2,3,4,5,6\}$的排列：234561,231456,165432,156423,543216,541236,231465,314562,432561,654321,654312,435612。

19. 使用算法 3.1 按照字典顺序生成前 4 个正整数的 24 个排列。

20. 使用算法 3.2 列出集合$\{1,2,3,4\}$的所有子集。

21. 使用算法 3.3 列出集合$\{1,2,3,4,5\}$的所有的 3-组合。

22. 求有穷序列 2,2,2,2,2,2 的生成函数。

23. 求下面每个序列的生成函数。

(1) $0,1,0,0,1,0,0,1,0,0,1,\cdots$。

(2) $2,4,8,16,32,64,128,256,\cdots$。

(3) $0,0,3,-3,3,-3,3,-3,\cdots$。

(4) $0,1,-2,4,-8,16,-32,64,\cdots$。

24. 求关于序列$\{a_n\}$的生成函数。

(1) $a_n=5$,对所有的$n=0,1,2,\cdots$。

(2) $a_n=3^n$,对所有的$n=0,1,2,\cdots$。

(3) $a_n=1/(n+1)!$,对所有的$n=0,1,2,\cdots$。

(4) $a_n=C_n^2$,对所有的$n=2,3,\cdots$。

25. 对于下面每一个生成函数,求对应的序列。

(1) $(3x-4)^3$。

(2) $(x^3+1)^3$。

(3) $1/(1-5x)$。

(4) $1/(1-2x^2)$。

26. 求出下列每个函数的幂级数中x^{12}的系数。

(1) $1/(1+3x)$。

(2) $1/(1-2x)^2$。

(3) $1/(1+x)^8$。

(4) $1/(1-4x)^3$。

27. 把 10 个相同的球分给 4 个孩子,如果每个孩子至少得到 2 个球,使用生成函数确定不同的分法数。

28. 把 12 个相同的图片分给 5 个孩子,如果每个孩子至多得到 3 张,使用生成函数确定不同的分法数。

29. 从包含 100 个红球、100 个蓝球和 100 个绿球的罐子中选 14 个球,使得篮球不少于 3 个且不多于 10 个。假定不考虑选球的顺序,使用生成函数求出选法数。

30. 求序列$\{c_k\}$的生成函数,其中c_k是使用 1 美元、2 美元、5 美元和 10 美元纸币换k美元的方法数。

31. 使用生成函数求出换 1 美元的方式数。

(1) 用 10 美分和 25 美分。

(2) 用 5 美分、10 美分和 25 美分。

(3) 用 1 美分、10 美分和 25 美分。

(4) 用 1 美分、5 美分、10 美分和 25 美分。

32. 使用生成函数求解递推关系 $a_k = 7a_{k-1}$，初始条件 $a_0 = 5$。

33. 使用生成函数求解递推关系 $a_k = 3a_{k-1} + 2$，初始条件 $a_0 = 1$。

34. 使用生成函数求解递推关系 $a_k = 3a_{k-1} + 4^{k-1}$，初始条件 $a_0 = 1$。

35. 使用生成函数求解递推关系 $a_k = 5a_{k-1} - 6a_{k-2}$，初始条件 $a_0 = 6$ 和 $a_1 = 30$。

36. 假定周末不排课，证明在任一组 6 门课中一定有 2 门课安排在同一天上课。

37. 证明：在任意给定的 5 个正整数中（不一定连续）有 2 个整数被 4 除的余数相同。

38. 一个碗里有 10 个红球和 10 个蓝球。一位女士不看着球而随机地选取。

(1) 她必须选多少个球才能保证至少有 3 个球是同色的？

(2) 她必须选多少个球才能保证至少有 3 个球是蓝色的？

39. 一个计算机网络由 6 台计算机组成，每台计算机至少连接到 1 台其他计算机。证明：网络中至少有 2 台计算机直接连接相同数目的其他计算机。

40. 在序列 22,5,7,2,23,10,15,21,3,17 中找出一个最长的递增子序列和一个最长的递减子序列。

41. 用伪码描述一个算法产生一个不同数据的序列的最大递增或递减子序列。

42. 一个学院有 345 个学生选了微积分课，212 个学生选了离散数学课，188 个学生同时选了微积分和离散数学课，有多少学生选了微积分或离散数学课？

43. 求 $A \cup B \cup C$ 中的元素数，如果每个集合有 100 个元素，并且

(1) 这些集合是两两不交的。

(2) 每对集合存在 50 个公共元素，并且没有元素在所有这 3 个集合里。

(3) 每对集合存在 50 个公共元素，并且有 25 个元素在所有这 3 个集合里。

(4) 这些集合是相等的。

44. 一个学校有 2504 个计算机科学专业的学生，其中 1876 人选修了 Pascal，999 人选修了 FORTRAN，345 人选修了 C，876 人选修了 Pascal 和 FORTRAN，231 人选修了 FORTRAN 和 C，290 人选修了 Pascal 和 C。如果 189 个学生选了 Pascal、FORTRAN 和 C，那么 2504 个学生中有多少学生没有选这 3 门程序设计语言课中的任何一种？

45. 有多少 8 位二进制串不包含 6 个连续的 0？

46. 在容斥原理所给出的有关 10 个集合并集元素数的公式中有多少项？

47. 根据容斥原理写出关于 5 个集合并集元素数的显示公式。

48. 用数学归纳法证明容斥原理。

49. 使用容斥原理求小于 200 的素数个数。

50. 一个整数叫作无平方的，如果它不被一个大于 1 的正整数的平方整除。求小于 100 的无平方的正整数个数。

51. 有多少个小于 10 000 的正整数不是一个整数的 2 次或更高次幂？

第 4 章

关系

4.1 关系定义及其表示

宇宙万物之间存在形形色色的联系,我们每天都涉及各种关系。如人与人之间的朋友、师生、同学关系;数之间的大小关系;整数之间的整除关系;元素与集合之间的属于关系;计算机科学中程序之间的调用关系;程序与变量之间的使用关系;学生、课程、成绩三者之间的关系等。

集合论为刻画这些联系提供了一种数学模型——关系。需要指出,集合论中的关系研究,并不以个别的关系为主要对象,而是关注关系的一般特性。

4.1.1 关系的基本概念

先看下面两个例子。

例 4.1 设 $A=\{张华,陈红,赵亮\}$ 为学生集合,$B=\{离散数学,数据结构,操作系统\}$ 为课程集合。学生与课程之间存在着一种联系,不妨称为"选修关系",一种容易想到的方法是用具有这种联系的对象的有序元组的集合来表示这些关系。设 R 表示选修关系,若 $R=\{\langle张华,离散数学\rangle,\langle陈红,数据结构\rangle,\langle陈红,操作系统\rangle,\langle赵亮,操作系统\rangle\}$ 表示张华选修了离散数学,陈红选修了数据结构和操作系统,赵亮选修了操作系统。而有序对 $\langle陈红,离散数学\rangle$ 不在集合 R 中表示陈红没有选修离散数学。

例 4.2 设 $A=\{2,3,4,6\}$,A 中各元素之间的整除关系可定义为 $R=\{\langle2,2\rangle,\langle2,4\rangle,\langle2,6\rangle,\langle3,3\rangle,\langle3,6\rangle,\langle4,4\rangle,\langle6,6\rangle\}$,其中 $\langle2,4\rangle\in R$ 表示 2 能整除 4,而 $\langle2,3\rangle\notin R$ 表示 2 不能整除 3。

由此,可以看出集合之间的关系,本质上取决于它们的元素所构成的有序对的集合。

定义 4.1 设 A 和 B 是集合,一个从 A 到 B 的二元关系 R 是 $A\times B$ 的子集,即 $R\subseteq A\times B$。

换句话说,一个从 A 到 B 的二元关系 R 是有序对的集合,其中每个有序对的第一元素来自 A 而第二元素来自 B。

如果 $\langle x,y\rangle\in R$,可记为 xRy,称为 x 与 y 有关系 R;如果 $\langle x,y\rangle\notin R$,可记为 $x\not Ry$。

定义 4.2 集合 A 上的关系是从 A 到 A 的关系。

集合 A 到它自身的关系是特别令人感兴趣的。

通常集合 A 上不同关系的数目依赖于 A 的基数。如果 $|A|=n$,那么 $|A\times A|=n^2$,可

知 A 上关系的子集有 2^{n^2} 个,因为一个子集代表一个 A 上的关系,所以 A 上的关系有 2^{n^2} 个不同的二元关系。

例如 $A=\{1,2,3\}$,则在 A 上可以定义 $2^{3^2}=512$ 个不同的关系。当然,大部分的关系没有什么实际意义,但是,对于任意集合 A 都有 3 种特殊的关系,具体如下。

定义 4.3 称 $\varnothing\subseteq A\times A$ 为 A 上的空关系,称 $E_A=A\times A$ 为 A 上的全关系,称 $I_A=\{\langle x,x\rangle\mid x\in A\}\subseteq A\times A$ 为 A 上的相等关系(或恒等关系)。

例 4.3 设 $A=\{0,1,2\}$,则恒等关系 $I_A=\{\langle0,0\rangle,\langle1,1\rangle,\langle2,2\rangle\}$。

全关系 $E_A=\{\langle0,0\rangle,\langle0,1\rangle,\langle0,2\rangle,\langle1,0\rangle,\langle1,1\rangle,\langle1,2\rangle,\langle2,0\rangle,\langle2,1\rangle,\langle2,2\rangle\}$。

例 4.4 设 $A=\{a,b\}$,R 是 $P(A)$ 上的包含关系,$R=\{\langle x,y\rangle\mid x,y\in P(A)\wedge x\subseteq y\}$ 则有 $P(A)=\{\varnothing,\{a\},\{b\},\{a,b\}\}$。

$R=\{\langle\varnothing,\varnothing\rangle,\langle\varnothing,\{a\}\rangle,\langle\varnothing,\{b\}\rangle,\langle\varnothing,A\rangle,\langle\{a\},\{a\}\rangle,\langle\{a\},A\rangle,\langle\{b\},\{b\}\rangle,\langle\{b\},A\rangle,\langle A,A\rangle\}$。

4.1.2 二元关系的表示

二元关系是笛卡儿积的子集,因此可以用枚举法和谓词法来表示。对于有穷集之间的二元关系,除此之外常用的表示方法有关系矩阵和关系图。

定义 4.4 若集合 $A=\{a_1,a_2,\cdots,a_m\}$,$B=\{b_1,b_2,\cdots,b_n\}$ 且 $R\subseteq A\times B$,若

$$m_{ij}=\begin{cases}1, & \text{如果}\langle a_i,b_j\rangle\in R\\0, & \text{如果}\langle a_i,b_j\rangle\notin R\end{cases}$$

则 $\boldsymbol{M_R}=(m_{ij})_{m*n}$ 为 R 的关系矩阵,也就是说,当 a_i 和 b_j 有关系时,表示 R 的关系矩阵的 (i,j) 项为 1,否则为 0。

例 4.5 令 $A=\{a_1,a_2\}$,$b=\{b_1,b_2,b_3\}$,$R=\{\langle a_1,b_1\rangle,\langle a_1,b_3\rangle,\langle a_2,b_1\rangle,\langle a_2,b_2\rangle\}$,则

$$\boldsymbol{M_R}=\begin{bmatrix}1 & 0 & 1\\1 & 1 & 0\end{bmatrix}$$

例 4.6 令 $A=\{1,2,3\}$,A 上的二元关系 $R=\{\langle x,y\rangle\mid x\geqslant y\}$,则

$$R=\{\langle1,1\rangle,\langle2,1\rangle,\langle2,2\rangle,\langle3,1\rangle,\langle3,2\rangle,\langle3,3\rangle\}$$

$$\boldsymbol{M_R}=\begin{bmatrix}1 & 0 & 0\\1 & 1 & 0\\1 & 1 & 1\end{bmatrix}$$

当给定关系 R,可求出关系矩阵 $\boldsymbol{M_R}$,反之亦然。

对于集合 A 上的关系,还可以用更直观的有向图表示,具体做法如下。

定义 4.5 将集合 A 中的每个元素用小圆圈来表示,称为图的结点,若 $\langle a_i,b_j\rangle\in R$,则以结点 a_i 开始画一条弧(有向边)至结点 a_j(若 $a_i=b_j$,此时为一自环),这样得到的有向图称为 A 上的关系 R 的关系图。

例 4.7 设 $A=\{1,2,3,4\}$,$R=\{\langle1,2\rangle,\langle1,4\rangle,\langle2,2\rangle,\langle2,3\rangle,\langle3,2\rangle,\langle4,3\rangle\}$,则 R 的关系图如图 4.1 所示。

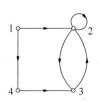

图 4.1 一个关系图

4.2　关系的运算

关系是笛卡儿积的子集,故对关系可以进行交、并、差等运算,它们在第1章中已述。这里讨论关系的两种重要运算:合成和逆。

4.2.1　关系的合成

定义 4.6　设 R 为 A 到 B 的二元关系,S 为 B 到 C 的二元关系,经过对 R 和 S 的合成运算,得到一个新的从 A 到 C 的关系,称为 R 与 S 的合成关系,记为 $S \circ R$,表示为:
$$S \circ R = \{\langle x,z \rangle \mid \exists y(\langle x,y \rangle \in R \wedge \langle y,z \rangle \in S)\}$$

例 4.8　设 $A = \{a_1, a_2, a_3\}$,$B = \{b_1, b_2, b_3, b_4\}$,$C = \{c_1, c_2, c_3\}$,$R \subseteq A \times B$,$S \subseteq B \times C$,且 $R = \{\langle a_1, b_2 \rangle, \langle a_1, b_3 \rangle, \langle a_2, b_2 \rangle, \langle a_3, b_1 \rangle\}$,$S = \{\langle b_2, c_1 \rangle, \langle b_3, c_1 \rangle, \langle b_4, c_3 \rangle\}$,则 $S \circ R = \{\langle a_1, c_1 \rangle, \langle a_2, c_1 \rangle\}$。

例 4.9　设集合 $A = \{0,1,2,3,4,5\}$,R,S 均为 A 上的关系。
且
$$R = \{\langle x,y \rangle \mid x+y=4\} = \{\langle 0,4 \rangle, \langle 4,0 \rangle, \langle 1,3 \rangle, \langle 3,1 \rangle, \langle 2,2 \rangle\}$$
$$S = \{\langle x,y \rangle \mid y-x=1\} = \{\langle 0,1 \rangle, \langle 1,2 \rangle, \langle 2,3 \rangle, \langle 3,4 \rangle, \langle 4,5 \rangle\}$$
那么
$$S \circ R = \{\langle x,z \rangle \mid \exists y(x+y=4 \wedge z-y=1)\}$$
$$= \{\langle 0,5 \rangle, \langle 1,4 \rangle, \langle 4,1 \rangle, \langle 2,3 \rangle, \langle 3,2 \rangle\}$$
$$R \circ S = \{\langle x,z \rangle \mid \exists y(y-x=1 \wedge y+z=4)\}$$
$$= \{\langle 0,3 \rangle, \langle 1,2 \rangle, \langle 2,1 \rangle, \langle 3,0 \rangle\}$$

从例 4.9 可以看出,$S \circ R \neq R \circ S$,关系的合成运算一般情况下不满足交换律,但它有下列一般性质。

定理 4.1　设 $R \subseteq A \times A$,则 $R \circ I_A = I_A \circ R = R$。

证明: 任取 $\langle x,y \rangle$,若
$$\langle x,y \rangle \in R \circ I_A$$
$$\Leftrightarrow \exists z(\langle x,z \rangle \in I_A \wedge \langle z,y \rangle \in R)$$
$$\Leftrightarrow \exists z(x = z \wedge \langle z,y \rangle \in R)$$
$$\Rightarrow \langle x,y \rangle \in R$$

故 $R \circ I_A \subseteq R$。

同样任取 $\langle x,y \rangle$,若
$$\langle x,y \rangle \in R$$
$$\Leftrightarrow \langle x,x \rangle \in I_A \wedge \langle x,y \rangle \in R$$
$$\Rightarrow \langle x,y \rangle \in R \circ I_A$$

故 $R \subseteq R \circ I_A$。

综上有 $R \circ I_A = R$,同理可证 $I_A \circ R = R$。

定理 4.2　若 $R \subseteq A \times B$,$S, T \subseteq B \times C$,$W \subseteq C \times D$,则

(1) $(S \cup T) \circ R = S \circ R \cup T \circ R$。

(2) $W \circ (S \cup T) = W \circ S \cup W \circ T$。

(3) $(S \cap T) \circ R \subseteq S \circ R \cap T \circ R$。

(4) $W \circ (S \cap T) \subseteq W \circ S \cap W \circ T$。

(5) $W \circ (S \circ R) = (W \circ S) \circ R$。

证明：只证明(3)，其余当作习题。

对于任意$\langle x, y \rangle$，若

$$\langle x, y \rangle \in (S \cap T) \circ R$$
$$\Leftrightarrow \exists z(\langle x, z \rangle \in R \wedge \langle z, y \rangle \in S \cap T)$$
$$\Leftrightarrow \exists z(\langle x, z \rangle \in R \wedge \langle z, y \rangle \in S \wedge \langle z, y \rangle \in T)$$
$$\Leftrightarrow \exists z((\langle x, z \rangle \in R \wedge \langle z, y \rangle \in S) \wedge (\langle x, z \rangle \in R \wedge \langle z, y \rangle \in T))$$
$$\Rightarrow \exists z(\langle x, z \rangle \in R \wedge \langle z, y \rangle \in S) \wedge \exists z(\langle x, z \rangle \in R \wedge \langle z, y \rangle \in T)$$
$$\Leftrightarrow \langle x, y \rangle \in S \circ R \wedge \langle x, y \rangle \in T \circ R$$
$$\Leftrightarrow \langle x, y \rangle \in S \circ R \cap T \circ R$$

故$(S \cap T) \circ R \subseteq S \circ R \cap T \circ R$。

从上可以知道，合成运算对于并运算是可分配的，但对于交运算只存在分配不等式，合成运算满足结合律，但不满足交换律。

由于关系合成运算有结合律，因此用"幂"表示集合上关系对自身的合成是适当的。

定义 4.7 设R为A上的关系，n为自然数，则R的n次幂规定如下。

(1) $R^0 = I_A$。

(2) $R^n = R^{n-1} \circ R(n \geq 1)$。

R^n满足下列性质。

定理 4.3 设R为A上的二元关系，m, n为自然数，那么

(1) $R^m \circ R^n = R^{m+n}$。

(2) $(R^m)^n = R^{mn}$。

本定理可用归纳法证明，这里不再赘述。

例 4.10 设$A = \{a, b, c, d\}, R = \{\langle a, b \rangle, \langle b, a \rangle, \langle b, c \rangle, \langle c, d \rangle\}$，求$R^0, R^1, R^2, R^3$。

解：图 4.2 给出了R的各次幂。

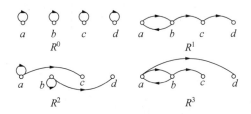

图 4.2 R^n 的各次幂

关系的合成运算比较复杂，但借助关系矩阵来计算是比较方便的。设$A = \{a_1, a_2, \cdots, a_m\}, B = \{b_1, b_2, \cdots, b_p\}, C = \{c_1, c_2, \cdots, c_n\}, R \subseteq A \times B, S \subseteq B \times C$，若$\boldsymbol{M_R} = (r_{ik})_{m \times p}$为$R$的关系矩阵，$\boldsymbol{M_S} = (s_{kj})_{p \times n}$为$S$的关系矩阵，则$S \circ R$的关系矩阵为

$$\boldsymbol{M_{S \circ R}} = \boldsymbol{M_R} \times \boldsymbol{M_S} = (t_{ij})_{m \times n}$$

其中，$t_{ij} = \sum_{k=1}^{p} (r_{ik} \times s_{kj})$。

注意：这里的"加"和"乘"运算是逻辑的"或"和"与"运算。

例 4.11 利用关系矩阵,完成例 4.8。

解：例 4.8 中关系 R 的关系矩阵为

$$M_R = \begin{bmatrix} 0 & 1 & 1 & 0 \\ 0 & 1 & 0 & 0 \\ 1 & 0 & 0 & 0 \end{bmatrix}$$

关系 S 的关系矩阵为

$$M_S = \begin{bmatrix} 0 & 0 & 0 \\ 1 & 0 & 0 \\ 1 & 0 & 0 \\ 0 & 0 & 1 \end{bmatrix}$$

则

$$M_{S \circ R} = M_R \times M_S = \begin{bmatrix} 0 & 1 & 1 & 0 \\ 0 & 1 & 0 & 0 \\ 1 & 0 & 0 & 0 \end{bmatrix} \begin{bmatrix} 0 & 0 & 0 \\ 1 & 0 & 0 \\ 1 & 0 & 0 \\ 0 & 0 & 1 \end{bmatrix} = \begin{bmatrix} 1 & 0 & 0 \\ 1 & 0 & 0 \\ 0 & 0 & 0 \end{bmatrix}$$

4.2.2 逆运算

定义 4.8 设 R 是从 A 到 B 的二元关系,由关系 R 得到一个新的从 B 到 A 的关系,记为 R^{-1},称 R^{-1} 为 R 的二元逆关系,其形式表示为 $R^{-1} = \{\langle x, y \rangle \mid \langle y, x \rangle \in R\}$。

由定义知任何关系均存在逆关系,特别地,$\varnothing^{-1} = \varnothing$,$I_A^{-1} = I_A$,$(A \times B)^{-1} = B \times A$。

例 4.12 令 $A = \{a_1, a_2, a_3\}$,$B = \{b_1, b_2, b_3, b_4\}$。

若 $R = \{\langle a_1, b_2 \rangle, \langle a_1, b_3 \rangle, \langle a_2, b_2 \rangle, \langle a_3, b_1 \rangle\}$,则 $R^{-1} = \{\langle b_2, a_1 \rangle, \langle b_3, a_1 \rangle, \langle b_2, a_2 \rangle, \langle b_1, a_3 \rangle\}$。

逆关系对应的关系矩阵是原关系矩阵的转置。

例 4.12 中 R 的关系矩阵为

$$M_R = \begin{bmatrix} 0 & 1 & 1 & 0 \\ 0 & 1 & 0 & 0 \\ 1 & 0 & 0 & 0 \end{bmatrix}$$

则 R^{-1} 的关系矩阵

$$M_{R^{-1}} = M_R^{\mathrm{T}} = \begin{bmatrix} 0 & 0 & 1 \\ 1 & 1 & 0 \\ 1 & 0 & 0 \\ 0 & 0 & 0 \end{bmatrix}$$

关系的逆具有下列性质。

定理 4.4 若 R 是 A 到 B 的二元关系,S 是 B 到 C 的二元关系,则 $(S \circ R)^{-1} = R^{-1} \circ S^{-1}$。

证明：对任意的 $\langle x, y \rangle$,若

$$\langle x, y \rangle \in (S \circ R)^{-1}$$
$$\Leftrightarrow \langle y, x \rangle \in S \circ R$$
$$\Leftrightarrow \exists z (\langle y, z \rangle \in R \wedge \langle z, x \rangle \in S)$$

$$\Leftrightarrow \exists z(\langle x,z\rangle \in S^{-1} \wedge \langle z,y\rangle \in R^{-1})$$
$$\Leftrightarrow \langle x,y\rangle \in R^{-1} \circ S^{-1}$$

所以$(S\circ R)^{-1}=R^{-1}\circ S^{-1}$。

定理 4.5　若R,S都是A到B的二元关系,则

(1) $(R^{-1})^{-1}=R$。

(2) $(R\cup S)^{-1}=R^{-1}\cup S^{-1}$。

(3) $(R\cap S)^{-1}=R^{-1}\cap S^{-1}$。

证明：仅证明(3),其余由读者自己完成。

对于任意的$\langle x,y\rangle$,若

$$\langle x,y\rangle \in (R\cap S)^{-1}$$
$$\Leftrightarrow \langle y,x\rangle \in R\cap S$$
$$\Leftrightarrow \langle y,x\rangle \in R \wedge \langle y,x\rangle \in S$$
$$\Leftrightarrow \langle x,y\rangle \in R^{-1} \wedge \langle x,y\rangle \in S^{-1}$$
$$\Leftrightarrow \langle x,y\rangle \in R^{-1}\cap S^{-1}$$

4.3　关系的性质

本节讨论的是A上的二元关系性质。

从4.1节已经知道,含有n个元素的集合上可以有2^{n^2}个不同的二元关系,随着n的增大,二元关系数量增长的速度是惊人的,其中有许多关系是没有意义的,人们关心和感兴趣的是一些具有良好性质的关系。

4.3.1　自反性与反自反性

定义 4.9　令R是A上的二元关系,若对于A中的每个x都有$\langle x,x\rangle \in R$,则称R具有自反性(或称R是自反关系)。

即R是A上的自反关系$\Leftrightarrow \forall x(x\in A \rightarrow \langle x,x\rangle \in R)$。

定义 4.10　令R是A上的二元关系,若不存在A中的x,使得$\langle x,x\rangle \in R$,则称R具有反自反性(或称R是反自反关系)。

即R是A上的反自反关系$\Leftrightarrow \neg \exists x(x\in A \wedge \langle x,x\rangle \in R)$。

例 4.13　设$A=\{1,2,3,4\}$,下列是A上的二元关系。

$R_1=\{\langle 1,1\rangle,\langle 1,2\rangle,\langle 2,1\rangle,\langle 2,2\rangle,\langle 3,4\rangle,\langle 4,1\rangle,\langle 4,4\rangle\}$;

$R_2=\{\langle 1,1\rangle,\langle 1,2\rangle,\langle 2,1\rangle\}$;

$R_3=\{\langle 1,1\rangle,\langle 1,2\rangle,\langle 1,4\rangle,\langle 2,1\rangle,\langle 2,2\rangle,\langle 3,3\rangle,\langle 4,1\rangle,\langle 4,4\rangle\}$;

$R_4=\{\langle 2,1\rangle,\langle 3,1\rangle,\langle 3,2\rangle,\langle 4,1\rangle,\langle 4,2\rangle,\langle 4,3\rangle\}$;

$R_5=\{\langle 1,1\rangle,\langle 1,2\rangle,\langle 1,3\rangle,\langle 1,4\rangle,\langle 2,2\rangle,\langle 2,3\rangle,\langle 2,4\rangle,\langle 3,3\rangle,\langle 3,4\rangle,\langle 4,4\rangle\}$;

$R_6=\{\langle 3,4\rangle\}$。

其中,哪些是自反关系? 哪些是反自反关系?

解：关系R_3,R_5是自反的,因为它包括所有形如$\langle a,a\rangle$的序对。关系R_4,R_6是反自反

的,因为它不包括任何形如$\langle a,a\rangle$的序对。而关系R_1,R_2既不是自反的,也不是反自反的。因为R_1中包含$\langle 1,1\rangle$,$\langle 2,2\rangle$,$\langle 4,4\rangle$,但不包含$\langle 3,3\rangle$;R_2中包含$\langle 1,1\rangle$,但不包含$\langle 2,2\rangle$,$\langle 3,3\rangle$,$\langle 4,4\rangle$。

自反性和反自反性可以在关系图和关系矩阵上非常直观地反映出来。

例4.13中R_3,R_5的关系图如图4.3所示。

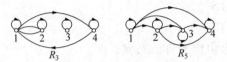

图 4.3　R_3,R_5 的关系图

可见自反关系的关系图的每个结点上均含有自环。

R_3,R_5 的关系矩阵为

$$M_{R_3}=\begin{bmatrix}1&1&0&1\\1&1&0&0\\0&0&1&0\\1&0&0&1\end{bmatrix},\quad M_{R_5}=\begin{bmatrix}1&1&1&1\\0&1&1&1\\0&0&1&1\\0&0&0&1\end{bmatrix}$$

可见自反关系的关系矩阵的对角线上的元素全为1。

而R_4,R_6对应的关系图每个结点上都没有自环,对应的关系矩阵对角线上元素的值全有0,因此是反自反关系。

4.3.2　对称性与反对称性

定义 4.11　令R是A上的二元关系。对于A中的每个x,y,若$\langle x,y\rangle\in R$,则必有$\langle y,x\rangle\in R$,则称R具有对称性(或称R是对称关系)。

即R是A的对称关系$\Leftrightarrow\forall x\forall y(x\in A\wedge y\in A\wedge\langle x,y\rangle\in R\rightarrow\langle y,x\rangle\in R)$。

定义 4.12　令R是A上的二元关系,对于A中的每个x,y,若$\langle x,y\rangle\in R$且$\langle y,x\rangle\in R$则必有$x=y$,称R具有反对称性(或称R是反对称关系)。

即R是A的反对称关系$\Leftrightarrow\forall x\forall y(x\in A\wedge y\in A\wedge\langle x,y\rangle\in R\wedge\langle y,x\rangle\in R\rightarrow x=y)\Leftrightarrow$
$\forall x\forall y(x\in A\wedge y\in A\wedge\langle x,y\rangle\in R\wedge x\ne y\rightarrow\langle y,x\rangle\notin R)$。

例 4.14　试判断例4.13中的几个二元关系中哪些是对称关系,哪些是反对称关系。

解：关系R_2和R_3是对称的,因为在这两个关系中,只要$\langle x,y\rangle$属于关系就有$\langle y,x\rangle$也属于关系。

关系R_4,R_5,R_6是反对称的。因为在这些关系中对任意的序对$\langle x,y\rangle$,若$x\ne y$,则找不到序对$\langle y,x\rangle$。

而关系R_1既不是对称的,又不是反对称的。因为$\langle 1,2\rangle\in R_1$且$\langle 2,1\rangle\in R_1$,而$1\ne 2$,故不是反对称的,又$\langle 3,4\rangle\in R_1$,而$\langle 4,3\rangle\notin R_1$,故不是对称的。

对称关系在关系图上的特征表现为两个不相同的结点之间若存在一条边,则必有存在方向相反的另一条边。

对称关系的关系矩阵是对称矩阵。

反对称关系在关系图上的特征表现为两个不相同的结点之间若存在一条边,且仅存在一条边。

4.3.3 传递关系

定义 4.13 令 R 是 A 上的二元关系,对于 A 中任意的 x, y, z,若 $\langle x,y \rangle \in R$,且 $\langle y,z \rangle \in R$,则 $\langle x,z \rangle \in R$,则称 R 具有传递性(或称 R 是传递关系)。

R 是 A 上的传递关系 $\Leftrightarrow \forall x \forall y \forall z(\langle x,y \rangle \in R \wedge \langle y,z \rangle \in R \rightarrow \langle x,z \rangle \in R)$。

例 4.15 试判断例 4.13 中哪几个关系是传递关系。

解: R_4, R_5, R_6 是传递的。对这些关系可以证明,若 $\langle x,y \rangle$ 和 $\langle y,z \rangle$ 属于一个关系,则 $\langle x,z \rangle$ 也属于这个关系,例如 R_4 是传递的,因为 R_4 中只有 $\langle 3,2 \rangle$ 和 $\langle 2,1 \rangle$,$\langle 4,2 \rangle$ 和 $\langle 2,1 \rangle$,$\langle 4,3 \rangle$ 和 $\langle 3,1 \rangle$ 以及 $\langle 4,3 \rangle$ 和 $\langle 3,2 \rangle$ 是这样的有序对,而 $\langle 3,1 \rangle$ $\langle 4,1 \rangle$ 和 $\langle 4,2 \rangle$ 属于 R_4。

同理可证 R_5 是传递的。

R_6 虽然只有一个序对,但它没有违反传递性的规则,故也是传递的。

R_1 不是传递的。因为 $\langle 4,1 \rangle \in R_1 \wedge \langle 1,2 \rangle \in R_1$,而 $\langle 4,2 \rangle \notin R_1$。

R_2 不是传递的,因为 $\langle 2,1 \rangle \in R_2 \wedge \langle 1,2 \rangle \in R_2$,而 $\langle 2,2 \rangle \notin R_2$。

R_3 不是传递的,因为 $\langle 4,1 \rangle \in R_3 \wedge \langle 1,2 \rangle \in R_3$,而 $\langle 4,2 \rangle \notin R_3$。

传递关系在关系图上特征表现为如果结点 u 到 v 有边,v 到 w 有边,则必有从 u 到 w 的边。

综上所述,判断一个 A 上的二元关系具有哪些性质,可以从定义出发,或者观察关系的关系图和关系矩阵。对于一些简单的特征明显的关系是容易判断的,然而如何判断任意一个关系具有哪些性质呢?下面给出判断的形式化表示。

定理 4.6 设 R 是 A 上的二元关系,则

(1) R 是自反关系 $\Leftrightarrow I_A \subseteq R$。

(2) R 是反自反关系 $\Leftrightarrow I_A \cap R = \varnothing$。

(3) R 是对称关系 $\Leftrightarrow R = R^{-1}$。

(4) R 是反对称关系 $\Leftrightarrow R \cap R^{-1} \subseteq I_A$。

(5) R 是传递关系 $\Leftrightarrow R^2 \subseteq R$。

证明略。

例 4.16 利用定理 4.6 判断例 4.13 中各关系具有的性质。

解: R_1 5 种性质都不具备,原因如下。

(1) $\langle 3,3 \rangle \in I_A$,而 $\langle 3,3 \rangle \notin R_1$,所以 $I_A \nsubseteq R_1$,故 R_1 不具有自反性。

(2) $I_A \cap R_1 = \{\langle 1,1 \rangle, \langle 2,2 \rangle, \langle 4,4 \rangle\} \neq \varnothing$,故 R_1 不具有反自反性。

(3) $R_1 \neq R_1^{-1}$,故 R_1 不是对称的。

(4) $R_1 \cap R_1^{-1} = \{\langle 1,1 \rangle, \langle 1,2 \rangle, \langle 2,1 \rangle, \langle 2,2 \rangle, \langle 4,4 \rangle\} \nsubseteq I_A$,故 R_1 不是反对称的。

(5) $R_1^2 = \{\langle 1,1 \rangle, \langle 1,2 \rangle, \langle 2,1 \rangle, \langle 2,2 \rangle, \langle 3,1 \rangle, \langle 3,4 \rangle, \langle 4,1 \rangle, \langle 4,2 \rangle, \langle 4,4 \rangle\} \nsubseteq R^1$,故 R_1 不是传递的。

同理可以判断:

R_2 是对称的,不是自反的、反自反的、反对称的、传递的;

R_3 是自反的、对称的,不是反自反的、反对称的、传递的;

R_4 是反自反的、反对称的、传递的,不是自反的、对称的;

R_5 是自反的、反对称的、传递的,不是反自反的、对称的;

R_6 是反自反的、反对称的、传递的,不是自反的、对称的。

例 4.17 判断下面整数集合上的关系具有哪些性质。

$R_1 = \{\langle x,y \rangle | x \leqslant y\}$;

$R_2 = \{\langle x,y \rangle | x > y\}$;

$R_3 = \{\langle x,y \rangle | x=y \text{ 或 } x=-y\}$;

$R_4 = \{\langle x,y \rangle | x=y\}$;

$R_5 = \{\langle x,y \rangle | x=y+1\}$;

$R_6 = \{\langle x,y \rangle | x+y \leqslant 3\}$。

解:(1) R_1,R_3,R_4 具有自反性。因为对于任意的整数 x,$\langle x,x \rangle$ 都属于这些关系。

(2) R_2,R_5 具有反自反性。因为这些关系不包含形如 $\langle x,x \rangle$ 的序对。

(3) R_3,R_4,R_6 具有对称性。因为

$R_3^{-1} = \{\langle y,x \rangle | x=y \text{ 或 } x=-y\} = R_3$;

$R_4^{-1} = \{\langle y,x \rangle | x=y\} = R_4$;

$R_6^{-1} = \{\langle y,x \rangle | x+y \leqslant 3\} = R_6$。

(4) R_1,R_2,R_4,R_5 具有反对称性。

R_1 是反对称的,因为不等式 $x \leqslant y$ 和 $y \leqslant x$ 推出 $x=y$。

R_2 是反对称的,因为 $x < y$ 和 $y < x$ 是不可能同时成立的。

R_4 是反对称的,因为 $x=y$ 和 $y=x$ 推出 $x=y$。

R_5 是反对称的,因为 $x=y+1$ 和 $y=x+1$ 是不可能的。

(5) R_1,R_2,R_3,R_4 是传递的。

R_1 是传递的,因为 $x \leqslant y$ 和 $y \leqslant z$ 推出 $x \leqslant z$。

R_2 是传递的,因为 $x > y$ 和 $y > z$ 推出 $x > z$。

R_3 是传递的,因为 $|x|=|y|$ 和 $|y|=|z|$,推出 $|x|=|z|$。

R_4 是传递的,因为 $x=y$ 和 $y=z$,推出 $x=z$。

R_5 不是传递的,因为 $x=y+1$ 和 $y=z+1$,推出 $x=z+2 \neq z+1$。

R_6 不是传递的,因为 $\langle 2,1 \rangle \in R_6$ 且 $\langle 1,2 \rangle \in R_6$,而 $\langle 2,2 \rangle \notin R_6$。

例 4.17 中,R_4 既是对称的又是反对称的,说明对称和反对称之间不是互斥的。

可以判断:

(1) 任何集合上的相等关系是自反的、对称的、反对称的、传递的。

(2) 实数集合上的"$\leqslant$"关系,整数集上的整除关系,集合集上的"$\subseteq$"关系是自反的、反对称的、传递的。

(3) 非空集合上的空关系是反自反的、对称的、反对称的、传递的。

(4) 非空集合上的全域关系 E_A 是自反的、对称的、传递的。

4.4 n元关系及其应用

本节将研究 2 个以上集合之间的关系,这种关系叫 n 元关系。在关系数据库系统中有着广泛的应用。

定义 4.14 设 $A_1, A_2, \cdots, A_n$ 是集合,则称笛卡儿积 $A_1 \times A_2 \times \cdots \times A_n$ 的子集为 n 元关系,即 $R \subseteq A_1 \times A_2 \times \cdots \times A_n$。$A_1, A_2, \cdots, A_n$ 为 n 元关系 R 的域,n 叫作它的阶。若 $a_1 \in A_1, a_2 \in A_2, \cdots, a_n \in A_n$,称 $(a_1, a_2, \cdots, a_n)$ 为 n 元组(n-tuple)。

例 4.18 设 R 是由 3 元组 (a,b,c) 构成的关系,其中 a,b,c 是满足 $a < b < c$ 的整数,那么 $(1,2,3) \in R$,但 $(1,3,2) \notin R$,这个关系的阶为 3,它的 3 个域都为整数集合。

例 4.19 设 R 是由 4 元组 (N,S,D,T) 构成的表示火车班次的关系。其中,N 是车次号,S 是始点站,D 是终点站,T 是发车时间。例如,5108 次从温州到杭州,发车时间为 22：40,则 $(5108,温州,杭州,22：40)$ 属于 R,这个关系的阶是 4,它的域是车次号的集合、城市的集合、时间的集合。

关系数据模型在数据库技术中占据重要的地位,现在商品化的数据库系统几乎都是基于关系数据模型的。

在关系数据模型中,数据库由表构成,表由记录组成,这些记录是由字段构成的 n 元组的数据项。例如,表示车次信息的列车时刻表可以由包含车次、车种、起点站、终点站、发车时间等字段构成,关系数据模型把下列时刻表表示成一个 n 元关系,则车次信息记录可被表示成形如车次、车种、起点站、终点站、发车时间的 5 元组。例如,现有 6 条记录的样本:

(5104,普通快车,温州,杭州,7:20);

(K102,快速列车,温州,北京,8:00);

(5056,普通快车,温州,南京,16:40);

(T746,直通特快,宁波,上海,15:10);

(Z10,直达快车,杭州,北京,18:03);

(5152,临时客车,上海,阜阳,0:14)。

则通常将这些记录的集合用一张二维表给出,如表 4.1 所示。

表 4.1 火车车次表

车次	车种	起点站	终点站	发车时间
5104	普通快车	温州	杭州	7：20
K102	快速列车	温州	北京	8：00
5056	普通快车	温州	南京	16：40
T746	直通特快	宁波	上海	15：10
Z10	直达快车	杭州	北京	18：03
5152	临时客车	上海	阜阳	0：14

n 元关系表示成一张二维表,表的每行对应一个 n 元组。表的每列对应一个域。由于域可以相同(如表 4.1 中的第 3,4 列),为了加以区分,必须对每列起一个名字,称为属性。n 元关系必有 n 种属性。

若关系中的某属性组的值能唯一地标识一个元组,则称该属性组为候选码。若一个关系有多个候选码,则选定其中一个为主码。

例如,表4.1的n元关系,若是不增加n元组的情况下,属性车次可以作为主码。属性组(起点站,终点站)也可以作为主码,因为表中没有二个元组该属性组的值是相同的。若再增加一些元组,如(5108,普通快车,温州,杭州,10:40),则该属性组不可以作为主码,此时只能选择车次作为主码,因为车次总是唯一的。

可以用各种n元关系上的运算构造新的n元关系,n元关系的主要运算有选择、投影、连接,这些运算是所有关系运算的基础,在关系数据库理论中占有重要的地位。

定义 4.15 选择$S_F(R)$表示选择R中的一些满足F的元组组成一个新的关系。即

$$S_F(R) = \{t \mid F(t) \wedge t \in R\}$$

例 4.20 若n元关系R由表4.1所示,则$S_{车种="普通快车"}(R)$表示选择车种为"普通快车"的元组,结果如表4.2所示。

表 4.2 普通快车车次表

车次	车种	起点站	终点站	发车时间
5104	普通快车	温州	杭州	7:20
5056	普通快车	温州	南京	16:40

$S_{起点站="温州" \wedge 终点站="杭州"}(R)$表示选择起点站为温州,终点站为杭州的所有元组,结果如表4.3所示。

表 4.3 起点站为温州,终点站为杭州的车次表

车次	车种	起点站	终点站	发车时间
5104	普通快车	温州	杭州	7:20

定义 4.16 投影$P_{i_1,i_2,\cdots,i_m}(R)$是将$n$元组$(a_1,a_2,\cdots,a_n)$映射到$m$元组$(a_{i_1},a_{i_2},\cdots,a_{i_m})$,其中$m \leqslant n$。

$$P_{i_1,i_2,\cdots,i_m}(R) = \{t[i_1,i_2,\cdots,i_m] \mid t \in R\}$$

即投影运算是保留指定的m列,删除$n-m$列。

例 4.21 若n元关系R由表4.1所示,则$P_{1,3,4}(R)$表示保留第1,3,4列,结果如表4.4所示。

表 4.4 只保留第1,3,4列的火车车次表

车次	起点站	终点站
5104	温州	杭州
K102	温州	北京
5056	温州	南京
T746	宁波	上海
Z10	杭州	北京
5152	上海	阜阳

当一个投影被施用到一个关系上时,有可能使表中的行变少。当关系中的某些 n 元组在投影的 m 个属性中对应的每个属性的值都相同,而只在被投影删除的属性中有不同的值时,就会出现这种情况。

例 4.22 在表 4.1 所示的关系中增加一个元组(5108,普通快车,温州,杭州,10:40),此时对关系做 $P_{3,4}(R)$ 投影操作,则仅得到含有 6 个元组的关系,而不是含有 7 个元组的关系。

定义 4.17 设 R 是 m 阶关系,S 是 n 阶关系,两个关系的连接操作 $J_F(R,S)$ 将生成一个不超过 $m+n$ 阶的新关系,其每个元组的属性分别来自于 R 的属性和 S 的属性,且满足条件 F:

$$J_F(R,S) = \{\overline{t_r t_s} \mid F(t_r,t_s) \wedge t_r \in R \wedge t_s \in S\}$$

其中,记录 $\overline{t_r t_s}$ 由 R 中的记录与 S 中的记录连接而成,去掉重复的属性。

例 4.23 若 R 如表 4.5 所示,S 如表 4.6 所示。

表 4.5 各车次的起点站和终点站

车次	车种	起点站	终点站
5104	普通快车	温州	杭州
K102	快速列车	温州	北京
5056	普通快车	温州	南京
T746	直通特快	宁波	上海
Z10	直达快车	杭州	北京
5152	临时客车	上海	阜阳

表 4.6 各车次的发车时间和到达时间

车次	车种	发车时间	到达时间
5104	普通快车	7:20	15:43
K102	快速列车	8:00	次日 14:10
5056	普通快车	16:40	次日 10:30
T746	直通特快	15:10	18:40
Z10	直达快车	18:03	次日 7:33
5152	临时客车	0:14	11:30

则连接操作 $J_{R(车次)=S(车次)}(R,S)$ 的结果如表 4.7 所示。

表 4.7 连接后的火车车次表

车次	车种	起点站	终点站	发车时间	到达时间
5104	普通快车	温州	杭州	7:20	15:43
K102	快速列车	温州	北京	8:00	次日 14:10
5056	普通快车	温州	南京	16:40	次日 10:30
T746	直通特快	宁波	上海	15:10	18:40
Z10	直达快车	杭州	北京	18:03	次日 7:33
5152	临时客车	上海	阜阳	0:14	11:30

4.5　关系的闭包

在实际应用中,有时会遇到这样的问题,某一个关系并不具有某种特性(如自反性、对称性、传递性),但需要对它进行扩充,使它具有这种特性,而且所进行的扩充又要求是最经济的(即增加尽可能少的序对),这种关系的扩充正是本节要讨论的关系闭包。

4.5.1　闭包的概念和求法

定义 4.18　设 R 是非空集合 A 上的二元关系,R 的自反闭包(对称闭包或传递闭包)是 A 上的二元关系 R',且 R' 满足以下条件。

(1) R' 是自反的(对称的、传递的)。

(2) $R \subseteq R'$。

(3) R' 是满足(1),(2)的最小者。即若存在 R'' 且 R'' 是包含 R 的自反关系(对称关系或传递关系),则都有 $R' \subseteq R''$。

一般将 R 的自反闭包记为 $r(R)$,对称闭包记为 $s(R)$,传递闭包记为 $t(R)$。

例 4.24　设 $A = \{a, b, c, d\}$,$R = \{\langle a, a \rangle, \langle a, b \rangle, \langle b, a \rangle, \langle b, c \rangle, \langle c, d \rangle\}$,求 $r(R), s(R), t(R)$。

解：(1) 关系 R 不是自反的。如何产生一个包含 R 的尽可能小的自反关系呢? 显然,可以通过把 $\langle b, b \rangle, \langle c, c \rangle, \langle d, d \rangle$ 加到 R 中来做到。因为只有它们是不在 R 中的形如 $\langle x, x \rangle$ 的序对。此时产生的新关系 $R' = \{\langle a, a \rangle, \langle a, b \rangle, \langle b, a \rangle, \langle b, b \rangle, \langle b, c \rangle, \langle c, c \rangle, \langle c, d \rangle, \langle d, d \rangle\}$ 包含 R,此外,任何包含 R 的自反关系 R'' 必须包含 $\langle b, b \rangle, \langle c, c \rangle, \langle d, d \rangle$,故 $R' \subseteq R''$,所以 R' 是 R 的自反闭包。

(2) 关系 R 不是对称的。如何产生一个包含 R 的尽可能小的对称关系呢? 显然,可以通过增加 $\langle c, b \rangle, \langle d, c \rangle$ 到 R 中来做到。因为只有它们是具有 $\langle x, y \rangle \in R$ 而 $\langle y, x \rangle \notin R$ 的那种序对。此时产生的新关系 $R' = \{\langle a, a \rangle, \langle a, b \rangle, \langle b, a \rangle, \langle b, c \rangle, \langle c, b \rangle, \langle c, d \rangle, \langle d, c \rangle\}$ 是包含 R 的对称关系。容易验证它就是 R 的对称闭包。

(3) 关系 R 不是传递的。如何产生一个包含 R 的尽可能小的对称关系呢? 对于已经在 R 中的任意的 $\langle x, y \rangle, \langle y, z \rangle$,是否可以通过增加形如 $\langle x, z \rangle$ 来构成 R 的传递闭包呢? 本例中增加 $\langle a, c \rangle, \langle b, b \rangle, \langle b, d \rangle$ 序对,得到的关系 $\{\langle a, a \rangle, \langle a, b \rangle, \langle a, c \rangle, \langle b, a \rangle, \langle b, b \rangle, \langle b, d \rangle, \langle c, d \rangle\}$ 并不是传递的。因此,构造传递闭包比较复杂,必须重复这个过程来得到,此时再增加 $\langle a, d \rangle$ 序列,直到没有必须增加的有序对为止。此时得到的新关系 $R' = \{\langle a, a \rangle, \langle a, b \rangle, \langle a, c \rangle, \langle a, d \rangle, \langle b, a \rangle, \langle b, b \rangle, \langle b, c \rangle, \langle b, d \rangle, \langle c, d \rangle\}$ 是 R 的传递闭包。

通过例 4.24,得到如下定理。

定理 4.7　设 R 为非空集合 A 上的二元关系,则有

(1) $r(R) = R \cup I_A$。

(2) $s(R) = R \cup R^{-1}$。

(3) $t(R) = R \cup R^2 \cup R^3 \cup \cdots = \bigcup_{k=1}^{\infty} R^k$。

证明：（1），（2）是容易证明的，这里仅证明（3）。

先证明 $R \cup R^2 \cup R^3 \cup \cdots \subseteq t(R)$。用数学归纳法来证明。

① 当 $n=1$ 时，显然 $R \subseteq t(R)$。

② 假设 $n=k$ 时，$R^k \subseteq t(R)$。

因为 $R^{k+1}=R^k \circ R$。

对于任意的 $\langle x,y \rangle \in R^{k+1}$，可做如下推导。

$$\exists z(\langle x,z \rangle \in R \wedge \langle z,y \rangle \in R^k)$$
$$\Rightarrow \exists z(\langle x,z \rangle \in t(R) \wedge \langle z,y \rangle \in t(R))$$
$$\Rightarrow \langle x,y \rangle \in t(R)$$

所以 $R^{k+1} \subseteq t(R)$。

由归纳法知，对于任意的正整数 i，$R^i \subseteq t(R)$，则 $R \cup R^2 \cup R^3 \cup \cdots \subseteq t(R)$。

再证 $t(R) \subseteq R \cup R^2 \cup R^3 \cup \cdots$。

只要证明 $R \cup R^2 \cup R^3 \cup \cdots$ 是传递关系即可。

对于任意的 $\langle x,y \rangle$，$\langle y,z \rangle$，若 $\langle x,y \rangle \in R \cup R^2 \cup R^3 \cup \cdots$ 且 $\langle y,z \rangle \in R \cup R^2 \cup \cdots$，则必有在整数 m,n 使得

$$\langle x,y \rangle \in R^m \quad 且 \quad \langle y,z \rangle \in R^n$$

则 $\langle x,z \rangle \in R^n \circ R^m = R^{n+m} \subseteq R \cup R^2 \cup R^3 \cdots$。

故关系 $R \cup R^2 \cup R^3 \cup \cdots$ 是传递的。

即 $t(R) \subseteq R \cup R^2 \cup R^3 \cup \cdots$。

综上所述，$t(R)=R \cup R^2 \cup R_3 \cup \cdots$，即证。

若 R,S 都是传递的关系，$R \circ S$ 不一定具有传递性，所以 $R^2,R^3,\cdots,R^n$ 不一定具有传递性，但 $\bigcup\limits_{k=1}^{\infty} R^k = t(R)$ 一定具有传递性。

对于一般集合 A 上的二元关系 R，求 R 的传递闭包要做无限次的并运算，十分麻烦。但当 A 为有限集时，情况就不同了，只要做有限次的并运算即可，有如下推论。

推论 4.1 设 A 是元数为 n 的集合，R 是 A 上的二元关系，则

$$t(R) = R \cup R^2 \cup \cdots \cup R^n$$

证明：（1）$\bigcup\limits_{k=1}^{n} R^k \subseteq t(R)$ 是显然的。

（2）证明 $t(R) \subseteq \bigcup\limits_{k=1}^{n} R^k$。

对于任意的 $\langle x,y \rangle \in t(R) = \bigcup\limits_{k=1}^{\infty} R^k$。

令 k_0 为"使 $\langle x,y \rangle \in R^k$ 的最小 k 值"，现证明 $k_0 \leqslant n$。

用反证法。若 $k_0 > n$，则有 k_0 个 A 中元素 $u_1,u_2,\cdots,u_{k_0}(=y)$，使得 $\langle x,u_1 \rangle \in R$，$\langle u_1,u_2 \rangle \in R$，$\cdots$，$\langle u_{k_0-1},y \rangle \in R$，因为 A 中只有 n 个不同的元素，因此这 k_0 个元素中至少有 2 个是相同的（鸽巢原理），不妨设 $u_i=u_j(i<j)$，于是由 $\langle x,u_1 \rangle \in R$，$\langle u_1,u_2 \rangle \in R$，$\cdots$，$\langle u_{i-1},u_i \rangle \in R$，$\langle u_j,u_{j+1} \rangle \in R$，$\cdots$，$\langle u_{k_0-1},y \rangle \in R$ 得到 $\langle x,y \rangle \in R^{k_0-(j-i)}$，这与 k_0 的最小性矛盾。

故 $k_0 \leqslant n$ 得 $\bigcup\limits_{k=1}^{\infty} R^k \subseteq \bigcup\limits_{k=1}^{n} R^k$，即证。

根据定理 4.7 和推论 4.1，可以利用关系图和关系矩阵求有限集 A 上的二元关系的各种闭包。

下面给出用关系矩阵求闭包的方法，如何用关系图求闭包请读者自己总结。

设 R 是元数为 n 的集合 A 上的二元关系，则

(1) $\boldsymbol{M}_{r(R)} = \boldsymbol{M}_R \vee \boldsymbol{I}_n$。

(2) $\boldsymbol{M}_{s(R)} = \boldsymbol{M}_R \vee \boldsymbol{M}_R^T$。

(3) $\boldsymbol{M}_{t(R)} = \boldsymbol{M}_R \vee \boldsymbol{M}_{R^2} \vee \cdots \vee \boldsymbol{M}_{R^n}$。

其中，$\boldsymbol{I}_n$ 为 n 阶单位阵，矩阵的"$\vee$"运算为对应元素进行"逻辑或"。

例 4.25　求解例 4.24 中关系 R 的自反闭包、对称闭包、传递闭包的关系矩阵。

解：

$$\boldsymbol{M}_R = \begin{bmatrix} 1 & 1 & 0 & 0 \\ 1 & 0 & 1 & 0 \\ 0 & 0 & 0 & 1 \\ 0 & 0 & 0 & 0 \end{bmatrix}$$

$$\boldsymbol{M}_{r(R)} = \begin{bmatrix} 1 & 1 & 0 & 0 \\ 1 & 0 & 1 & 0 \\ 0 & 0 & 0 & 1 \\ 0 & 0 & 0 & 0 \end{bmatrix} \vee \begin{bmatrix} 1 & 0 & 0 & 0 \\ 0 & 1 & 0 & 0 \\ 0 & 0 & 1 & 0 \\ 0 & 0 & 0 & 1 \end{bmatrix} = \begin{bmatrix} 1 & 1 & 0 & 0 \\ 1 & 1 & 1 & 0 \\ 0 & 0 & 1 & 1 \\ 0 & 0 & 0 & 1 \end{bmatrix}$$

$$\boldsymbol{M}_{s(R)} = \begin{bmatrix} 1 & 1 & 0 & 0 \\ 1 & 0 & 1 & 0 \\ 0 & 0 & 0 & 1 \\ 0 & 0 & 0 & 0 \end{bmatrix} \vee \begin{bmatrix} 1 & 1 & 0 & 0 \\ 1 & 0 & 0 & 0 \\ 0 & 1 & 0 & 0 \\ 0 & 0 & 1 & 0 \end{bmatrix} = \begin{bmatrix} 1 & 1 & 0 & 0 \\ 1 & 0 & 1 & 0 \\ 0 & 1 & 0 & 1 \\ 0 & 0 & 1 & 0 \end{bmatrix}$$

$$\boldsymbol{M}_{R^2} = \boldsymbol{M}_R \times \boldsymbol{M}_R = \begin{bmatrix} 1 & 1 & 0 & 0 \\ 1 & 0 & 1 & 0 \\ 0 & 0 & 0 & 1 \\ 0 & 0 & 0 & 0 \end{bmatrix} \begin{bmatrix} 1 & 1 & 0 & 0 \\ 1 & 0 & 1 & 0 \\ 0 & 0 & 0 & 1 \\ 0 & 0 & 0 & 0 \end{bmatrix} = \begin{bmatrix} 1 & 1 & 1 & 0 \\ 1 & 1 & 0 & 1 \\ 0 & 0 & 0 & 0 \\ 0 & 0 & 0 & 0 \end{bmatrix}$$

$$\boldsymbol{M}_{R^3} = \boldsymbol{M}_R \times \boldsymbol{M}_{R^2} = \begin{bmatrix} 1 & 1 & 0 & 0 \\ 1 & 0 & 1 & 0 \\ 0 & 0 & 0 & 1 \\ 0 & 0 & 0 & 0 \end{bmatrix} \begin{bmatrix} 1 & 1 & 1 & 0 \\ 1 & 1 & 0 & 1 \\ 0 & 0 & 0 & 0 \\ 0 & 0 & 0 & 0 \end{bmatrix} = \begin{bmatrix} 1 & 1 & 1 & 1 \\ 1 & 1 & 1 & 0 \\ 0 & 0 & 0 & 0 \\ 0 & 0 & 0 & 0 \end{bmatrix}$$

$$\boldsymbol{M}_{R^4} = \boldsymbol{M}_R \times \boldsymbol{M}_{R^3} = \begin{bmatrix} 1 & 1 & 0 & 0 \\ 1 & 0 & 1 & 0 \\ 0 & 0 & 0 & 1 \\ 0 & 0 & 0 & 0 \end{bmatrix} \begin{bmatrix} 1 & 1 & 1 & 1 \\ 1 & 1 & 1 & 0 \\ 0 & 0 & 0 & 0 \\ 0 & 0 & 0 & 0 \end{bmatrix} = \begin{bmatrix} 1 & 1 & 1 & 1 \\ 1 & 1 & 1 & 1 \\ 0 & 0 & 0 & 0 \\ 0 & 0 & 0 & 0 \end{bmatrix}$$

$$M_{t(R)} = M_R \vee M_{R^2} \vee M_{R^3} \vee M_{R^4} = \begin{bmatrix} 1 & 1 & 1 & 1 \\ 1 & 1 & 1 & 1 \\ 0 & 0 & 0 & 1 \\ 0 & 0 & 0 & 0 \end{bmatrix}$$

求传递闭包的过程可以用以下算法来完成。

```
Matrix transitiveclosure (Matrix M_R)
{
    A = M_R;
    B = A;
    for(i = 2;i <= n;i++)
    {
        A = M_R * A;
        B = B∨A;
    }
    return B;        //此时 B 即为 t(R)对应的关系矩阵
}
```

已经知道求矩阵乘积的算法的时间复杂度为 $O(n^3)$,故该算法的时间复杂度为 $O(n^4)$。下面给出比该算法更有效的求传递闭包的算法。

4.5.2 Warshall 算法

Warshall 算法是由 Stephen Warshall 于 1960 年给出的,有时也叫 Roy-Warshall 算法,因为 1959 年 B. Roy 同样也描述了该算法,它是求传递闭包的有效算法。

设 A 是 n 元集合,A 的元素分别用 $v_0, v_1, \cdots, v_{n-1}$ 表示。

Warshall 算法的基本思想是构造 $W_0(=M_R), W_1, \cdots, W_n(=M_{t(R)})$ 的矩阵序列。其中 $W_k = (w_{ij}^{(k)})$ 中 $w_{ij}^{(k)}$ 的含义是是否存在一条从 v_i 到 v_j 的允许经过 $v_0, v_1, \cdots, v_{k-1}$ 中的一些结点的通路。

$$w_{ij}^{(k)} = \begin{cases} 0, & \text{表示不存在上述道路} \\ 1, & \text{表示存在上述通路} \end{cases}$$

显然 $W_0 = M_R = (w_{ij}^{(0)})_{n \times n}$ 中 $w_{ij}^{(0)}$ 的含义为从 v_i 到 v_j 是否存在一条不经过任何中间结点的通路。

下面给出生成矩阵序列过程中的第 1 步和第 k 步的具体过程。

(1) 第 1 步 $W_0 \rightarrow W_1$。

① 情形 1: 若 $w_{ij}^{(0)} = 1$ 则 $w_{ij}^{(1)} = 1$。

② 情形 2: 若 $w_{ij}^{(0)} = 0$,即 v_i 到 v_j 无直接边相连,考虑将 v_0 作为中间结点;若存在边 $\langle v_i, v_0 \rangle, \langle v_0, v_j \rangle$,则有通路 $v_i \rightarrow v_0 \rightarrow v_j$,故 $w_{ij}^{(1)} = 1$,否则 $w_{ij}^{(1)} = 0$,如图 4.4 所示。

得到 $w_{ij}^{(1)} = w_{ij}^{(0)} \vee (w_{i0}^{(0)} \wedge w_{0j}^{(0)})$。

(2) 第 k 步 $W_{k-1} \rightarrow W_k$。

① 情形 1: 若 $w_{ij}^{(k-1)} = 1$,则 $w_{ij}^{(k)} = 1$。

② 情形 2: 若 $w_{ij}^{(k-1)} = 0$,即考虑将 $v_0, v_1, \cdots, v_{k-2}$ 作为中间结点时不存在 v_i 到 v_j 的通路,此时应考虑再加一个 v_{k-1} 作为中间结点,此时若同时存在二条 v_i 到 v_{k-1} 和 v_{k-1} 到 v_j 的将 $v_0, v_1, \cdots, v_{k-2}$ 作为

图 4.4 通路 $v_i \rightarrow v_0 \rightarrow$ v_j 示意图

中间结点的通路,如图 4.5 所示,则存在通路 $v_i \to \cdots \to v_{k-1} \to \cdots \to v_j$。

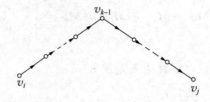

图 4.5 $v_i \to \cdots \to v_{k-1} \to \cdots \to v_j$ 示意图

故 $w_{ij}^{(k)}=1$,否则 $w_{ij}^{(k)}=0$。

得到 $w_{ij}^{(k)}=w_{ij}^{(k-1)} \bigvee (w_{ik-1}^{(k-1)} \bigwedge w_{k-1j}^{(k-1)})$。

例 4.26   用 Warshall 算法求例 4.24 中 R 的传递闭包。

解:

$$W_0 = \begin{bmatrix} 1 & 1 & 0 & 0 \\ 1 & 0 & 1 & 0 \\ 0 & 0 & 0 & 1 \\ 0 & 0 & 0 & 0 \end{bmatrix}, \quad W_1 = \begin{bmatrix} 1 & 1 & 0 & 0 \\ 1 & 1 & 1 & 0 \\ 0 & 0 & 0 & 1 \\ 0 & 0 & 0 & 0 \end{bmatrix}, \quad W_2 = \begin{bmatrix} 1 & 1 & 1 & 0 \\ 1 & 1 & 1 & 0 \\ 0 & 0 & 0 & 1 \\ 0 & 0 & 0 & 0 \end{bmatrix},$$

$$W_3 = \begin{bmatrix} 1 & 1 & 1 & 1 \\ 1 & 1 & 1 & 1 \\ 0 & 0 & 0 & 1 \\ 0 & 0 & 0 & 0 \end{bmatrix}, \quad W_4 = \begin{bmatrix} 1 & 1 & 1 & 1 \\ 1 & 1 & 1 & 1 \\ 0 & 0 & 0 & 1 \\ 0 & 0 & 0 & 0 \end{bmatrix} = M_{t(R)}$$

下面为 Warshall 算法的伪码:

```
Matrix    Warshall(Matrix  M_R)
{
W = M_R;
    for(k = 0;k < n;k++)
        for(i = 0;i < n;i++)
            for(j = 0;j < n;j++)
                w_ij = w_ij ∨ (w_ik ∧ w_kj);
    return W;
}
```

Warshall 算法中用了一个三重循环,其时间复杂度为 $O(n^3)$。

4.6   等价关系

等价关系是一类重要的关系,它与集合的分类有密切的联系。

4.6.1   等价关系与等价类

定义 4.19   设 R 是集合 A 上的二元关系,若 R 有自反性、对称性和传递性,则 R 是等价关系。若 $\langle x,y \rangle \in$ 等价关系 R,则记为 $x \sim y$。

例 4.27

(1) 一群人的年龄相等关系是等价关系,朋友关系不一定是等价关系。

(2) 具有相同种属的动物是等价关系。

(3) 三角形之间的相似关系、全等关系是等价关系。

(4) 集合上的恒等关系、全域关系是等价关系。

例 4.28 证明英文单词之间的等长关系是等价关系。

证明:设 α,β,γ 为任意的英文单词,$l(\alpha)$ 为单词 α 长度(所含字符的个数)。单词之间的等长关系表示为:$R=\{\langle\alpha,\beta\rangle\mid l(\alpha)=l(\beta)\}$。

(1) $l(\alpha)=l(\alpha)$,故 R 是自反的。

(2) 若 $l(\alpha)=l(\beta)$,则 $l(\beta)=l(\alpha)$,故 R 是对称的。

(3) 若 $l(\alpha)=l(\beta)$ 且 $l(\beta)=l(\gamma)$,则 $l(\alpha)=l(\gamma)$,故 R 是传递的。所以 R 是等价关系。

设 A 为整数集合,则 A 上的模 $m(\geqslant 1)$ 同余关系 $R=\{\langle x,y\rangle\mid x\equiv y(\bmod\ m)\}$ 是等价关系。

例 4.29 若 $A=\{1,2,3,4,5,6,7,8\}$,则 A 上的模 3 同余关系 $R=\{\langle x,y\rangle\mid x\equiv y(\bmod\ 3)\}$ 为 $R=\{\langle 1,1\rangle,\langle 1,4\rangle,\langle 1,7\rangle,\langle 2,2\rangle,\langle 2,5\rangle,\langle 2,8\rangle,\langle 3,3\rangle,\langle 3,6\rangle,\langle 4,1\rangle,\langle 4,4\rangle,\langle 4,7\rangle,\langle 5,2\rangle,\langle 5,5\rangle,\langle 5,8\rangle,\langle 6,3\rangle,\langle 6,6\rangle,\langle 7,1\rangle,\langle 7,4\rangle,\langle 7,7\rangle,\langle 8,2\rangle,\langle 8,5\rangle,\langle 8,8\rangle\}$。

其关系图如图 4.6 所示。

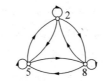

图 4.6 A 上的模 3 同余关系

从关系图 4.6 可以看出该关系将 A 分为同余的 3 个子集,分别为 $A_0=\{3,6\}$,$A_1=\{1,4,7\}$,$A_2=\{2,5,8\}$,它们中的元素除以 3 余数分别为 0,1,2,称集合 A 的这些子集为 R 的一个等价类。

定义 4.20 设 R 是集合 A 上的等价关系,对任意 $x\in A$,令 $[x]_R=\{y\mid\langle x,y\rangle\in R\}$,则称 $[x]_R$ 为 x 关于 R 的等价类,简记为 $[x]$。

例 4.29 中,$[1]=[4]=[7]=\{1,4,7\}$;

$[2]=[5]=[8]=\{2,5,8\}$;

$[3]=[6]=\{3,6\}$。

关于等价类,具有下面的性质。

定理 4.8 设 R 是非空集合 A 上的等价关系,对任意的 $x,y\in A$,有以下结论。

(1) $[x]\neq\varnothing$ 且 $[x]\subseteq A$。

(2) 若 $\langle x,y\rangle\in R$,则 $[x]=[y]$。

(3) 若 $\langle x,y\rangle\notin R$,则 $[x]\bigcap[y]=\varnothing$。

(4) $\bigcup_{x\in A}[x]=A$。

请读者自己给出证明。

4.6.2　等价关系与划分

定义 4.21　设 A 是非空集合,如果存在一个 A 的子集族 π($\pi \subseteq P(A)$),满足下列条件。

(1) $\varnothing \notin \pi$。

(2) π 中任意两个元素不交。

(3) π 中所有元素的并集等于 A,则称 π 为 A 的一个划分(分类),且称 π 中的元素为划分块,如图 4.7 所示。

例 4.30　设 $A=\{a,b,c,d\}$,判断下面子集族是否为 A 的划分。

(1) $\pi_1=\{\{a\},\{b,c\},\{d\}\}$。

(2) $\pi_2=\{\{a,b,c,d\}\}$。

(3) $\pi_3=\{\{a,b\},\{c\},\{a,d\}\}$。

(4) $\pi_4=\{\varnothing,\{a,b\},\{c,d\}\}$。

(5) $\pi_5=\{\{a\},\{b,c\}\}$。

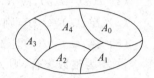

图 4.7　集合的划分

解：π_1,π_2 是关于 A 的划分,因为它们满足划分的几个条件;
π_3 不是 A 的划分,因为 $\{a,b\} \bigcap \{a,d\}=\{a\}$;$\pi_4$ 不是 A 的划分,因为 $\varnothing \in \pi_4$;π_5 不是 A 的划分,因为 $\{a\} \bigcup \{b,c\}=\{a,b,c\} \neq A$。

A 上的等价关系和 A 的划分之间存在着密切的关系。

如例 4.29 中模 3 同余关系将 A 划分为 $\{1,4,7\},\{2,5,8\},\{3,6\}$;例 4.28 中单词等长关系将单词分为一字母单词、二字母单词、三字母单词、……

那么,一个等价关系对应的划分究竟是什么?

定义 4.22　设 R 为非空集合 A 上的等价关系,以 R 的所有等价类为元素的集合称为 A 关于 R 的商集,记作 A/R。

$$A/R=\{[x]_R \mid x \in A\}$$

例 4.29 中 $A/R=\{[1]_R,[2]_R,\cdots,[8]_R\}=\{\{1,4,7\},\{2,5,8\},\{3,6\}\}$ 是对 A 的一种划分,若将例 4.29 中 R 改为模 2 同余关系,则 $A/R=\{\{1,3,5,7\},\{2,4,6,8\}\}$ 也是对 A 的一种划分。

反之,在非空集合 A 上给定一个划分 π,若 A 上的二元关系定义为:对任何元素 x,$y \in A$,如果 x 和 y 在同一划分块中,则 $\langle x,y \rangle \in R$,那么可以证明这样定义的 R 为等价关系。

例 4.31　设 $A=\{1,2,3,4\}$,A 的划分 $\pi=\{\{1,2\},\{3,4\}\}$,则 π 对应的等价关系 $R=\{\langle 1,1 \rangle,\langle 1,2 \rangle,\langle 2,1 \rangle,\langle 2,2 \rangle,\langle 3,3 \rangle,\langle 3,4 \rangle,\langle 4,3 \rangle,\langle 4,4 \rangle\}$。

结论：

(1) 非空集合 A 上的任何一个等价关系,都对应一个关于 A 的划分 π 且 $\pi=A/R$,称 π 为由 R 诱导的划分。

(2) 非空集合 A 的任何一个划分 $\pi=\{A_1,A_2,\cdots,A_k\}$ 都对应一个 A 上的等价关系 R,且 $R=\bigcup\limits_{i=1}^{k} A_i \times A_i$,称 R 为由 π 诱导的等价关系。

例 4.32　温州大学现有 17 个学院,共有 50 个专业,设 A 为温州大学全体学生的集合,定义 A 上的关系:

$$R_1=\{\langle x,y \rangle \mid x,y \text{ 在同一学院}\}$$

$$R_2 = \{\langle x, y \rangle \mid x, y \text{ 学同一专业}\}$$

则 $A/R_1 = \{\{$人文学院全体学生$\}, \{$商学院全体学生$\}, \{$计算机学院全体学生$\}, \cdots\cdots\}$ 即对应对全体学生按所属学院来划分；$A/R_2 = \{\{$汉语言文学专业全体学生$\}, \{$历史学专业全体学生$\}, \{$社会工作专业全体学生$\}, \cdots\cdots\}$，即对应对全体学生按所学专业来划分。

例 4.33 设 $A = \{1, 2, 3\}$，求出 A 上所有的等价关系。

解： $|A| = 3$，故 A 上的不同的二元关系有 512 个，若对这 512 个二元关系依次判断是否为等价关系，显然不是有效的方法。可以利用等价关系与划分之间的对应关系将该问题转换为求关于 A 的不同划分即可。

A 的不同划分如图 4.8 所示。

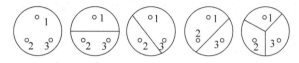

图 4.8 A 的不同划分

它的对应的等价关系分别为：
$R_1 = \{\langle 1,1\rangle, \langle 1,2\rangle, \langle 1,3\rangle, \langle 2,1\rangle, \langle 2,2\rangle, \langle 2,3\rangle, \langle 3,1\rangle, \langle 3,2\rangle, \langle 3,3\rangle\}$；
$R_2 = \{\langle 1,1\rangle, \langle 2,2\rangle, \langle 2,3\rangle, \langle 3,2\rangle, \langle 3,3\rangle\}$；
$R_3 = \{\langle 1,1\rangle, \langle 1,3\rangle, \langle 2,2\rangle, \langle 3,1\rangle, \langle 3,3\rangle\}$；
$R_4 = \{\langle 1,1\rangle, \langle 1,2\rangle, \langle 2,1\rangle, \langle 2,2\rangle, \langle 3,3\rangle\}$；
$R_5 = \{\langle 1,1\rangle, \langle 2,2\rangle, \langle 3,3\rangle\}$。

4.7 偏序关系

偏序关系是另一类重要的关系。它与集合中元素的排序有密切的联系。

4.7.1 偏序关系和哈斯图

定义 4.23 设 R 是集合 A 上的二元关系，若 R 具有自反性、反对称性和传递性，则 R 是偏序关系。若 $\langle x, y \rangle \in$ 偏序关系 R，则记 $x \leqslant y$，集合 A 与偏序关系 R 一起叫作偏序集，记作 (A, R) 或 $(A, \leqslant)$。

例 4.34 实数集或整数集上的"大于或等于"关系、"小于或等于"关系是偏序关系；正整数集上的整除关系是偏序关系；集合 A 的幂集 $P(A)$ 上的包含关系（$\subseteq$）是偏序关系。

定义 4.24 设 (A, R) 为偏序集，对于任意的 $x, y \in A$，如果 $x \leqslant y$ 或 $y \leqslant x$，则称 x 与 y 是可比的；如果既没有 $x \leqslant y$，又没有 $y \leqslant x$，则称 x 与 y 是不可比的；如果 $x < y$（即 $x \leqslant y \wedge x \neq y$），且不存在 $z \in A$，使得 $x < z < y$，则称 y 盖住 x。

在偏序集 (Z^+, R) 中，R 为整除关系，整数 2 与 3 是不可比的，因为 2 不整除 3，3 也不整除 2；整数 3 与 9 是可比的，因为 3 整除 9。

偏序（Partial Order）也就是部分有序，因为并非集合中元素都是可比的。当集合中的任何元素都是可比的，则这个偏序叫全序。

定义 4.25 设(A,R)为偏序集,若对任意的 $x,y \in A$, x 和 y 都可比,则称 R 为 A 上的全序关系,且称(A,R)为全序集。

例如,整数集上的"小于或等于"和"大于或等于"关系是全序关系,而正整数集上的整除关系不是全序关系。

对于有限的偏序集(A,R)可以用哈斯图来描述,实际上哈斯图就是简化了的关系图。

因为偏序关系是自反的,故关系图上每个结点都有环,则省略这些环;因为偏序关系是传递的,故若存在结点 a 到 b 的边和 b 到 c 的边,则必存在结点 a 到 c 的边,故可以省略 a 到 c 的边。也就是说,仅保留那些具有覆盖关系的边,即若 y 盖住 x,则画一条从 x 到 y 的边,且省略方向,用位置高低来表示,x 必须画在 y 的下方。

例 4.35 画出偏序集$(\{1,2,3,4,6,8,12,24\}, R_{整除})$和$(P(\{a,b,c\}), R_{\subseteq})$的哈斯图。

解:哈斯图如图 4.9 所示。

例 4.36 设偏序集(A,R)的哈斯图如图 4.10 所示,求出集合 A 的偏序关系 R。

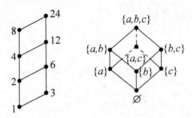

图 4.9 例 4.35 的哈斯图　　图 4.10 偏序集(A,R)的哈斯图

解:$R=\{\langle 2,2\rangle, \langle 2,4\rangle, \langle 2,10\rangle, \langle 2,12\rangle, \langle 2,20\rangle, \langle 4,4\rangle, \langle 4,12\rangle, \langle 4,20\rangle, \langle 5,5\rangle, \langle 5,10\rangle,$ $\langle 5,20\rangle, \langle 5,25\rangle, \langle 10,10\rangle, \langle 10,20\rangle, \langle 12,12\rangle, \langle 20,20\rangle, \langle 25,25\rangle\}$。

4.7.2 极值和最值

定义 4.26 设(A,R)是偏序集,$B \subseteq A$, $a \in B$。

(1) 若 $\forall x \in B$ 都有 $x \leqslant a$,则称 a 为集合 B 的最大元。

(2) 若 $\forall x \in B$ 都有 $a \leqslant x$,则称 a 为集合 B 的最小元。

(3) 若 $\neg \exists x \in B$ 使得 $a \prec x$,则 a 为 B 的极大元。

(4) 若 $\neg \exists x \in B$ 使得 $x \prec a$,则 a 为 B 的极小元。

例 4.37 设 $A=\{a,b,c,d,e,f,g,h\}$,偏序集(A,R)的哈斯图如图 4.11 所示,请分别求 $B_1=\{b,d,e,g\}$, $B_2=\{b,c,d,e,f,g\}$, $B_3=\{a,c,d\}$, $B_4=\{d,e\}$ 的最大元、最小元、极大元、极小元。

解:(1) B_1 的最大元为 g,最小元为 b,极大元为 g,极小元 b。

(2) B_2 无最大元和最小元,极大元为 f、g,极小元为 b、c。

(3) B_3 无最大元,最小元为 a,极大元为 d、c,极小元为 a。

(4) B_4 无最大元和最小元,极大元为 d、e,极小元也为 d、e。

图 4.11 偏序集(A,R)的哈斯图

值得注意的是,从例 4.37 可以看出最大(小)元可能没有,若有则唯一;对于有限集,极大(小)元必存在,且可能不唯一,若唯一,则必为最大(小)元。

定义 4.27 设(A,R)是偏序集,$B\subseteq A$。

(1) 若$\exists y\in A$,使得$\forall x\in B$都有$x\leqslant y$,则称y为B的上界。

(2) 若$\exists y\in A$,使得$\forall x\in B$都有$y\leqslant x$,则称y为B的下界。

(3) 最小上界称为上确界。

(4) 最大下界称为下确界。

例 4.38 求例 4.37 中B_1,B_2的上界、下界、上确界、下确界。

解:(1) B_1的上界为g,h,下界为b,a,上确界为g,下确界为b。

(2) B_2的上界为h,下界为a,上确界为h,下确界为a。

但一个集合的上(下)界可能不存在。

这种情况的哈斯图如图 4.12 所示。

集合$B=\{2,3,4,6,8,12\}$的上(下)界均不存在。即使上(下)界存在,也不一定存在上(下)确界,如图 4.13 所示。

图 4.12 集合的上(下)界不存在的哈斯图

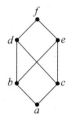

图 4.13 集合的上(下)界存在而上(下)确界不存在的哈斯图

$\{b,c\}$的上界为d,e,f,而上确界不存在,$\{d,e\}$的下界为b,c,a,而下确界不存在。

如果一个偏序集的每对元素都有上确界和下确界,就称这个偏序集为格。格有许多特殊的性质和许多不同的应用,如在信息流的模块中及在布尔代数中都有重要的作用。

4.7.3 拓扑排序

一个表示偏序的有向图(哈斯图上加方向),可用来表示一个流程图。它可以是施工流程图、产品生产流程图、数据流程图。图中每个顶点表示一个过程,有向边表示过程之间的次序关系。

例 4.39 一个计算机专业学生学习了一系列课程,有些课程是基础课,它们独立于其他课程,有些课程有先修课。它们之间的课程依赖关系如图 4.14 所示,其中的有向边表示课程之间的安排次序。则学生可以按照下列次序安排的进程进行学习:高等数学→计算机导论→程序设计语言→离散数学→电子线路→数据结构→计算机组成→操作系统→编译原理(当然还有其他安排方案)。

例 4.39 从图 4.14 的课程之间的偏序关系得到一个有全序关系的学习进程。

在一个偏序集上构造一个相容的全序的过程叫作拓扑排序。

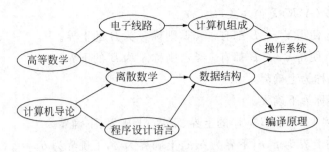

图 4.14　课程依赖关系

因为每个有穷非空偏序集(A,R)都有极小元素,所以,下面算法实现拓扑排序非常有效。

首先,在偏序集(A,R)上选择一个极小元素a_1;接着,在偏序集的$(A-\{a_1\},R)$上再选择一个极小的元素a_2,以此类推,得到序列$a_1,a_2,\cdots,a_n$,直到所有元素均被处理完。

```
void topologicalsort(非空集合 A)
{
    k = 1;
    while(A≠∅)
    {
        aₖ = A 的极小元素;
        printf(aₖ);          //输出 aₖ
        A = A - { aₖ };
        k ++;
    }
}
```

例 4.40　一个计算机公司的开发项目需要完成 7 个任务,其中的某些任务必须在其他任务结束后才能开始。考虑如下建立任务上的偏序：如果任务 Y 在 X 结束后才能开始,则 $X \prec Y$。这 7 个任务关于这个偏序的哈斯图如图 4.15 所示。求一个全序使得可以按照这个全序执行这些任务以完成这个项目。

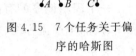

图 4.15　7 个任务关于偏序的哈斯图

解：可以通过执行一个拓扑排序得到 7 个任务的一个排序,排序的步骤如图 4.16 所示。这个排序结果为 $A \prec B \prec D \prec E \prec C \prec F \prec G$,表示了任务的一种可能排序。

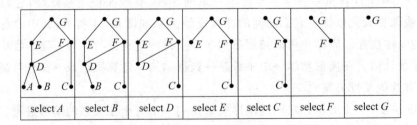

图 4.16　排序的步骤

4.8 函数

函数也叫映射、对应。函数是数学的一个基本概念。在高等数学中函数的概念是从变量的角度提出来,并且在实数集上进行讨论的,这种函数一般是连续或间断连续的函数。这里将高等数学中连续函数的概念推广到对离散量的讨论,即将函数看作是一种特殊的二元关系。前面讨论的有关集合或关系的运算和性质,对于函数完全适用。函数的概念在日常生活和计算机科学中都非常重要。各种高级程序语言中都使用了大量的函数。实际上,计算机的任何输出都可以看成是某些输入的函数。

4.8.1 函数的定义

函数是一种特殊的二元关系。

定义 4.28 设 f 是集合 A 到 B 的二元关系,如果对每个 $x \in A$,都存在唯一的 $y \in B$,使得 $\langle x, y \rangle \in f$,则称关系 f 为 A 到 B 的函数(或映射、对应),记为 $f: A \to B$。A 为函数 f 的定义域,记为 $\mathrm{dom} f = A$;$f(A)$ 为函数 f 的值域,记为 $\mathrm{ran} f$;当 $\langle x, y \rangle \in f$ 时,通常记为 $y = f(x)$,这时称 x 为函数 f 的自变量,y 为 x 在 f 下的函数值(或像)。

函数定义的示意图如图 4.17 所示。

假定有五位同学参加离散数学课的考试,成绩用五级制表示。又假定张同学的成绩为优秀,李同学的成绩为中等,陈同学的成绩为良好,王同学的成绩为优秀,赵同学的成绩为不及格,如图 4.18 所示。

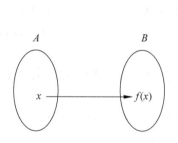

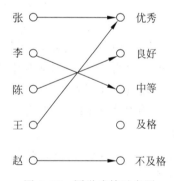

图 4.17 函数定义的示意图   图 4.18 同学成绩示意图

若 $A = \{张, 李, 陈, 王, 赵\}$,$B = \{优秀, 良好, 中等, 及格, 不及格\}$,则图 4.18 所示的就是一个从 A 到 B 的函数。

如果关系 f 存在下列两种情况之一,那么 f 就不是函数。

(1) 存在元素 $a \in A$,在 B 中没有像。

(2) 存在元素 $a \in A$,有两个及两个以上的像。

例 4.41 设 $A = \{1, 2, 3, 4\}$,$B = \{a, b, c, d\}$,试判断下列关系哪些是函数。如果是函数,请写出它的值域。

(1) $f_1 = \{\langle 1, a \rangle, \langle 2, a \rangle, \langle 3, d \rangle, \langle 4, c \rangle\}$。

(2) $f_2 = \{\langle 1,a \rangle, \langle 2,a \rangle, \langle 2,d \rangle, \langle 4,c \rangle\}$。

(3) $f_3 = \{\langle 1,a \rangle, \langle 2,b \rangle, \langle 3,d \rangle, \langle 4,c \rangle\}$。

(4) $f_4 = \{\langle 2,b \rangle, \langle 3,d \rangle, \langle 4,c \rangle\}$。

解：(1) 在 f_1 中，因为 A 中每个元素都有唯一的像和它对应，所以 f_1 是函数。其值域是 A 中每个元素的像的集合，即 $\mathrm{ran} f_1 = \{a,c,d\}$。

(2) 在 f_2 中，因为元素 2 有两个不同的像 a 和 d，与像的唯一性矛盾，所以 f_2 不是函数。

(3) 在 f_3 中，因为 A 中每个元素都有唯一的像和它对应，所以 f_3 是函数。其值域是 A 中每个元素的像的集合，即 $\mathrm{ran} f_3 = \{a,b,c,d\}$。

(4) 在 f_4 中，因为元素 1 没有像，所以 f_4 不是函数。

定义 4.29   所有从 A 到 B 的函数的集合记作 B^A，读作"B 上的 A"，符号化表示为
$$B^A = \{f \mid f: A \to B\}$$

例 4.42   设 $A = \{1,2,3\}$，$B = \{a,b\}$，求 B^A。

解：$B^A = \{f_0, f_1, \cdots, f_7\}$，其中
$$f_0 = \{\langle 1,a \rangle, \langle 2,a \rangle, \langle 3,a \rangle\}$$
$$f_1 = \{\langle 1,a \rangle, \langle 2,a \rangle, \langle 3,b \rangle\}$$
$$f_2 = \{\langle 1,a \rangle, \langle 2,b \rangle, \langle 3,a \rangle\}$$
$$f_3 = \{\langle 1,a \rangle, \langle 2,b \rangle, \langle 3,b \rangle\}$$
$$f_4 = \{\langle 1,b \rangle, \langle 2,a \rangle, \langle 3,a \rangle\}$$
$$f_5 = \{\langle 1,b \rangle, \langle 2,a \rangle, \langle 3,b \rangle\}$$
$$f_6 = \{\langle 1,b \rangle, \langle 2,b \rangle, \langle 3,a \rangle\}$$
$$f_7 = \{\langle 1,b \rangle, \langle 2,b \rangle, \langle 3,b \rangle\}$$

若求 A 到 B 的所有二元关系，因为二元关系是笛卡儿积 $A \times B$ 的任何子集，则 A 到 B 的二元关系的个数为 $2^{3 \times 2} = 64$，而其中为函数的仅有 8 个，说明函数是一种特殊的关系，它与一般关系比较具备如下差别。

(1) 从 A 到 B 的不同的关系有 $2^{|A| \times |B|}$ 个，但从 A 到 B 的不同的函数却仅有 $|B|^{|A|}$ 个 (个数差别)。

(2) 关系的第一个元素可以相同，函数的第一元素一定是互不相同的 (集合元素的第一个元素存在差别)。

(3) 每一个函数的基数都为 $|A|$ 个 ($|f| = |A|$)，但关系的基数却为从零一直到 $|A| \times |B|$ (集合基数的差别)。

4.8.2　函数的类型

在例 4.41 中，函数 f_1 的像集合是 B 的子集，但 f_3 的像集合则等于 B。另外，对集合 A 中不同的值，对应的像或者相同，或者不相同。因此，根据这些不同的情况，我们把函数分为不同的类型。

定义 4.30   设 f 是从 A 到 B 的函数

(1) 对任意 $x_1, x_2 \in A$，如果 $x_1 \neq x_2$，有 $f(x_1) \neq f(x_2)$，则称 f 为从 A 到 B 的单射或一

对一的(不同的 x 对应不同的 y)。

(2) 如果 $\operatorname{ran}f=B$,则称 f 为从 A 到 B 的满射或至上的。

(3) 若 f 是满射且是单射,则称 f 为从 A 到 B 的双射或一一对应的。

(4) 若 $A=B$,则称 f 为 A 上的函数;当 A 上的函数 f 是双射时,称 f 为一个变换。

由定义 4.30 不难看出:

(1) $f:A{\rightarrow}B$ 是单射当且仅当对任意的 $x_1,x_2\in A$,若 $x_1\neq x_2$,则 $f(x_1)\neq f(x_2)$。

(2) $f:A{\rightarrow}B$ 是满射当且仅当对任意的 $y\in B$,一定存在一个 $x\in A$,使得 $f(x)=y$。

(3) $f:A{\rightarrow}B$ 是双射当且仅当 f 既是单射,又是满射。

(4) $f:A{\rightarrow}B$ 是变换当且仅当 f 是双射且 $A=B$。

由以上定义可知,例 4.41 中函数 f_1 既不是单射的,也不是满射的。函数 f_3 既是单射的,也是满射的,从而是双射的。

例 4.43 确定下列函数的类型。

(1) 判断从整数集合到整数集合的函数 $f(x)=x^2$ 是否是单射的。

(2) 判断从整数集合到整数集合的函数 $f(x)=x+1$ 是否是单射的。

(3) 判断从整数集合到整数集合的函数 $f(x)=x^2$ 是否是满射的。

(4) 判断从整数集合到整数集合的函数 $f(x)=x+1$ 是否是满射的。

解:(1) 函数 $f(x)=x^2$ 不是单射的。因为,如 $f(1)=f(-1)=1$,但 $1\neq-1$。

(2) 函数 $f(x)=x+1$ 是单射的。要证明这一点,只需注意在 $x\neq y$ 时 $x+1\neq y+1$。

(3) 函数 $f(x)=x^2$ 不是满射的。因为不存在 x 使得 $f(x)=-1$。

(4) 函数 $f(x)=x+1$ 是满射的。因为对任意一个 y,总存在 $x=y-1$ 使得 $f(x)=y$。

例 4.44 确定下列函数的类型。

(1) 设 $A=\{1,2,3,4,5\}$,$B=\{a,b,c,d\}$。$f:A{\rightarrow}B$ 定义为 $\{\langle 1,a\rangle,\langle 2,c\rangle,\langle 3,b\rangle,\langle 4,a\rangle,\langle 5,d\rangle\}$。

(2) 设 $A=\{1,2,3\}$,$B=\{a,b,c,d\}$。$f:A{\rightarrow}B$ 定义为 $f=\{\langle 1,a\rangle,\langle 2,c\rangle,\langle 3,b\rangle\}$。

(3) 设 $A=\{1,2,3\}$,$B=\{1,2,3\}$。$f:A{\rightarrow}B$ 定义为 $f=\{\langle 1,2\rangle,\langle 2,3\rangle,\langle 3,1\rangle\}$。

解:(1) 因为对任意 $y\in B$,都存在 $x\in A$,使得 $\langle x,y\rangle\in f$,所以 f 是满射函数。

(2) 因为 A 中不同的元素对应不同的像,所以 f 是单射函数。

(3) 因为 f 既是单射函数,又是满射函数,所以 f 是双射函数。又因为 $A=B$,所以 f 还是变换。

由定义 4.30 和例 4.44 可以看出,若 A,B 为有限集合,f 是从 A 到 B 的函数,则:

(1) f 是单射的必要条件为 $|A|\leqslant|B|$。

(2) f 是满射的必要条件为 $|B|\leqslant|A|$。

(3) f 是双射的必要条件为 $|A|=|B|$。

定理 4.9 设 A,B 是有限集合,且 $|A|=|B|$,f 是 A 到 B 的函数,则 f 是单射当且仅当 f 是满射。

证明:

(1) 先证必要性。

设 f 是单射。显然,f 是 A 到 $f(A)$ 的满射,故 f 是 A 到 $f(A)$ 的双射,因此 $|A|=|f(A)|$。由 $|f(A)|=|B|$,且 $f(A)\subseteq B$,得 $f(A)=B$,故 f 是 A 到 B 的满射。

（2）再证充分性。

设 f 是满射。任取 $x_1,x_2\in A,x_1\neq x_2$，假设 $f(x_1)=f(x_2)$，由于 f 是 A 到 B 的满射，所以 f 也是 $A-\{x_1\}$ 到 B 的满射，故 $|A-\{x_1\}|\geqslant|B|$，即 $|A|-1\geqslant|B|$，这与 $|A|=|B|$ 矛盾。因此 $f(x_1)\neq f(x_2)$，故 f 是 A 到 B 的单射。

对无限集合，则没有上面的结论。

下面定义一些常用的函数。

定义 4.31　设 A,B 是两个集合

（1）如果 $A=B$，且对任意的 $x\in A$，都有 $f(x)=x$，则称 f 为 A 上的恒等函数，记为 I_A。

（2）如果 $b\in B$，且对任意的 $x\in A$，都有 $f(x)=b$，则称 f 为常值函数。

（3）设 A 是全集 $U=\{u_1,u_2,\cdots,u_n\}$ 的一个子集，则子集 A 的特征函数定义为从 U 到 $\{0,1\}$ 的一个函数，且 $f_A(u_i)=\begin{cases}1 & u_i\in A \\ 0 & u_i\notin A\end{cases}$。

（4）对有理数 x，$f(x)$ 为小于或等于 x 的最大的整数，则称 $f(x)$ 为下取整函数（底函数），记为 $f(x)=\lfloor x\rfloor$。

（5）对有理数 x，$f(x)$ 为大于或等于 x 的最小的整数，则称 $f(x)$ 为上取整函数（顶函数），记为 $f(x)=\lceil x\rceil$。

（6）如果 $f(x)$ 是集合 A 到集合 $B=\{0,1\}$ 上的函数，则称 $f(x)$ 为布尔函数。

4.8.3　函数的运算

我们在 4.2 节已经学了二元关系的复合运算和逆运算，函数作为一种特殊的关系是否也有复合运算和逆运算呢？下面介绍函数的复合运算和逆运算。

定义 4.32　考虑 $f:A\to B,g:B\to C$ 是两个函数，则 f 与 g 的复合运算
$$g\circ f=\{\langle x,z\rangle\mid\exists y(\langle x,y\rangle\in f\wedge\langle y,z\rangle\in g)\}$$
是从 A 到 C 的函数，记为 $g\circ f:A\to C$，称为函数 f 与 g 的复合函数。

由定义 4.32 可以看出：

（1）函数 f 和 g 可以复合的前提条件是 f 的值域是 g 的定义域的一部分。

（2）$\text{dom}(g\circ f)=\text{dom}f,\text{ran}(g\circ f)\subseteq\text{ran}g$。

（3）对任意 $x\in A$，有 $g\circ f(x)=g(f(x))$。

以上记法与高等数学中求复合函数的记法完全一致。

例 4.45　设 $A=\{1,2,3,4,5\},B=\{a,b,c,d\},C=\{1,2,3,4,5\}$，函数 $f:A\to B,g:B\to C$ 定义如下：
$$f=\{\langle1,a\rangle,\langle2,a\rangle,\langle3,d\rangle,\langle4,c\rangle,\langle5,b\rangle\}$$
$$g=\{\langle a,1\rangle,\langle b,3\rangle,\langle c,5\rangle,\langle d,2\rangle\}$$
求 $g\circ f$。

解：根据函数复合的定义直接计算 $g\circ f=\{\langle1,1\rangle,\langle2,1\rangle,\langle3,2\rangle,\langle4,5\rangle,\langle5,3\rangle\}$。

例 4.46　设 $f:R\to R,g:R\to R,h:R\to R$，满足 $f(x)=2x,g(x)=(x+1)^2,h(x)=x/2$。计算：

（1）$g\circ f,f\circ g$。

(2) $h \circ (g \circ f), (h \circ g) \circ f$。

解：(1) $g \circ f(x) = g(f(x)) = g(2x) = (2x+1)^2$

$f \circ g(x) = f(g(x)) = f((x+1)^2) = 2(x+1)^2$

(2) $h \circ (g \circ f)(x) = h((g \circ f)(x)) = h(g(f(x))) = h(g(2x))$

$$= h((2x+1)^2) = \frac{(2x+1)^2}{2}$$

$$(h \circ g) \circ f(x) = (h \circ g)(f(x)) = h(g(f(x))) = \frac{(2x+1)^2}{2}$$

从上例可以看出，函数的复合不满足交换律，但满足结合律。函数作为特殊的关系，关系复合运算的一切定理都可以推广到函数中来。另外，由于其特殊性，我们还有下面的定理。

定理 4.10　设 f 和 g 分别是从 A 到 B 和从 B 到 C 的函数，则：

(1) 若 f, g 是满射，则 $g \circ f$ 也是从 A 到 C 满射。

(2) 若 f, g 是单射，则 $g \circ f$ 也是从 A 到 C 单射。

(3) 若 f, g 是双射，则 $g \circ f$ 也是从 A 到 C 双射。

证明：(1) 对 $c \in C$，由于 g 是满射，所以存在 $b \in B$，使得 $g(b) = c$。对于 $b \in B$，又因为 f 是满射，所以存在 $a \in A$，使得 $f(a) = b$。

从而有 $g \circ f(a) = g(f(a)) = g(b) = c$。

即存在 $a \in A$，使得 $g \circ f(a) = c$，所以 $g \circ f$ 是满射。

(2) 对任意 $a_1, a_2 \in A, a_1 \neq a_2$，由于 f 是单射，所以 $f(a_1) \neq f(a_2)$。

令 $b_1 = f(a_1), b_2 = f(a_2)$，由于 g 是单射，所以 $g(b_1) \neq g(b_2)$，即 $g(f(a_1)) \neq g(f(a_2))$。

从而有 $g \circ f(a_1) \neq g \circ f(a_2)$，所以 $g \circ f$ 是单射。

(3) 由(1)、(2)得证。

定理 4.10 说明函数的复合运算能够保持函数的单射、满射和双射的性质，但该定理的逆命题不一定为真。

在一般关系 R 的求逆运算中，对任意的关系都可进行求逆运算得到其逆关系，但是对函数来说，并不是所有的函数都有逆函数。因为函数要求满足 $\mathrm{dom} f = A$ 和 A 中每一个元素有唯一的像，所以在求一个函数的逆运算时，有其相应的特殊性要求。

定义 4.33　设 $f: A \to B$ 的函数。如果

$$f^{-1} = \{ \langle y, x \rangle \mid \langle x, y \rangle \in f \}$$

是从 B 到 A 的函数，则称 $f^{-1}: B \to A$ 是函数 f 的逆函数（反函数）。

由定义 4.33 可以看出，一个函数的逆运算也是函数。因为 f^{-1} 是函数，所以 B 中的每一个元素都有像，即 f 是满射。又因为 f 是函数，所以 f 是单射。于是得出结论：逆函数 f^{-1} 存在（可逆）当且仅当 f 是双射。

例 4.47　令 f 为从 $\{a, b, c\}$ 到 $\{1, 2, 3\}$ 的函数，使 $f(a) = 2, f(b) = 3$ 及 $f(c) = 1, f$ 可逆吗？如果可逆，其逆函数是什么？

解：f 是可逆的，因为它是一个双射函数。其逆函数 f^{-1} 颠倒 f 给出的对应关系，所以 $f^{-1}(1) = c, f^{-1}(2) = a, f^{-1}(3) = b$。

例 4.48　令 f 为从整数集 Z 到整数集 Z 的函数,使得 $f(x)=x+1$,f 可逆吗? 如果可逆,其逆函数是什么?

解：f 是可逆的,因为例 4.43 已经证明它是一个双射函数。其逆函数 f^{-1} 颠倒 f 给出的对应关系,所以 $f^{-1}(y)=y-1$。

例 4.49　令 f 为从整数集 Z 到整数集 Z 的函数,使得 $f(x)=x^2$,f 可逆吗?

解：由于 $f(1)=f(-1)=1$,f 不是单射的,当然 f 不是双射的,所以 f 不可逆。

习题 4

1. 设 $A=\{0,1,2,3,4,5\}$,$B=\{1,2,3\}$,用枚举法描述下列关系,并作出它们的关系图及关系矩阵。

(1) $R_1=\{\langle x,y\rangle\mid x\in A\wedge y\in B\}$。

(2) $R_2=\{\langle x,y\rangle\mid x\in A\wedge y\in B\wedge x=y^2\}$。

(3) $R_3=\{\langle x,y\rangle\mid x\in A\wedge y\in A\wedge x+y=5\}$。

(4) $R_4=\{\langle x,y\rangle\mid x\in A\wedge y\in A\wedge\exists k(x=ky\wedge k\in N\wedge k<2)\}$。

(5) $R_5=\{\langle x,y\rangle\mid x\in A\wedge y\in A\wedge(x=0\vee 2x<3)\}$。

2. 设 $A=\{0,1,2,3,4,5,6\}$,其上关系 $R=\{\langle x,y\rangle\mid x<y\vee x$ 是素数$\}$ 和 $S=\{\langle x,y\rangle\mid x<y\wedge x$ 是素数$\}$,求关系 R 和 S 的关系矩阵。

3. 设 $A=\{a,b,c,d\}$,A 上的二元关系 R_1,R_2 分别为:
$$R_1=\{\langle b,b\rangle,\langle b,c\rangle,\langle c,a\rangle\},\quad R_2=\{\langle b,a\rangle,\langle c,a\rangle,\langle c,d\rangle,\langle d,c\rangle\}$$
计算 $R_1\circ R_2$,$R_2\circ R_1$,R_1^2,R_2^2。

4. 设 R_1,R_2 为 $A=\{0,1,2,3\}$ 上的二元关系:
$$R_1=\left\{\langle i,j\rangle\mid j=i+1\vee j=\frac{i}{2}\right\},\quad R_2=\{\langle i,j\rangle\mid i=j+2\}$$
计算 $R_1\circ R_2$,$R_2\circ R_1$,R_1^2,R_2^2。

5. 设 $A=\{1,2,3,4\}$,A 上的二元关系 $R=\{\langle 1,4\rangle,\langle 3,1\rangle,\langle 3,2\rangle,\langle 4,3\rangle\}$,求 R 的各次幂的关系矩阵。

6. 证明定理 4.2 的(1),(2),(4),(5)。

7. 判断下列 $A=\{1,2,3,4\}$ 上关系所具有的性质:

$R_1=\{\langle 2,2\rangle,\langle 2,3\rangle,\langle 2,4\rangle,\langle 3,2\rangle,\langle 3,3\rangle,\langle 3,4\rangle\}$;

$R_2=\{\langle 1,1\rangle,\langle 1,2\rangle,\langle 2,1\rangle\langle 2,2\rangle,\langle 3,3\rangle,\langle 4,4\rangle\}$;

$R_3=\{\langle 2,4\rangle,\langle 4,2\rangle\}$;

$R_4=\{\langle 1,2\rangle,\langle 2,3\rangle,\langle 3,4\rangle\}$;

$R_5=\{\langle 1,1\rangle,\langle 2,2\rangle,\langle 3,3\rangle,\langle 4,4\rangle\}$;

$R_6=\{\langle 1,3\rangle,\langle 1,4\rangle,\langle 2,3\rangle,\langle 2,4\rangle,\langle 3,1\rangle,\langle 3,4\rangle\}$。

8. 确定所有人的集合上的关系 R 是否是自反的、对称的、反对称的和传递的。其中 $\langle x,y\rangle\in R$ 当且仅当

(1) x 比 y 高。

(2) x 和 y 生在同一天。

（3）x 和 y 的名字相同。

（4）x 和 y 有共同的祖父母。

9. R 是整数集 $\mathbf{Z}$ 上的二元关系，且 $R = \{\langle x, y \rangle \mid x^2 + x = y^2 + y\}$，请问 R 具有哪些性质？

10. 举例说明：

（1）集合 A 上的关系既不是自反的关系也不是反自反的关系。

（2）集合 A 上的关系既是对称的关系又是反对称的关系。

11. 证明：（1）若 R 和 S 是 A 上的自反关系，则 $R \cap S$ 和 $R \cup S$ 也是自反关系。

（2）若 R 和 S 是 A 上的自反、对称和传递的关系，则 $R \cap S$ 也具有自反性、对称性和传递性。

12. 设 R 和 S 是集合 A 上的任意二元关系，下列命题是真还是假？若真则证明之，若假请举反例。

（1）若 R 和 S 都是自反的，则 $R \circ S$ 是自反的。

（2）若 R 和 S 都是反自反的，则 $R \circ S$ 是反自反的。

（3）若 R 和 S 都是对称的，则 $R \circ S$ 是对称的。

（4）若 R 和 S 都是反对称的，则 $R \circ S$ 是反对称的。

（5）若 R 和 S 都是传递的，则 $R \circ S$ 是传递的。

13. 设 R 是 A 上的二元关系，如下定义 R 的 3 个性质：

R 是循环的 $\Leftrightarrow \forall x \forall y \forall z (xRy \wedge yRz \rightarrow zRx)$；

R 有欧几里得性质 $\Leftrightarrow \forall x \forall y \forall z (xRy \wedge xRz \rightarrow yRz)$；

R 有菱形性质 $\Leftrightarrow \forall x \forall y \forall z (xRy \wedge xRz \rightarrow \exists w (yRw \wedge zRw))$。

证明：

（1）如果 R 自反且循环，则 R 对称且传递。

（2）如果 R 自反且有欧几里得性质，则 R 对称。

（3）如果 R 对称且有欧几里得性质，则 R 传递。

（4）如果 R 对称且传递，则 R 有欧几里得性质。

（5）如果 R 自反且有欧几里得性质，则 R 有菱形性质。

14. 现有几个 n 元关系如表 4.8 和表 4.9 所示，请回答下列问题。

（1）请说出两个关系中哪些字段可以作为主码。

（2）请写出下列操作的结果：$S_{\text{所在学院}="计算机"}(\text{Student})$，$P_{2,3}(\text{Course})$，$J_{\text{Student(学号)}=\text{Course(学号)}}(\text{Student}, \text{Course})$。

表 4.8　学生表 Student

学号	姓名	性别	年龄	所在学院
03063001	张华	男	20	数学
03063125	李洁	女	19	数学
02071021	陈敏	男	21	物理
03091001	王亮	男	20	计算机
02092304	刘佳	女	20	计算机

表 4.9 学生选课表 Course

学号	课程号	课程名	成绩
03063001	0601	数学分析	89
03063125	0601	数学分析	75
02071021	0903	数据结构	80
03091001	0903	数据结构	90
02092304	0903	数据结构	65
02092304	0904	操作系统	73

15. $A=\{1,2,3\}$,$R_1=\{\langle 1,2\rangle,\langle 2,1\rangle,\langle 1,3\rangle,\langle 1,1\rangle\}$,$R_2=\{\langle 1,2\rangle,\langle 2,1\rangle\}$求 $r(R_1)$,$s(R_1),t(R_1),r(R_2),s(R_2),t(R_2)$。

16. 设 R 是 $A=\{a,b,c,d,e\}$ 上的二元关系,$R=\{\langle a,b\rangle,\langle b,c\rangle,\langle b,e\rangle\langle c,d\rangle,\langle d,c\rangle,\langle e,e\rangle\}$,试求 $r(R),s(R),t(R)$,规定传递闭包用 Warshall 算法来完成。

17. 设 R 和 S 均为 A 上的二元关系,试判定下列命题是否正确。

(1) $r(R\cup S)=r(R)\cup r(S)$。

(2) $s(R\cup S)=s(R)\cup s(S)$。

(3) $t(R\cup S)=t(R)\cup t(S)$。

18. 设 R,S 为 A 上的二元关系,且 $R\subseteq S$,试证明:

(1) $r(R)\subseteq r(S)$。

(2) $s(R)\subseteq s(S)$。

(3) $t(R)\subseteq t(S)$。

19. 下面是所有人集合上的二元关系,其中哪些是等价关系?为什么?

(1) $R_1=\{\langle x,y\rangle|x$ 与 y 有相同的年龄$\}$。

(2) $R_2=\{\langle x,y\rangle|x$ 与 y 有相同的父母$\}$。

(3) $R_3=\{\langle x,y\rangle|x$ 与 y 有一个相同的父亲或一个相同的母亲$\}$。

(4) $R_4=\{\langle x,y\rangle|x$ 与 y 相识$\}$。

(5) $R_5=\{\langle x,y\rangle|x$ 与 y 说同一种语言$\}$。

20. 设集合 $A=\{1,2,3,4,5\}$ 上的二元关系 R 如图 4.19 所示。试判断 R 是否是 A 上的等价关系,若是,则写出各元素的等价类;若不是,请写出理由。

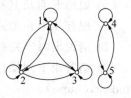

21. 设 $A=\{1,2,3,4,5,6\}$,A 有划分 $\pi_1=\{\{1,2,3\},\{4,5,6\}\}$,$\pi_2=\{\{1,2\},\{3,4\},\{5,6\}\}$,求 π_1,π_2 所对应的等价关系。

图 4.19　A 上的二元关系 R

22. 设 R 和 S 均为 A 上的等价关系,试判定 $R\cap S$,$R\cup S$,$R\circ S$ 是否也是等价关系。

23. 有人说:一个关系 R 只要具有对称性和传递性,那么它就具有自反性,因而它是等价关系。他的推理方法是:因为 R 具有对称性,由 $\langle x,y\rangle\in R$ 推出 $\langle y,x\rangle\in R$。又因为 R 具有传递性,$\langle x,y\rangle\in R$,$\langle y,x\rangle\in R$,则 $\langle x,x\rangle\in R$。这种推理方法错在哪里?

24. 设 Σ 为一字母表,Σ^* 为 Σ 上的字符串全体(包括空串),R 是定义在 Σ^* 上的二元关系,且 $R=\{\langle x,y\rangle|\exists u(u\in\Sigma^*\wedge xu=uy)\}$,证明 R 是 Σ^* 上的等价关系。

25. 试确定集合 A 上的下列关系中,哪个是偏序关系。

(1) $A=\mathbf{Z},R=\{\langle x,y\rangle\,|\,x=2y\}$。

(2) $A=\mathbf{Z},R=\{\langle x,y\rangle\,|\,y^2\,|\,x\}$。

(3) $A=\mathbf{Z},R=\{\langle x,y\rangle\,|\,\exists k(k\in\mathbf{N}\wedge x=y^k)\}$。

(4) $A=\mathbf{Q},R=\{\langle x,y\rangle\,|\,x\leqslant y\}$。

26. 设集合 $A=\{1,3,5,8,9,15,24,45,72,360\}$，$R$ 为 A 上的整除关系。

(1) 画出偏序集 (A,R) 的哈斯图。

(2) 写出集合 A 中的最大元、最小元、极大元、极小元。

(3) 写出 A 的子集 $B_1=\{3,5\}$ 和 $B_2=\{15,24\}$ 的上界、下界、最小上界、最大下界。

27. 设 $S=\{0,1\}$，F 是 S 中的字符构成的长度不超过 4 的串的集合，即 $F=\{\lambda,0,1,00,01,\cdots,1111\}$，其中 λ 表示空串。在 F 上定义的偏序关系 $R=\{\langle x,y\rangle\,|\,x$ 是 y 的前缀 $\wedge x\in F\wedge y\in F\}$，例如 00 是 001 的前缀，但 01 不是 001 的前缀。

(1) 画出 R 的哈斯图。

(2) 求 R 关于 F 的极大元。

(3) 求 $B=\{101,1001\}$ 的上确界和下确界。

28. 图 4.20 是两个偏序关系的哈斯图，请写出对应的偏序关系。

29. 图 4.21 是一个项目开发中各任务的次序图，请给出一种安排顺序。

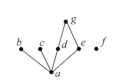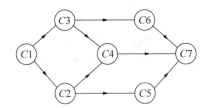

图 4.20 两个偏序关系的哈斯图　　　　图 4.21 项目开发中各任务的次序图

30. 假设 $(S,\leqslant_1)$ 和 $(T,\leqslant_2)$ 是偏序集，证明 $(S\times T,\leqslant)$ 也是偏序集，其中 $\langle s,t\rangle\leqslant\langle u,v\rangle$ 当且仅当 $s\leqslant_1 u$ 且 $t\leqslant_2 v$。

31. 为什么下列定义中的 f 不是从 $\mathbf{R}$ 到 $\mathbf{R}$ 的函数？

(1) $f(x)=1/x$。

(2) $f(x)=\sqrt{x}$。

(3) $f(x)=\pm\sqrt{x^2+1}$。

32. 判断下面定义中的 f 是否是从 $\mathbf{Z}$ 到 $\mathbf{R}$ 的函数。

(1) $f(n)=\pm n$。

(2) $f(n)=\sqrt{n^2+1}$。

(3) $f(n)=1/(n^2-4)$。

33. 设 $A=\{1,2\},B=\{a,b,c\}$，求 B^A。

34. 判断下列从 $\{a,b,c,d\}$ 到它自身的函数是否为单射，是否为满射。

(1) $f(a)=a,f(b)=b,f(c)=c,f(d)=d$。

(2) $f(a)=b,f(b)=b,f(c)=d,f(d)=c$。

(3) $f(a)=d,f(b)=b,f(c)=c,f(d)=d$。

35. 判断下列函数哪些是单射的,哪些是满射的,哪些是双射的。

(1) $f: \mathbf{N} \rightarrow \mathbf{N}, f(x) = x^2 + 2$。

(2) $f: \mathbf{N} \rightarrow \mathbf{N}, f(x) = x \bmod 3$($x$ 除以 3 的余数)。

(3) $f: \mathbf{N} \rightarrow \mathbf{N}, f(x) = \begin{cases} 1 & \text{若 } x \text{ 为奇数} \\ 0 & \text{若 } x \text{ 为偶数} \end{cases}$

(4) $f: \mathbf{N} \rightarrow \{0,1\}, f(x) = \begin{cases} 0 & \text{若 } x \text{ 为奇数} \\ 1 & \text{若 } x \text{ 为偶数} \end{cases}$

(5) $f: \mathbf{Z}^+ \rightarrow \mathbf{R}, f(x) = \lg x$。

(6) $f: \mathbf{R} \rightarrow \mathbf{R}, f(x) = x^2 - 2x - 15$。

36. 分别给出一个从 $\mathbf{N}$ 到 $\mathbf{N}$ 的函数的例子,使得:

(1) 是单射但不是满射。

(2) 是满射但不是单射。

(3) 既是单射又是满射。

(4) 既不是单射又不是满射。

37. 设 $f: \mathbf{R} \rightarrow \mathbf{R}, f(x) = x^2 - 2, g: \mathbf{R} \rightarrow \mathbf{R}, g(x) = x + 4, h: \mathbf{R} \rightarrow \mathbf{R}, h(x) = x^3 - 1$,

(1) 求 $g \circ f, f \circ g$。

(2) $g \circ f$ 和 $f \circ g$ 是否为单射、满射和双射?

(3) f, g, h 中哪些函数有逆函数? 如果有,求出这些逆函数。

38. 设 f, g 都是从 $\mathbf{N}$ 到 $\mathbf{N}$ 的函数,且

$$f(x) = \begin{cases} x + 1 & x = 0,1,2,3 \\ 0 & x = 4 \\ x & x \geqslant 5 \end{cases}$$

$$g(x) = \begin{cases} \dfrac{x}{2} & x \text{ 为偶数} \\ 3 & x \text{ 为奇数} \end{cases}$$

(1) 求 $g \circ f$。

(2) $g \circ f$ 是否为单射、满射和双射?

第5章

布尔代数

计算机和其他电子设备中的电路都有输入和输出,输入的是 0 和 1,输出的也是 0 和 1。电路可以用任何具有两种不同状态的基本元件来构造。1854 年英国数学家乔治·布尔(George Boole,1815—1864)出版了他的不朽名著《思维规律的研究》,第一次给出了逻辑的基本规则。1938 年克劳德·香农(Claude Elwood Shannon,1916—2001)创立了开关函数的代数,揭示怎样用逻辑的基本规则来设计电路,这些规则形成了布尔代数的基础。随着半导体器件制造工艺的发展,各种具有良好开关性能的微电子器件不断涌现,因而布尔代数已成为分析和设计现代电子逻辑电路不可缺少的数学工具。

5.1 布尔函数

5.1.1 布尔函数和布尔表达式

布尔代数或称逻辑代数。它虽然和普通代数一样也用字母表示变量,但变量的值只有"1"和"0"两种。所谓逻辑"1"和逻辑"0",代表两种相反的逻辑状态。在布尔代数中只有布尔积("与"运算)、布尔和("或"运算)和布尔补("非"运算)3 种运算。

1. 布尔和

表达式:$F=A+B$。

运算规则:$0+0=0,0+1=1,1+0=1,1+1=1$。

2. 布尔积

表达式:$F=A \cdot B$(在不引起混淆的情况下,可以删去运算符,就像写代数积一样)。

运算规则:$0 \cdot 0=0,0 \cdot 1=0,1 \cdot 0=0,1 \cdot 1=1$。

3. 布尔补

表达式:$F=\overline{A}$(布尔补运算符用上画线表示)。

运算规则:$\overline{0}=1,\overline{1}=0$。

它们运算的优先级从高到低依次为布尔补、布尔积和布尔和。

例 5.1 计算 $(0+1) \cdot \overline{0} \cdot 1$ 的值。

解：根据布尔和、布尔积和布尔补的运算规则，得

$$(0+1) \cdot \overline{0 \cdot 1} = 1 \cdot \overline{0} = 1 \cdot 1 = 1$$

布尔和、布尔积和布尔补分别对应于第 2 章中的逻辑算子 $\vee$、$\wedge$ 和 $\neg$。有关布尔代数的结果可以直接翻译成有关命题的结果，同样，有关命题的结果也可以翻译成关于布尔代数的命题。

设 $B=\{0,1\}$，如果变量 x 只取 B 中的值，则称 x 为一个布尔变量。

定义 5.1　如果 $n \in Z^+$，则 $B^n=\{(b_1,b_2,\cdots,b_i,\cdots,b_n)|b_i \in B, 1 \leqslant i \leqslant n\}$，函数 $f: B^n \to B$ 称为具有 n 个变量的(或 n 度的)布尔函数。布尔函数也称开关函数。

通过写成 $f(x_1,x_2,\cdots,x_i,\cdots,x_n)$ 的形式来强调这 n 个变量，其中每一个变量 x_i，都是一个布尔变量。

布尔函数也可以用由布尔变量和布尔运算构成的表达式来表示。关于布尔变量 x_1，$x_2,\cdots,x_i,\cdots,x_n$ 的布尔表达式可以递归地定义如下。

定义 5.2　(1) $0,1,x_1,x_2,\cdots,x_i,\cdots,x_n$ 是布尔表达式。

(2) 如果 E_1 和 E_2 是布尔表达式，则 $\overline{E_1}$，$(E_1 E_2)$ 和 (E_1+E_2) 是布尔表达式。

每个布尔表达式都表示一个布尔函数，此函数的值是通过在表达式中用 0 和 1 替换布尔变量得到的。

例 5.2　令 $f: B^3 \to B$，其中 $f(x,y,z)=xy+z$，按如下规则确定这个布尔函数：对变量 x,y,z 的 8 组可能赋值分别计算函数 f 的值，如表 5.1 所示。

表 5.1　对变量 x,y,z 的 8 组赋值分别计算得到的函数 f 的值

x	y	z	xy	$f(x,y,z)=xy+z$	x	y	z	xy	$f(x,y,z)=xy+z$
0	0	0	0	0	1	0	0	0	0
0	0	1	0	1	1	0	1	0	1
0	1	0	0	0	1	1	0	1	1
0	1	1	0	1	1	1	1	1	1

定义 5.3　令 $f,g: B^n \to B$ 是两个分别具有 n 个布尔变量 $x_1,x_2,\cdots,x_i,\cdots,x_n$ 的布尔函数，称 f 和 g 是相等的，若对于 n 个布尔变量 $x_1,x_2,\cdots,x_i,\cdots,x_n$ 的 2^n 组可能的赋值，其中每一个布尔变量或者赋值为 0 或者赋值为 1，都有 $f(b_1,b_2,\cdots,b_i,\cdots,b_n)=g(b_1,b_2,\cdots,b_i,\cdots,b_n)$，记为 $f=g$。

表示同一函数的布尔表达式称为等价的。如布尔表达式 $x+y$ 和 $\overline{\overline{x} \cdot \overline{y}}$ 是等价的。

2 度布尔函数是从一个有 4 个元素的集合到 B 的函数，这 4 个元素是 $B=\{0,1\}$ 中元素构成的元素对。B 是一个有 2 个元素的集合，因而有 16 个不同的 2 度布尔函数，如表 5.2 所示。

表 5.2　2 度布尔函数

x	y	F_0	F_1	F_2	F_3	F_4	F_5	F_6	F_7	F_8	F_9	F_{10}	F_{11}	F_{12}	F_{13}	F_{14}	F_{15}
0	0	0	0	0	0	0	0	0	0	1	1	1	1	1	1	1	1
0	1	0	0	0	0	1	1	1	1	0	0	0	0	1	1	1	1
1	0	0	0	1	1	0	0	1	1	0	0	1	1	0	0	1	1
1	1	0	1	0	1	0	1	0	1	0	1	0	1	0	1	0	1

例 5.3 有多少个不同的 n 度布尔函数?

解:由计数的乘法规则知有 2^n 个由 0 和 1 构成的不同的 n 元组。因为布尔函数就是对这些 2^n 个 n 元组中的每一个数进行取值,根据乘法规则表明了有 2^{2^n} 个不同的 n 度布尔函数。

当 $n=1$ 时,有 4 个不同的 1 度布尔函数;

当 $n=2$ 时,有 16 个不同的 2 度布尔函数;

当 $n=3$ 时,有 256 个不同的 3 度布尔函数;

当 $n=4$ 时,有 65 536 个不同的 4 度布尔函数;

当 $n=5$ 时,有 4 294 967 296 个不同的 5 度布尔函数;

当 $n=6$ 时,有 18 446 744 073 709 551 616 个不同的 6 度布尔函数。

随着 n 的增长,n 度布尔函数的数量显爆炸式增长。

5.1.2 布尔代数中的恒等式

对于 n 元的布尔表达式,按照它的定义应该有无穷多种不同形式,其中有许多是等值的,可以把其中最重要的恒等式列出,作为布尔代数的基本定律,如表 5.3 所示。

表 5.3 布尔恒等式

恒 等 式	定律名称	恒 等 式	定律名称
$\bar{\bar{x}}=x$	双重补律	$x+y=y+x$ $xy=yx$	交换律
$x+x=x$ $x \cdot x=x$	幂等律	$x+(y+z)=(x+y)+z$ $x(yz)=(xy)z$	结合律
$x+0=x$ $x \cdot 1=x$	同一律	$x+yz=(x+y)(x+z)$ $x(y+z)=xy+xz$	分配律
$x+1=1$ $x \cdot 0=0$	支配律	$x(x+y)=x$ $x+xy=x$	吸收律
$x+\bar{x}=1$ $x \cdot \bar{x}=0$	互补律	$\overline{xy}=\bar{x}+\bar{y}$ $\overline{x+y}=\bar{x} \cdot \bar{y}$	德摩根律

表 5.3 中的恒等式都可以用列表的方法进行证明。例 5.4 就以这种方法证明了一个分配律,其余的恒等式证明读者可以自己练习。

例 5.4 证明分配律 $x+yz=(x+y)(x+z)$ 是正确的。

解:表 5.4 表示了此恒等式的验证。因为此表的最后两列完全相同。

表 5.4 分配律恒等式的验证

x	y	z	yz	$x+y$	$x+z$	$x+yz$	$(x+y)(x+z)$
0	0	0	0	0	0	0	0
0	0	1	0	0	1	0	0
0	1	0	0	1	0	0	0
0	1	1	1	1	1	1	1
1	0	0	0	1	1	1	1

x	y	z	yz	$x+y$	$x+z$	$x+yz$	$(x+y)(x+z)$
1	0	1	0	1	1	1	1
1	1	0	0	1	1	1	1
1	1	1	1	1	1	1	1

可以利用布尔代数中的一些恒等式来证明另一个恒等式。

例 5.5　用布尔代数的恒等式证明吸收律 $x(x+y)=x$。

解：$x(x+y)=(x+0)(x+y)$　　　布尔和的同一律

　　　　　　$=x+(0 \cdot y)$　　　　布尔和对布尔积的分配律

　　　　　　$=x+(y \cdot 0)$　　　　布尔积的交换律

　　　　　　$=x+0$　　　　　　布尔积的支配律

　　　　　　$=x$　　　　　　　布尔和的同一律

利用这些恒等式可用于电路设计的化简。

例 5.6　若一个逻辑电路对应的输出表达式为 $x(yz+\bar{y}z)+x(\bar{y}z+y\bar{z})$，请化简。

解：　$x(yz+\bar{y}z)+x(\bar{y}z+y\bar{z})$

　　　$=xyz+x\bar{y}\,\bar{z}+x\bar{y}z+xy\bar{z}$　　　　　分配律

　　　$=xyz+xy\bar{z}+x\bar{y}\,\bar{z}+x\bar{y}z$　　　　　交换律

　　　$=xy(z+\bar{z})+x\bar{y}(\bar{z}+z)$　　　　　分配律

　　　$=xy \cdot 1+x\bar{y} \cdot 1$　　　　　　　互补律

　　　$=xy+x\bar{y}$　　　　　　　　　支配律

　　　$=x(y+\bar{y})$　　　　　　　　分配律

　　　$=x \cdot 1$　　　　　　　　　　互补律

　　　$=x$　　　　　　　　　　　支配律

表 5.3 中的恒等式(除双重补律之外)都是成对出现的。为解释这种情形,给出对偶式的概念。

定义 5.4　将一个布尔表达式中的布尔和与布尔积互换,0 与 1 互换得到的式子称为该布尔表达式的对偶式。

如：$x+y$ 与 xy 对偶,$\bar{x}+(yz)$ 与 $\bar{x}(y+z)$ 对偶,$x \cdot 0$ 与 $x+1$ 对偶。

例 5.7　求 $x(y+0)$ 和 $\bar{x} \cdot 1+(\bar{y}+z)$ 的对偶式。

解：在这两个表达式中交换符号"$\cdot$"和"$+$"以及 0 和 1 就产生了它们的对偶式。这两个表达式的对偶分别为 $x+y \cdot 1$ 和 $(\bar{x}+0)\bar{y}z$。

布尔表达式所表示的布尔函数 F 的对偶是由这个表达式的对偶所表示的函数,这个对偶函数记为 F^d,它不依赖于表示 F 的那个特定的布尔表达式。对于由布尔表达式表示的函数的恒等式,当取恒等式两边的函数的对偶时,等式仍然成立。此结果叫作对偶性定理,它对于获得新的恒等式十分有用。

例 5.8　通过取对偶的方法,由恒等式 $x+yz=(x+y)(x+z)$ 构造另一个恒等式。

解：取此恒等式两边的对偶,得到恒等式 $x(y+z)=xy+xz$,该恒等式称为布尔积对布尔和的分配律。而原恒等式称为布尔和对布尔积的分配律。

5.2 布尔函数的表示

本节讨论两个问题。第一,有没有标准的布尔表达式来表示布尔函数?这个问题将通过如下结论来解决:任何一个布尔函数都可由布尔变量及其补的布尔积的布尔和来表示。这个问题的答案还说明了任何布尔函数可以由{一,•,十}3个布尔算子来表示。第二,有没有更小的算子集合来表示所有的布尔函数?通过讨论将得出:所有的布尔函数都可以用一个算子来表示。这两个问题在逻辑电路设计中都有特殊的重要性。

5.2.1 布尔函数的主析取范式

例 5.9 给定 3 个布尔变量 x, y, z,找到满足表 5.5 的列中所给出值的函数 f, g, h: $B^3 \rightarrow B$ 的布尔表达式。

表 5.5 函数 f, g, h: $B^3 \rightarrow B$ 的值

x	y	z	f	g	h	x	y	z	f	g	h
0	0	0	0	0	0	1	0	0	0	1	1
0	0	1	1	0	1	1	0	1	0	0	0
0	1	0	0	0	0	1	1	0	0	0	0
0	1	1	0	0	0	1	1	1	0	0	0

解:对于 f 下面的列,要得到一个函数,其中的值 1 只出现在 $x=y=0$ 且 $z=1$ 的情况下,函数 $f(x,y,z)=\bar{x}\bar{y}z$ 就是这样的一个函数。同理,函数 $g(x,y,z)=x\bar{y}\bar{z}$ 在 $x=1$ 且 $y=z=0$ 的情况下得到值 1,其他情况下都为 0。因为 f 和 g 都是只有在一种情况下具有值 1,并且这两种情况彼此不同,所以它们的和 $f+g$ 恰好在这两种情况下具有值 1,所以 $h(x,y,z)=f(x,y,z)+g(x,y,z)=\bar{x}\bar{y}z+x\bar{y}\bar{z}$ 就对应于 h 下面的列中给定的值。

由这个例子可以得到如下定义。

定义 5.5 对于所有 $n \in Z^+$,如果 f 是具有 n 个变量 $x_1, x_2, \cdots, x_i, \cdots, x_n$ 的一个布尔函数,则称

(1) 对于 $1 \leqslant i \leqslant n$,每一项 x_i 或者它的补 $\bar{x}_i$ 为一个文字。

(2) 具有 $y_1 y_2 \cdots y_i \cdots y_n$ 形式的项,其中对于 $1 \leqslant i \leqslant n$ 有每个 $y_i = x_i$ 或者 $y_i = \bar{x}_i$,为一个基本合取式(又称为一个极小项)。

(3) 作为若干个基本合取式(极小项)之和的 f 的表示形式,为 f 的**主析取范式**。

对于定义 5.5(2)中定义的极小项,每一个布尔变量或它的补都出现且仅出现一次。如 3 个布尔变量 x, y, z 的极小项有 $2^3 = 8$ 个,即 $\bar{x}\bar{y}\bar{z}, \bar{x}\bar{y}z, \bar{x}y\bar{z}, \bar{x}yz, x\bar{y}\bar{z}, x\bar{y}z, xy\bar{z}, xyz$。一般情况下,$n$ 个变量的极小项有 2^n 个。

极小项通常用 m_i 来表示,下标 i 即极小项编号,用十进制表示。将极小项中原变量用 1 表示,补变量用 0 表示,即可得到极小项的编号,以 $\bar{x}yz$ 为例,因为它与 011 对应,所以就称 $\bar{x}yz$ 是和变量取值 011 相对应的极小项,而 011 相当于十进制数 3,所以把 $\bar{x}yz$ 记为 m_3。按此原则,3 个变量的极小项代表符号如表 5.6 所示。

表 5.6　3 个变量的极小项

极小项	x	y	z	二进制编号	表示符号	极小项	x	y	z	二进制编号	表示符号
$\bar{x}\,\bar{y}\,\bar{z}$	0	0	0	000(=0)	m_0	$x\,\bar{y}\,\bar{z}$	1	0	0	100(=4)	m_4
$\bar{x}\,\bar{y}\,z$	0	0	1	001(=1)	m_1	$x\,\bar{y}\,z$	1	0	1	101(=5)	m_5
$\bar{x}\,y\,\bar{z}$	0	1	0	010(=2)	m_2	$x\,y\,\bar{z}$	1	1	0	110(=6)	m_6
$\bar{x}\,y\,z$	0	1	1	011(=3)	m_3	$x\,y\,z$	1	1	1	111(=7)	m_7

例 5.10　求布尔函数 $f(x,y,z)=xy+\bar{x}z$ 的主析取范式。

解：虽然布尔表达式 $xy+\bar{x}z$ 已经是积之和的形式,但其中的项还不是极小项,必须在非极小项中找回缺失的布尔变量。

$$xy+\bar{x}z = xy\cdot 1+\bar{x}z\cdot 1 = xy\cdot(\bar{z}+z)+\bar{x}z\cdot(\bar{y}+y) = xy\bar{z}+xyz+\bar{x}\,\bar{y}z+\bar{x}yz$$
$$= m_6+m_7+m_1+m_3 = \sum m(1,3,6,7)$$

一般地,利用布尔代数的恒等式,可以把任意一个布尔函数转化为它的主析取范式。

例 5.11　求布尔函数 $f(x,y,z)=\overline{(xy+\bar{x}\,\bar{y}+\bar{z})\overline{xy}}$ 的主析取范式。

解：可经下列几步。

(1) 多次利用德摩根律去掉补号,直到最后得到一个只在单个布尔变量上有补号的布尔表达式。

$$f(x,y,z)=\overline{(xy+\bar{x}\,\bar{y}+\bar{z})\,\overline{xy}}$$
$$=\overline{(xy+\bar{x}\,\bar{y}+\bar{z})}+xy$$
$$=\overline{xy}\cdot\overline{(x+y)}\cdot z+xy$$
$$=(\bar{x}+\bar{y})\cdot(x+y)z+xy$$

(2) 利用分配律消去括号,直到得到一个积之和形式的布尔表达式。

$$f(x,y,z)=(\bar{x}+\bar{y})\cdot(x+y)z+xy$$
$$=\bar{x}xz+\bar{x}yz+x\bar{y}z+y\bar{y}z+xy$$
$$=\bar{x}yz+x\bar{y}z+xy$$

(3) 所得式子中若有非极小项,则找回缺失的布尔变量,变为极小项。

$$f(x,y,z)=\bar{x}yz+x\bar{y}z+xy$$
$$=\bar{x}yz+x\bar{y}z+xy\cdot 1$$
$$=\bar{x}yz+x\bar{y}z+xy\cdot(\bar{z}+z)$$
$$=\bar{x}yz+x\bar{y}z+xy\bar{z}+xyz$$
$$=m_3+m_5+m_6+m_7 = \sum m(3,5,6,7)$$

5.2.2　函数完备性

每个布尔函数都存在主析取范式,表明每一个布尔函数都可以用布尔算子 $-$、$\cdot$ 和 $+$ 来表示。若每个布尔函数都可以由布尔运算表示,则称集合 $\{-,\cdot,+\}$ 是函数完备的。还有没有更小的函数完备运算集合呢? 如果这三个运算中的某一个能够用其余两个表示,则就还有。用德摩根律可以做到这一点。使用恒等式

$$x+y=\overline{\bar{x}\,\bar{y}}$$

可以消去所有的布尔和,这意味着集合$\{-,\cdot\}$是函数完备的。

同理,使用恒等式

$$xy = \overline{\overline{x}+\overline{y}}$$

可以消去所有的布尔积,意味着集合$\{-,+\}$也是函数完备的。

而集合$\{\cdot,+\}$不是函数完备的,因为用这两个运算不可能表示布尔函数$f(x)=\overline{x}$。

我们已经找到一些含有两个运算的函数完备集合,还能不能找到更小的集合,即只含一个运算的集合,它仍然是函数完备的?这样的集合是存在的。

定义运算"↑"或"NAND"(读作"与非")如下:

$$0\uparrow 0 = 0\uparrow 1 = 1\uparrow 0 = 1, \quad 1\uparrow 1 = 0$$

定义运算"↓"或"NOR"(读作"或非")如下:

$$0\downarrow 0 = 1, \quad 0\downarrow 1 = 1\downarrow 0 = 1\downarrow 1 = 0$$

集合$\{\uparrow\}$和$\{\downarrow\}$是函数完备的。因为已知集合$\{-,\cdot,+\}$是函数完备的,且有

$$\overline{x} = x\uparrow x$$
$$xy = (x\uparrow y)\uparrow(x\uparrow y)$$
$$x+y = (x\uparrow x)\uparrow(y\uparrow y)$$

故集合$\{\uparrow\}$是函数完备的。集合$\{\downarrow\}$的函数完备性证明留做习题。

5.3 布尔代数的应用

5.3.1 门电路

布尔代数被用来作为电子装置的电路模型,这样装置的输入和输出都可以是集合$B=\{0,1\}$中的元素。计算机或其他电子装置就是由许多电路构成的,电路可以根据布尔代数的规则设计,这些已经在前两节讨论过。电路的基本元件是所谓的门,每种类型的门实现一种布尔运算。

图5.1中表示的分别是实现布尔积、布尔和及布尔补运算的逻辑门电路,分别称为与门、或门和非门。与门和或门允许有多个输入。

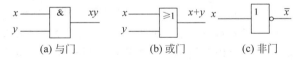

(a) 与门　　　　(b) 或门　　　　(c) 非门

图5.1 逻辑门符号

使用与门、或门和非门的组合可以构造组合电路。例如图5.2描述了输出$xy+\overline{x}y$的电路。

5.2.2节定义的运算"↑"和运算"↓"对应的门电路分别称为与非门和或非门,其逻辑门符号如图5.3所示。由于集合$\{\uparrow\}$和$\{\downarrow\}$都是函数完备的,所以所有的电路都可以只用一种"与非门"或只用一种"或非门"构成。与非门和或非门也允许有多个输入。

图5.2 组合电路

下面给出一个具有实际功能的电路。

例 5.12   某个组织的一切事务都由一个三人委员会决定,每个委员对提出的建议可以投赞成票或反对票。一个建议如果得到至少两张赞成票就获得通过。设计一个电路来确定建议是否获得通过。

解:如果第一个委员投赞成票,则令 $x=1$;如果这个委员投反对票,则令 $x=0$。如果第二个委员投赞成票,则令 $y=1$;如果这个委员投反对票,则令 $y=0$。如果第三个委员投赞成票,则令 $z=1$;如果这个委员投反对票,则令 $z=0$。必须设计一个电路使得对于输入的 x,y 和 z,如果其中至少有两个为1,则此电路产生输出1。具有这样输出值的一个布尔函数表示是 $xy+yz+xz$,实现这个函数的电路如图 5.4 所示。

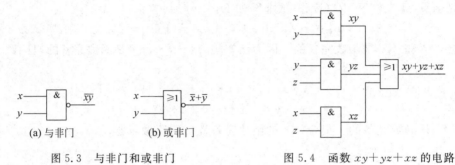

图 5.3   与非门和或非门   图 5.4   函数 $xy+yz+xz$ 的电路

5.3.2   卡诺图

组合电路的有效性依赖于门的个数及安排。在组合电路的设计过程中,首先构造一个表,对于输入可能取的每种值有对应的输出值。对于任何电路,总可以用主析取范式找到一组门电路来实现这个电路。但是,主析取范式中可能包含一些可以合并的项,例如,考虑这样的电路,它输出 1 当且仅当 $x=y=z=1$,或 $x=z=1$ 且 $y=0$,此电路的主析取范式为 $xyz+x\bar{y}z$。在这个式子中,只有一个变量以不同的形式出现,即 y。它们可以做如下合并:

$$xyz + x\bar{y}z = xz(y+\bar{y}) = xz \cdot 1 = xz$$

这样,xz 也是一个表示这个电路的布尔表达式,但包含更少的运算,实现这个表达式只用一个与门,而实现表达式 $xyz+x\bar{y}z$ 需要一个非门、两个与门和一个或门。

对于表示电路的一个布尔表达式,为了减少其中项的个数,有必要去发现可以合并的项。如果布尔函数所包含的变量相对较少,可以用一种图形法来发现能被合并的项。此法称为卡诺图,它是由摩里斯·卡诺(Maurice Karnaugh)在 1953 年发现的。

n 变量的卡诺图是一种有 2^n 个方格构成的图形,每一个方格表示布尔函数的一个极小项,所有的极小项巧妙地排列成一种能清楚地反映它们相邻关系的方格阵列。

因为任何一个布尔函数都可以表示成"极小项之和"的形式,所以一个函数可用图形中的若干方格构成的区域来表示。

图 5.5 中分别列出 2 变量、3 变量和 4 变量各极小项在卡诺图中方格的位置。

注意:如果一些方格所表示的极小项只在 1 个变量处不一样,则称这些方格是相邻的。如在 4 变量卡诺图中,m_5 与 m_1、m_4、m_7、m_{13} 是相邻的,m_0 与 m_1、m_2、m_4、m_8 是相邻的。

用卡诺图表示布尔函数的步骤如下。

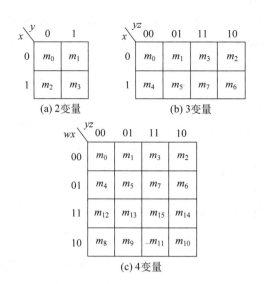

图 5.5 2 变量、3 变量和 4 变量各极小项在卡诺图中方格的位置

（1）把已知布尔函数式化为极小项之和形式。

（2）将函数式中包含的极小项在卡诺图对应的方格中填 1，其余方格不填。

例 5.13 画出下列布尔函数的卡诺图。

（1）$\bar{x}y + x\bar{y}$。

（2）$\bar{x}\,\bar{y}\,\bar{z} + \bar{x}\,\bar{y}z + \bar{x}yz + x\,\bar{y}\,\bar{z} + x\,\bar{y}z$。

（3）$\overline{w}\,\bar{x}\,\bar{y}\,\bar{z} + \overline{w}x\,\bar{y}\,\bar{z} + w\,\bar{x}\,\bar{y}\,\bar{z} + w\,\bar{x}\,\bar{y}z + w\,\bar{x}\,yz + wx\,\bar{y}\,\bar{z}$。

解：这 3 个布尔函数的卡诺图分别为图 5.6 中的（a），（b），（c）所示。

用卡诺图化简布尔函数的方法如下。

（1）化简依据：利用公式 $x\bar{y} + xy = x$，将两个极小项合并消去表现形式不同的变量。

（2）化简方法：用圈 1 的方法画圈，消去表现形式不同的变量，保留相同的变量。

2 个相邻的极小项结合，可以消去 1 个取值不同的变量而合并为 1 项。

4 个相邻的极小项结合，可以消去 2 个取值不同的变量而合并为 1 项。

8 个相邻的极小项结合，可以消去 3 个取值不同的变量而合并为 1 项。

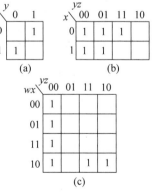

图 5.6 3 个布尔函数的卡诺图

（3）画圈的原则：

- 尽量画大圈，但每个圈内只能含有 $2^n (n=1,2,3,\cdots)$ 个相邻项。要特别注意对边相邻性和四角相邻性。

- 圈的个数尽量少。

- 卡诺图中所有取值为 1 的方格均要被圈过，即不能漏下取值为 1 的最小项。

- 在新画的包围圈中至少要含有 1 个未被圈过的 1 方格，否则该包围圈是多余的。

（4）写出化简后的表达式。每一个圈写一个最简布尔积,然后将所有最简布尔积进行布尔和运算,即得到最简的积之和形式的表达式。

例 5.14 利用卡诺图化简下列布尔函数。

(1) $\bar{x}\bar{y}+\bar{x}y$。　　　　(2) $\bar{x}y+x\bar{y}+xy$。

解：在卡诺图上画圈如图 5.7 所示。

化简后得到的表达式为：

(1) $\bar{x}$。　　　　(2) $x+y$。

例 5.15 利用卡诺图化简下列布尔函数。

(1) $\bar{x}\bar{y}\bar{z}+\bar{x}yz+x\bar{y}\bar{z}+xy\bar{z}$。

(2) $\bar{x}\bar{y}\bar{z}+\bar{x}\bar{y}z+\bar{x}yz+x\bar{y}\bar{z}+x\bar{y}z$。

解：在卡诺图上画圈,如图 5.8 所示。

  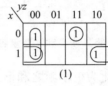 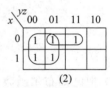

图 5.7　例 5.14 中在卡诺图上画圈　　　　图 5.8　例 5.15 中在卡诺图上画圈

化简后得到的表达式为：

(1) $\bar{y}\bar{z}+x\bar{z}+\bar{x}yz$。　　　　(2) $\bar{y}+\bar{x}z$。

例 5.16 利用卡诺图化简下列布尔函数。

(1) $\bar{w}\bar{x}yz+\bar{w}x\bar{y}\bar{z}+\bar{w}x\bar{y}z+\bar{w}xyz+wx\bar{y}z+wxyz+w\bar{x}yz$。

(2) $\bar{w}\bar{x}\bar{y}z+\bar{w}\bar{x}yz+\bar{w}x\bar{y}\bar{z}+\bar{w}x\bar{y}z+\bar{w}xyz+wx\bar{y}z+wxyz+w\bar{x}\bar{y}\bar{z}+w\bar{x}\bar{y}z+w\bar{x}yz+w\bar{x}y\bar{z}$。

解：在卡诺图上画圈,如图 5.9 所示。

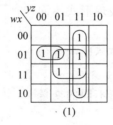 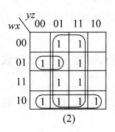

图 5.9　例 5.16 中在卡诺图上画圈

化简后得到的表达式为：

(1) $yz+xz+\bar{w}x\bar{y}$。　　　　(2) $z+w\bar{x}+\bar{w}x\bar{y}$。

习题 5

1. 计算下列表达式的值。

(1) $1 \cdot 0$。　　(2) $1+\bar{1}$。　　(3) $\bar{0} \cdot 0$。　　(4) $\overline{(1+0)}$。

2. 证明 $x\bar{y}+y\bar{z}+z\bar{x}=\bar{x}y+\bar{y}z+\bar{z}x$。

3. 验证结合律。

4. 求下列布尔表达式的对偶。

(1) $x+\bar{y}$。 (2) $\bar{x}\bar{y}$。

(3) $xyz+\bar{x}\bar{y}\bar{z}$。 (4) $x\bar{z}+x\cdot 0+\bar{x}\cdot 1$。

5. 求布尔变量 x,y,z 或其补的布尔积,使得它具有值为 1 当且仅当以下条件成立。

(1) $x=y=0,z=1$。 (2) $x=0,y=1,z=0$。

(3) $x=0,y=z=1$。 (4) $x=y=z=0$。

6. 求下列布尔函数的主析取范式。

(1) $f(x,y,z)=x+y+z$。

(2) $f(x,y,z)=(x+z)y$。

(3) $f(x,y,z)=\overline{\bar{x}(y+\bar{z})}$。

7. 证明:

(1) $\bar{x}=x\uparrow x$。 (2) $xy=(x\uparrow y)\uparrow(x\uparrow y)$。 (3) $x+y=(x\uparrow x)\uparrow(y\uparrow y)$。

8. 证明:

(1) $\bar{x}=x\downarrow x$。 (2) $xy=(x\downarrow x)\downarrow(y\downarrow y)$。 (3) $x+y=(x\downarrow y)\downarrow(x\downarrow y)$。

9. 证明:集合 $\{\downarrow\}$ 是函数完备集。

10. 构造产生下列输出的电路。

(1) $(x+y)\bar{x}$。 (2) $\overline{\bar{x}(y+\bar{z})}$。 (3) $(x+y+z)\bar{x}\bar{y}\bar{z}$。

11. 有时候灯具需要有多个开关来控制,因此有必要设计这样的电路:当灯是关闭时,敲击任何一个开关都可以打开此灯;反之,当灯是打开时,敲击任何一个开关都可以关闭此灯。在有两个或三个开关的情况下,设计电路来完成这个任务。

12. 利用与门、或门和非门构造与非门和或非门。

13. 利用与非门和或非门构造与门、或门和非门。

14. 利用卡诺图化简下列 3 变量布尔函数。

(1) $\bar{x}\bar{y}z+\bar{x}y\bar{z}+\bar{x}yz+x\bar{y}\bar{z}+x\bar{y}z+xy\bar{z}$。

(2) $\bar{x}y\bar{z}+\bar{x}\bar{y}\bar{z}+\bar{x}yz+xy\bar{z}+xyz$。

15. 利用卡诺图化简下列 4 变量布尔函数。

(1) $f(w,x,y,z)=\sum m(2,3,4,5,7,8,12,13)$。

(2) $f(w,x,y,z)=\sum m(0,5,6,8,9,10,11,13,15)$。

第6章 图

图论是一个新的数学分支,它是一门很有实用价值的学科,它在自然科学、社会科学等各领域均有很多应用。近年来随着计算机科学的发展,它的应用范围不断拓广,已渗透到诸如语言学、物理学、化学、电信工程、计算机科学以及数学的其他分支中。特别在计算机科学中,如形式语言、数据结构、操作系统、计算机网络、人工智能等方面扮演重要的角色。

6.1 图的基本概念

6.1.1 无向图和有向图

在第4章中已给出了笛卡儿积的概念,为了定义无向图,还要给出无序积的概念。

定义 6.1 设 A,B 为集合,记 $A\&B=\{(x,y)|x\in A \wedge y\in B\}$ 为集合 A 与 B 的无序积,其中无序对 $(x,y)=(y,x)$。

例 6.1 设 $A=\{a,b\}, B=\{0,1,2\}$,则

$$A\&B = \{(a,0),(a,1),(a,2),(b,0),(b,1),(b,2)\} = B\&A;$$
$$A\&A = \{(a,a),(a,b),(b,b)\}.$$

定义 6.2 一个无向图是一个有序的二元组 $\langle V,E\rangle$,记作 G,其中

(1) $V\neq\varnothing$ 称为顶点集,其元素称为顶点或结点。

(2) E 称为边集,它是无序积 $V\&V$ 的多重子集,其元素称为无向边,简称边。

所谓多重集合或者多重集是元素可以重复出现的集合,某元素重复出现的次数称为该元素的重复度。例如,在多重集合 $\{a,a,b,b,b,c,d\}$ 中,a,b,c,d 的重复度分别为 $2,3,1,1$。

定义 6.3 一个有向图是一个有序的二元组 $\langle V,E\rangle$,记作 D,其中

(1) V 同无向图。

(2) E 为边集,它是笛卡儿积 $V\times V$ 的多重子集,其元素称为有向边,简称边(或弧)。

上面给出了无向图和有向图的集合定义,但人们总是习惯用图形来表示它们,即用小圆圈(或实心点)表示顶点,用顶点之间的连线表示无向边,用有方向的连线表示有向边。

无向图 $G=\langle V,E\rangle$,其中 $V=\{v_1,v_2,v_3,v_4,v_5\}$,$E=\{(v_1,v_1),(v_1,v_2),(v_1,v_4),(v_2,v_1),(v_2,v_3),(v_3,v_4),(v_4,v_3)\}$ 的图形见图 6.1(a)。

有向图 $D=\langle V,E\rangle$,其中 $V=\{v_1,v_2,v_3,v_4,v_5\}$,$E=\{\langle v_1,v_1\rangle,\langle v_1,v_2\rangle,\langle v_1,v_4\rangle,\langle v_1,v_2\rangle,\langle v_2,v_3\rangle,\langle v_3,v_4\rangle,\langle v_4,v_3\rangle\}$ 的图形见图 6.1(b)。

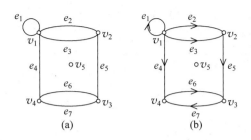

图 6.1 无向图 G 和有向图 D

一般情况下用 G 表示无向图,用 D 表示有向图,有时也可以用 G 表示有向图。

定义 6.4 设 $G=\langle V,E\rangle$ 是无向图,$e\in E$,设连接 e 的两点为 u,v,即 $e=(u,v)$,称 u,v 为 e 的端点,并称 e 与 u(或 v)彼此相关联,称 u,v 为彼此相邻。如连接边 e 的两端点 u,v 重合,即 $u=v$,则称边 e 为自环或环;若连接图 G 的两个顶点 u,v 的边数超过 1,则称 G 是多重图,对应的边为重边或平行边;无自环的非多重图称为简单图,非简单图为复杂图,它存在环或平行边。

在图 6.1(a) 中,$e_1=(v_1,v_1)$ 为环,e_2 和 e_3 以及 e_6 和 e_7 为重边,它是一个复杂图。

定义 6.5 设 $D=\langle V,E\rangle$ 是有向图,设 e 是顶点 u 到顶点 v 的弧,即 $e=\langle u,v\rangle$,则称 u,v 为 e 的端点,u 是 e 的起点,v 为 e 的终点,并称 u 邻接到 v,v 邻接于 u;如弧 e 的起点与终点重合,即 $u=v$,则称弧 e 为自环或环;若连接图 G 的起点 u 和终点 v 的弧数超过 1,则称 G 是多重图,对应的边为重边或平行边,无环的非多重图称为简单图,非简单图为复杂图,它存在环或平行边。

在图 6.1(b) 中,$e_1=\langle v_1,v_1\rangle$ 为环,e_2 和 e_3 为重边,但 e_6 和 e_7 不是重边,因为两边的方向相反,它是一个复杂图。

设 $G=(V,E)$ 是一个图,今后用 $V(G)$ 表示 G 的点集,用 $E(G)$ 表示 G 的边集,为此再给出以下几个概念。

定义 6.6 设 $G=(V,E)$ 是一个图。

(1) 若 $|V(G)|,|E(G)|$ 均有限,则称 G 为有限图。

(2) 若 $|V(G)|=n$,则称 G 为 n 阶图。

(3) 一个只有顶点而没有边(弧)的图称为零图。特别地,只有一个顶点的零图称为平凡图。没有顶点的图称为空图(运算过程中产生)。

定义 6.7 设 G 为 n 阶无向简单图,若 G 中每个顶点均与其余的 $n-1$ 个顶点相邻,则称 G 为 n 阶无向完全图,简称 n 阶完全图,记作 $K_n(n\geqslant 1)$。设 D 为 n 阶有向简单图,若 D 中每个顶点都邻接到其余的 $n-1$ 个顶点,又邻接于其余的 $n-1$ 个顶点,则称 D 是 n 阶有向完全图。

图 6.2 分别列出了 K_1,K_2,K_3,K_4,K_5。图 6.3 分别列出了 1 阶有向完全图、2 阶有向完全图、3 阶有向完全图。

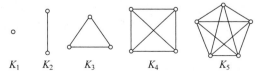

图 6.2 n 阶完全图($n=1,2,3,4,5$)

定义 6.8　设 $G=(V,E)$ 是无向图,若

(1) $V=V_1 \bigcup V_2$,$V_1 \bigcap V_2=\varnothing$。

(2) $\forall e=(u,v) \in E$,均有 $u \in V_1$,$v \in V_2$(或 $u \in V_2$,$v \in V_1$)。

则称 G 为二分图或偶图。

图 6.4 为二分图。

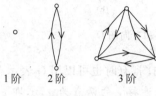

1阶　2阶　3阶

图 6.3　有向完全图

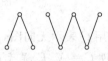

图 6.4　二分图

定义 6.9　设 $G=(V,E)$ 为二分图,$V=V_1 \bigcup V_2$,且 V_1 中的任一顶点与 V_2 中每一个顶点均有且仅有唯一的一条边相连,则称 G 为完全二分图或完全偶图。若 $|V_1|=n$,$|V_2|=m$ 时,完全二分图记作 $K_{n,m}$。

图 6.5 列出了 $K_{1,2}$,$K_{2,3}$,$K_{3,3}$。

定义 6.10　设 $G=(V,E)$ 和 $G_1=(V_1,E_1)$ 是图,若 $V_1 \subseteq V$,$E_1 \subseteq E$,则称 G_1 是 G 的子图,G 是 G_1 的母图,记作 $G_1 \subseteq G$。

若 $G_1 \subseteq G$ 且 $G_1 \neq G$(即 $V_1 \subset V$,或 $E_1 \subset E$),则称 G_1 是 G 的真子图。若 $G_1 \subseteq G$ 且 $V_1=V$,则称 G_1 是 G 的生成子图(支撑子图)。

图 6.6 和图 6.7 中 G_1,G_2 是 G 的子图,且 G_2 是 G 的生成子图。

$K_{1,2}$　　$K_{2,3}$　　$K_{3,3}$

图 6.5　完全二分图

G　　　　G_1　　　　G_2

图 6.6　子图和生成子图举例一

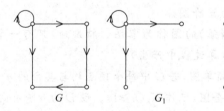

G　　　　G_1　　　　G_2

图 6.7　子图和生成子图举例二

定义 6.11　设 $G=(V,E)$ 为图,$V_1 \subseteq V$,且 $V_1 \neq \varnothing$,以 V_1 为顶点集,以 G 中两个端点均在 V_1 中的边的全体组成边集 E_1 的图为 G 的子图,称为 V_1 导出的子图,记作 $G[V_1]$。设 $E_1 \subseteq E$,且 $E_1 \neq \varnothing$,以 E_1 为边集,以 E_1 中边关联的顶点的全体为顶点集的图为 G 的子图,称为 E_1 导出的子图,记作 $G[E_1]$。

对于图 6.8 中的图 G,若 $V_1=\{1,2,3,4\}$,$E_1=\{(2,3),(1,4),(4,5)\}$,则 V_1 和 E_1 的导出子图分别为 $G[V_1]$,$G[E_1]$。

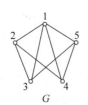 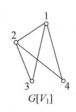 

图 6.8 V_1 和 E_1 导出的子图 $G[V_1]$,$G[E_1]$

定义 6.12 设 $G=(V,E)$,$G_1=(V,E_1)$ 均为简单图,若满足:

(1) $E \cap E_1 = \varnothing$。

(2) $G_2=(V,E \cup E_1)$ 是完全图。

则称 G_1 是 G 的补图,记作 $\bar{G}$。

图 6.9(a)是图 6.9(b)的补图,图 6.9(c)是图 6.9(d)的补图。

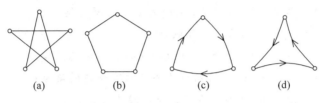

图 6.9 补图

下面再介绍几种常用的特殊的无向简单图。

(1) 圈图。圈图 $C_n(n \geqslant 3)$ 是由 n 个顶点 $v_1,v_2,\cdots,v_n$ 以及边 (v_1,v_2),(v_2,v_3),$\cdots$,(v_{n-1},v_n),(v_n,v_1) 构成的。图 6.10 列出了 C_3,C_4,C_5,C_6。

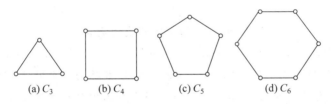

图 6.10 圈图

(2) 轮图。在 $n \geqslant 3$ 的圈图 C_n 中间增加 1 个顶点,把这个新顶点与 C_n 的 n 个顶点都逐个连接,就得到轮图 W_n。图 6.11 列出了 W_3,W_4,W_5,W_6。

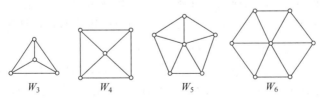

图 6.11 轮图

(3) n 立方体图。n 立方体图 Q_n 是用顶点表示 2^n 个长度为 n 的位串的图,图中的 2 顶点相邻当且仅当它们表示的位串只有一位不同。图 6.12 列出了 Q_1,Q_2,Q_3。

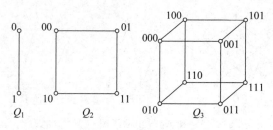

图 6.12　n 立方体图

6.1.2　握手定理

定义 6.13　设有向图 $D=\langle V,E\rangle$,对于任意的 $v\in V$,有以下定义。

称 $\Gamma_D^+(v)=\{u\,|\,u\in V\wedge\langle v,u\rangle\in E\wedge u\neq v\}$ 为 v 的后继元集;

称 $\Gamma_D^-(v)=\{u\,|\,u\in V\wedge\langle u,v\rangle\in E\wedge u\neq v\}$ 为 v 的前驱元集;

称 $N_D(v)=\Gamma_D^+(v)\bigcup\Gamma_D^-(v)$ 为 v 的邻域,称 $\overline{N}_D(v)=N_D(v)\bigcup\{v\}$ 为 v 的闭邻域;

称 $\mathrm{Inc}^+(v)=\{e\,|\,e=\langle v,u\rangle\in E\}$ 为以 v 为始点的有向边的集合;

称 $\mathrm{Inc}^-(v)=\{e\,|\,e=\langle u,v\rangle\in E\}$ 为以 v 为终点的有向边的集合;

称 $\mathrm{Inc}(v)=\mathrm{Inc}^+(v)\bigcup\mathrm{Inc}^-(v)$ 为与 v 相关联的边的集合。

在图 6.1(b)中,$\Gamma_D^+(v_1)=\{v_2,v_4\},\Gamma_D^-(v_1)=\varnothing,N_D(v_1)=\{v_2,v_4\},\overline{N}_D(v_1)=\{v_1,v_2,v_4\},\mathrm{Inc}^+(v_1)=\{e_1,e_2,e_3,e_4\},\mathrm{Inc}^-(v_1)=\{e_1\},\mathrm{Inc}(v_1)=\{e_1,e_2,e_3,e_4\}$。

定义 6.14　设无向图 $G=\langle V,E\rangle$,对于任意的 $v\in V$,有以下定义。

称 $N_G(v)=\{u\,|\,u\in V\wedge(v,u)\in E\wedge u\neq v\}$ 为 v 的邻域,称 $\overline{N}_G(v)=N_G(v)\bigcup\{v\}$ 为 v 的闭邻域;

称 $\mathrm{Inc}(v)=\{e\,|\,e=(v,u)\in E\}$ 为与 v 相关联的边的集合。

在图 6.1(a)中,$N_G(v_1)=\{v_2,v_4\},\overline{N}_G(v_1)=\{v_1,v_2,v_4\},\mathrm{Inc}(v_1)=\{e_1,e_2,e_3,e_4\}$。

定义 6.15　设 D 是有向图,以顶点 v 为起点的边数称为 v 的出度,记作 $d^+(v)$;以顶点 v 为终点的边数称为 v 的入度,记作 $d^-(v)$;顶点 v 的出度与入度之和 $d^+(v)+d^-(v)$ 称为顶点 v 的度,记作 $d(v)$,即 $d(v)=d^+(v)+d^-(v)$。

设 G 是无向图,v 是 G 的顶点,以 v 为端点的边的条数称为 v 的度(有自环的情况计算两次),记作 $d(v)$。

若 v 是有向图的顶点,且该顶点有自环,显然该环从 v 出发,又进入 v,所以计算度数时计算了两次。为统一起见,在无向图中某顶点上若有环,则度数也应计算两次。

由此可见,在有向图中,$d^+(v)=|\mathrm{Inc}^+(v)|,d^-(v)=|\mathrm{Inc}^-(v)|$。

在无向图中,若 v 点无环,则 $d(v)=|\mathrm{Inc}(v)|$,否则若存在一个环 $d(v)=|\mathrm{Inc}(v)|+1$。

在无向图中,记 $\Delta(G)=\max\{d(v)\,|\,v\in V(G)\}$ 为最大度,记 $\delta(G)=\min\{d(v)\,|\,v\in V(G)\}$ 为最小度。而在有向图中,记 $\Delta^+(D)=\max\{d^+(v)\,|\,v\in V(D)\}$ 为最大出度,$\Delta^-(D)=\max\{d^-(v)\,|\,v\in V(D)\}$ 为最大入度,$\delta^+(D)=\min\{d^+(v)\,|\,v\in V(D)\}$ 为最小出度,$\delta^-(D)=\min\{d^-(v)\,|\,v\in V(D)\}$ 为最小入度。

在图 6.1(a)、(b)中均有,$d(v_1)=5,d(v_2)=3,d(v_3)=3,d(v_4)=3,d(v_5)=0,\Delta(G)=5,$

$\delta(G)=0$。

且在图 6.1(b)中有，$d^+(v_1)=4,d^+(v_2)=1,d^+(v_3)=1,d^+(v_4)=1,d^+(v_5)=0$，$\Delta^+(D)=4,\delta^+(D)=0,d^-(v_1)=1,d^-(v_2)=2,d^-(v_3)=2,d^-(v_4)=2,d^-(v_5)=0$，$\Delta^-(D)=2,\delta^-(D)=0$。

称度数为 1 的顶点为悬挂顶点，它所对应的边为悬挂边，度数为 0 的顶点称为孤立点。

通过上面的分析，很容易得出下面的结论。

定理 6.1 对于图 $G=\langle V,E\rangle$，有 $\sum\limits_{v\in V}d(v)=2m$，其中 m 为 G 的边数。

对于图中的每条边均关联 2 个顶点，在计算度数时，每条边均提供 2 度，图有 m 条边，度数共 $2m$。

在有向图中还有 $\sum\limits_{v\in V}d^+(v)=m,\sum\limits_{v\in V}d^-(v)=m$。

这个定理称为握手定理，是数学家欧拉于 1736 年提出的，它是图论中的基本定理，由它还可以得到下面的重要推论。

推论 6.1 任一图中，奇数度数顶点的个数为偶数。

证明：设 V_1 和 V_2 分别为图 $G=\langle V,E\rangle$ 中度数分别为奇数和偶数的顶点集，且 $V_1\bigcup V_2=V,V_1\bigcap V_2=\varnothing$，$\sum\limits_{v\in V}d(v)=\sum\limits_{v\in V_1}d(v)+\sum\limits_{v\in V_2}d(v)=2m$，则 $\sum\limits_{v\in V_1}d(v)=2m-\sum\limits_{v\in V_2}d(v)$，由于 V_2 中度数均为偶数，故 $\sum\limits_{v\in V_1}d(v)$ 为偶数，只有偶数个奇数的和为偶数，故 V_1 的个数为偶数。

利用推论 6.1 可以很方便地判断给定的度数序列能否构成图。如度数序列 $(3,3,3,1)$ 可以画出图来，而度数序列 $(3,3,3,2)$ 不可能画出图来。

6.1.3 图的同构

图是表达事物之间关系的工具，在画图时，由于顶点位置的不同，边的曲直不同，同一事物之间的关系可能画出不同形状的图来，如图 6.13 所示。

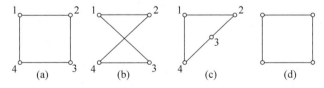

图 6.13 同一事物之间的关系可能画出不同形状的图

图 6.13 中(a),(b),(c)虽然形状不同，但表示同一种关系，为此引进了同构的概念。

定义 6.16 设 $G_1=\langle V_1,E_1\rangle$，$G_2=\langle V_2,E_2\rangle$ 为 2 个无向图（2 个有向图），若存在双射函数 $f:V_1\rightarrow V_2$，对于 $v_i,v_j\in V_1$，$(v_i,v_j)\in E_1$（$\langle v_i,v_j\rangle\in E_1$）当且仅当 $(f(v_i),f(v_j))\in E_2$，并且 (v_i,v_j) 与 $(f(v_i),f(v_j))$ 的重数相同，则称 G_1 与 G_2 是同构的，记作 $G_1\cong G_2$。

换句话说，当 2 个图同构时，2 个图的顶点之间的相邻关系也一一对应。

图 6.13 中的 4 个图同构，图 6.14 中的 2 个图同构，图 6.15 中的(a),(b),(c)3 图同构，而图 6.15(d),(e),(f)3 图不同构。

图 6.15(a)为彼得森图。

判断 2 图是否同构是一个 NP 问题,即使是判断 2 个简单图是否同构也是一件非常难的事。在 2 个带有 n 个顶点的简单图的顶点集之间有 $n!$ 种可能的一一对应,若 n 较大时,通过检验每一种对应来看它是否保持相邻关系和不相邻关系,这样是不可行的。

不过,可以通过说明 2 个不具有同构的图所具有的性质来判断 2 个图不同构。

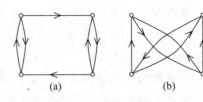

图 6.14　2 图同构

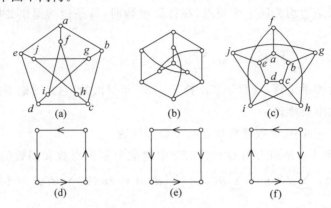

图 6.15　图的同构与不同构

若 2 个图同构,则:

(1) 2 图必然具有相同的顶点数。

(2) 2 图必然具有相同的边数。

(3) 2 图必然具有相同的度数列。

若 2 图不满足上述性质,则必不同构。但即使满足这些条件,也不一定同构,因为这些条件仅是 2 图同构的必要条件。如图 6.16 所示,2 图的顶点数、边数、度数序列都一样,但 2 图不同构。

例 6.2　列出 4 个顶点 3 条边的所有可能非同构的无向简单图。

解:本题等同于求完全图 K_4 的含有 3 条边的非同构生成子图,可以从 K_4 的 6 条边中选择 3 条边的生成子图,然后判断这些子图是否同构,最后确定有几种非同构的子图。由于这样的组合有 $C_6^3 = 20$ 种,因此这种方法虽然思想简单但太烦琐。

我们可以从度数着手,找出一些有用的信息。根据握手定理,该子图的度数和 $\sum_{i=1}^{4} d(v_i) = 2m = 6$,根据鸽巢原理,至少有一个顶点的度数大于或等于 2,即该顶点至少与 2 条边相关联,不妨设子图中含有图 6.17 的 2 条边。

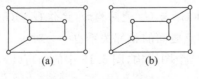

图 6.16　2 图不同构

图 6.17　例 6.2 图(1)

现在问题就转变为从剩下的 4 条边依次选择 1 条边加入图 6.17 中,获得 4 个子图,如图 6.18 所示。

其中图 6.18(a),(d)同构,则 4 个顶点 3 条边的所有可能非同构的无向简单图有图 6.18 中(a),(b),(c)3 种。

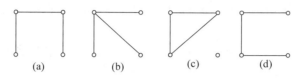

图 6.18　例 6.2 图(2)

6.2　图的连通性

6.2.1　通路和回路

许多问题可以用沿着图的边行进所形成的通路来建模。如判断在网络中的两台计算机能否相互通信,就可以用图模型来考虑,看图中代表两计算机的顶点之间是否存在通路。

定义 6.17　设 $G=(V,E)$,G 中的一个顶点和边交替出现的非空序列为 $\Gamma=v_0 e_1 v_1 e_2 v_2 \cdots e_i v_i \cdots e_k v_k$ 称为 G 的一条由结点 v_0 到结点 v_k 的通路,其中 v_0,v_1,$\cdots$,v_i,$\cdots$,v_k 是 G 的结点,$e_1, e_2, \cdots, e_i, \cdots, e_k$ 是 G 的边。v_{i-1}, v_i 是 $e_i (i=1,2,\cdots,k)$ 的端点,Γ 中所含的边数为通路 Γ 的长度,v_0 称为通路 Γ 的起点,v_k 称为通路 Γ 的终点。

若 $v_0 \neq v_k$,即通路 Γ 的起点和终点不同,称通路 Γ 为开路,否则称通路 Γ 为回路。

若通路 Γ 中的边互不相同,则称 Γ 为简单通路,闭的简单通路称为简单回路。

若 Γ 中的结点互不相同,则称 Γ 为基本通路(或初级通路、路径);若 Γ 中除起点和终点相同外,无别的相同的结点,则称 Γ 为基本回路(或初级回路、圈)。将长度为奇数的圈称为奇圈,长度为偶数的圈称为偶圈。在简单无向图中,圈的长度至少为 3。

另外,若 Γ 中有边重复出现,则称 Γ 为复杂通路,有边重复出现的回路为复杂回路。

从定义可以得出,基本通路(回路)是简单通路(回路),反之不然。

若图中没有多重边,则通路可以仅用顶点序列来表示。

例 6.3　农夫过河问题。

一个农夫带着一只狼、一只羊和一棵白菜,身处河的南岸。他要把这些东西全部运到北岸。问题是他面前只有一条小船,船小到只能容下他和一件物品,另外只有农夫能撑船。显然,因为狼能吃羊,而羊爱吃白菜,所以农夫不能留下羊和白菜自己离开,也不能留下狼和羊自己离开。好在狼属于食肉动物,它不吃白菜。请问农夫该采取什么方案才能将所有的东西运过河?

解:农夫的每一次摆渡是从一种状态进入到另一种状态,本题的目标是寻找从所有对象在河的南岸状态到所有对象在河的北岸状态的过程,可以用图来建模,设每种状态为图中的顶点,若两种状态之间可以通过一次摆渡来完成,则对应的顶点之间连一条边。用 4 位的二进制数来表示状态,分别表示农夫、狼、羊、白菜所处的位置,对应的二进制位为 0 表示在南岸,1 表示在北岸,如二进制数 1010 表示农夫和羊在北岸,狼和白菜在南岸,起始状态为

0000,终止状态为1111,得到图6.19。

图中椭圆形顶点为安全状态,矩形顶点为不安全状态,因为它会出现狼吃羊或羊吃菜的情形,不妨去掉矩形顶点,得到图6.20。

则本题的解有两条路径,分别为:

$$0000 \to 1010 \to 0010 \to 1110 \to 0100 \to 1101 \to 0101 \to 1111$$

或

$$0000 \to 1010 \to 0010 \to 1011 \to 0001 \to 1101 \to 0101 \to 1111$$

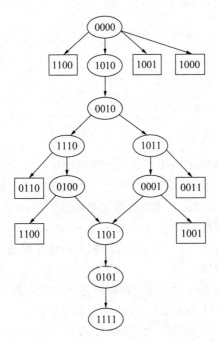

图6.19 所有可能出现的状态的图

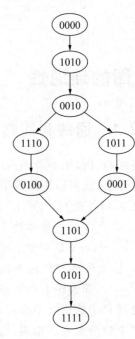

图6.20 去掉不安全状态的图

例6.4 均分问题:有3个没有刻度的桶 a,b 和 c,其容积分别为8升、5升和3升。假定桶 a 装满了酒,现要把酒均分成两份。除3个桶之外,没有任何其他测量工具,试问怎样均分?

解:用 $\langle B,C \rangle$ 表示桶 b 和桶 c 装酒的情况,可得到图6.21。

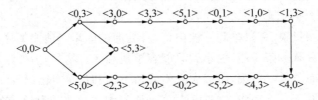

图6.21 桶 b 和桶 c 装酒的情况

由此可得两种均分酒的方法:

a 倒满 $c \to c$ 倒入 $b \to a$ 倒满 $c \to c$ 倒满 $b \to b$ 倒入 $a \to c$ 倒入 $b \to a$ 倒满 $c \to c$ 倒入 b

或

a 倒满 $b \to b$ 倒满 $c \to c$ 倒入 $a \to b$ 倒入 $c \to a$ 倒满 $b \to b$ 倒满 $c \to c$ 倒入 a

关于通路和回路的性质,有下面几个定理和推论。

定理 6.2 在 n 阶图 G 中，若从顶点 v_i 到 $v_j (v_i \neq v_j)$ 存在通路，则从 v_i 到 v_j 存在长度小于或等于 $n-1$ 的通路。

证明： 设 $\Gamma = v_0 e_1 v_1 e_2 \cdots e_l v_l (v_0 = v_i, v_l = v_j)$ 为 G 中一条长度为 l 的通路，若 $l \leq n-1$，则 Γ 满足要求，否则必有 $l+1 > n$，即 Γ 上的顶点数大于 G 中的顶点数，于是必存在 $k, s, 0 \leq k < s \leq l$，使得 $v_s = v_k$，即在 Γ 上存在 v_s 到自身的回路 C_{sk}，在 Γ 上删除 C_{sk} 上的一切边及除 v_s 外的一切顶点，得 $\Gamma' = v_0 e_1 v_1 e_2 \cdots v_k e_{s+1} \cdots e_l v_l$，$\Gamma'$ 仍为 v_i 到 v_j 的通路，且长度至少比 Γ 减少 1。若 Γ' 还不满足要求，则重复上述过程，由于 G 是有限图，经过有限步后，必得到 v_i 到 v_j 长度小于或等于 $n-1$ 的通路。

推论 6.2 在 n 阶图 G 中，若从顶点 v_i 到 $v_j (v_i \neq v_j)$ 存在通路，则 v_i 到 v_j 一定存在长度小于或等于 $n-1$ 的初级通路(路径)。

定理 6.3 在一个 n 阶图 G 中，若存在 v_i 到自身的回路，则一定存在 v_i 到自身长度小于或等于 n 的回路。

推论 6.3 在一个 n 阶图 G 中，若存在 v_i 到自身的简单回路，则一定存在 v_i 到自身长度小于或等于 n 的初级回路。

6.2.2 无向图的连通性

定义 6.18 设无向图 $G = \langle V, E \rangle$，对任意的 $u, v \in V$，若 u, v 之间存在通路，则称 u, v 是连通的，记作 $u \sim v$。规定 $v \sim v$。

显然，连通关系是等价关系，因为它是自反的、对称的、传递的。

定义 6.19 若无向图的每一对不同顶点之间都有通路，则该图为连通图。

因此在网络中，任何两个计算机都可以通信，当且仅当这个网络的图为连通图。如图 6.22 是连通图。

不连通的图是 2 个或 2 个以上的连通子图的并，每一对子图之间均没有公共的顶点，这些不相交的连通子图称为连通分支。图 6.23 由两个连通分支构成。

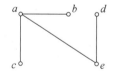

图 6.22 连通图

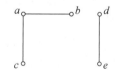

图 6.23 由两个连通分支构成的图

G 的连通分支数记为 $p(G)$，连通图的连通分支数为 1。

有时删除一个顶点及它关联的边，会改变图的连通性，产生更多的连通分支，则这样的顶点为割点或关节点，没有关节点的连通图为重连通图。同理，若从图中删除一条边，会改变图的连通性，产生更多的连通分支，则这样的边为割边或桥。如图 6.24(a) 中的顶点 v 为割点，图 6.24(b) 中的边 e 为割边。

(a)

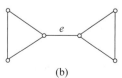
(b)

图 6.24 带有割点或割边的图

割点和割边在实际中有许多应用,如一个通信网络一般不允许出现割点,无论哪一个站点出现故障或遭到破坏,都不会影响系统正常工作;一个航空网若是重连通的,则当某条航线因天气等原因关闭时,旅客仍可通过别的航线绕行;在战争中,要摧毁敌军的运输线,仅需破坏其运输网中的关节点即可。

6.2.3 有向图的连通性

定义 6.20 设 $D=\langle V,E \rangle$ 为一个有向图。$v_i,v_j \in V$,若从 v_i 到 v_j 存在通路,则称 v_i 可达 v_j,记作 $v_i \rightarrow v_j$,规定 v_i 总是可达自身的,即 $v_i \rightarrow v_i$。若 $v_i \rightarrow v_j$ 且 $v_j \rightarrow v_i$,则称 v_i 与 v_j 是相互可达的,记作 $v_i \leftrightarrow v_j$,规定 $v_i \leftrightarrow v_i$。

对于有向图而言,结点间的可达关系不再是等价关系。它仅仅是自反和传递的。一般来说不是对称的。因此有向图的连通较无向图要复杂些。

对于给定的有向图,略去它的每条边上的方向得到的无向图称为它的基图。

定义 6.21 设 $D=\langle V,E \rangle$ 为一个有向图。若 D 的基图是连通图,则称 D 是弱连通图,简称为连通图。若 $v_i,v_j \in V$,$v_i \rightarrow v_j$ 与 $v_j \rightarrow v_i$ 至少成立其一,则称 D 是单向连通图。若均有 $v_i \leftrightarrow v_j$,则称 D 是强连通图。

根据定义,在图 6.25 中,图 6.25(a)为强连通图,图 6.25(b)为单向连通图,图 6.25(c)为弱连通图。

同时由定义可知,若图为强连通图则必为单向连通图,反之未必真;若图为单向连通图则必为弱连通图,反之未必真。

定理 6.4 有向图 G 是强连通的当且仅当 G 中有一回路,它至少经过每个顶点一次。

证明:

(1) 充分性。若 G 中有一回路,它至少经过每个顶点一次,则图中任何两个顶点都是相互可达的,可见图 G 是强连通图。

(2) 必要性。若有向图 G 是强连通的,则图中任何两个顶点都是相互可达的,故可做出一回路它经过图中的所有顶点。否则,必有一回路不通过某个顶点 v,因此 v 与回路上的每个结点均互不可达,这与 G 是强连通图矛盾。

例 6.5 判断图 6.26 中有向图的连通性。

图 6.25 强连通图、单向连通图和弱连通图   图 6.26 例 6.5 的图

解:图 6.26(a)中存在着经过所有点的回路 $abcdea$,故图 6.26(a)是强连通图,图 6.26(b)没有 a 到其他顶点的通路,故图 6.26(b)是单向连通图。

6.3 图的矩阵表示

前面已经讨论了图的集合表示和图形表示,为了更好地让计算机处理图形,图还可以用矩阵来表示,本节主要讨论图的关联矩阵、邻接矩阵、可达矩阵的表示及相关性质。

6.3.1 关联矩阵

1. 无向图的关联矩阵

定义 6.22 设无向图 $G=\langle V,E\rangle$，$V=\{v_1,v_2,\cdots,v_i,\cdots,v_n\}$，$E=\{e_1,e_2,\cdots,e_j,\cdots,e_m\}$，令 m_{ij} 为顶点 v_i 与边 e_j 的关联次数，则称 $(m_{ij})_{n\times m}$ 为 G 的关联矩阵，记作 $M(G)$。

根据定义，图 6.27 的关联矩阵为

$$M(G)=\begin{bmatrix} 2 & 1 & 1 & 1 & 0 \\ 0 & 1 & 1 & 0 & 0 \\ 0 & 0 & 0 & 1 & 1 \\ 0 & 0 & 0 & 0 & 1 \end{bmatrix}$$

反过来，若给定关联矩阵 $M(G)$，则能唯一确定如图 6.27 所示的无向图。

容易看出，关联矩阵具有下列性质。

(1) $\sum_{i=1}^{n} m_{ij}=2(j=1,2,\cdots,m)$，即矩阵的每列元素和均为 2，说明每条边关联两个顶点。

(2) $\sum_{j=1}^{m} m_{ij}=d(v_i)(i=1,2,\cdots,n)$，即矩阵的每行元素和为对应顶点的度数。

(3) $\sum_{i=1}^{n}\sum_{j=1}^{m} m_{ij}=\sum_{i=1}^{n} d(v_i)=2m$，结论与握手定理相一致。

(4) 若有两列完全一致，则对应的两条边为平行边。

2. 有向图的关联矩阵

定义 6.23 设有向图 $D=\langle V,E\rangle$ 中无环，$V=\{v_1,v_2,\cdots,v_i,\cdots,v_n\}$，$E=\{e_1,e_2,\cdots,e_j,\cdots,e_m\}$，令

$$m_{ij}=\begin{cases} 1, & v_i \text{ 为 } e_j \text{ 的起点} \\ 0, & v_i \text{ 与 } e_j \text{ 不关联} \\ -1, & v_i \text{ 为 } e_j \text{ 的终点} \end{cases}$$

则称矩阵 $(m_{ij})_{n\times m}$ 为有向图 D 的关联矩阵。

根据定义，图 6.28 的关联矩阵为

$$M(G)=\begin{bmatrix} -1 & 1 & 0 & 0 & 0 \\ 1 & -1 & 1 & 0 & 0 \\ 0 & 0 & 0 & 1 & 1 \\ 0 & 0 & -1 & -1 & -1 \end{bmatrix}$$

反过来，若给定关联矩阵 $M(G)$，则能唯一确定如图 6.28 所示的有向图。

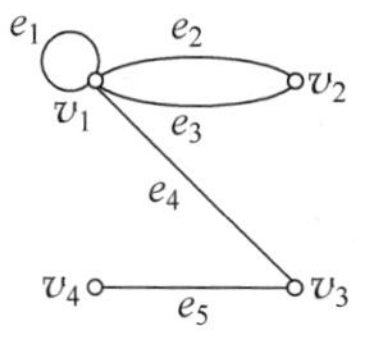

图 6.27 关联矩阵 $M(G)$ 确定的无向图

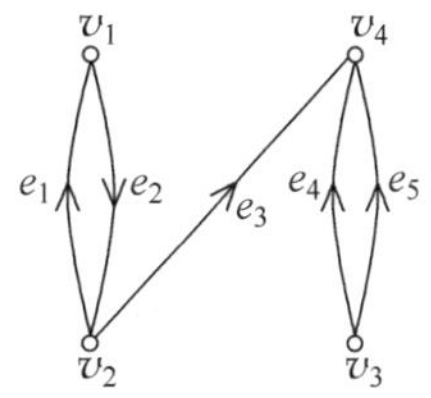

图 6.28 关联矩阵 $M(G)$ 确定的有向图

容易看出,有向图的关联矩阵具有下列性质。

(1) $\sum\limits_{i=1}^{n} m_{ij} = 0(j=1,2,\cdots,m)$,即矩阵的每列元素和均为 0。

(2) $\sum\limits_{j=1}^{m}(m_{ij}=1)=d^{+}(v_i)(i=1,2,\cdots,n)$,$\sum\limits_{j=1}^{m}(m_{ij}=-1)=-d^{-}(v_i)(i=1,2,\cdots,n)$,
即矩阵的每行元素中为 1 的个数为对应顶点的出度数,为 -1 的个数为对应顶点的入度数。

(3) $\sum\limits_{i=1}^{n}\sum\limits_{j=1}^{m}(m_{ij}=1)=\sum\limits_{i=1}^{n}d^{+}(v_i)=\sum\limits_{i=1}^{n}d^{-}(v_i)=m$,结论与握手定理相一致。

(4) 若有两列完全一致,则对应的两条边为平行边。

6.3.2　邻接矩阵

1. 无向图的邻接矩阵

定义 6.24　设无向简单图 $G=\langle V,E\rangle$,$V=\{v_1,v_2,\cdots,v_n\}$,$E=\{e_1,e_2,\cdots,e_m\}$,令

$$a_{ij}=\begin{cases}0, & 不存在边(v_i,v_j)\\ 1, & 存在边(v_i,v_j)\end{cases}$$,称 $(a_{ij})_{n\times n}$ 为 G 的邻接矩阵,记作 $\boldsymbol{A}(\boldsymbol{G})$,或简记为 $\boldsymbol{A}$。

无向简单图的邻接矩阵为对称的 0-1 矩阵,且对角线上全为 0。

图 6.29 所示的无向简单图的邻接矩阵为

$$\boldsymbol{A}=\begin{bmatrix}0 & 1 & 1 & 1\\ 1 & 0 & 0 & 0\\ 1 & 0 & 0 & 1\\ 1 & 0 & 1 & 0\end{bmatrix}$$

反之,对于给定的邻接矩阵

$$\boldsymbol{A}=\begin{bmatrix}0 & 1 & 1 & 1\\ 1 & 0 & 0 & 0\\ 1 & 0 & 0 & 1\\ 1 & 0 & 1 & 0\end{bmatrix}$$

能唯一地确定如图 6.29 所示的无向简单图。

若图中的边数很少,则对应的矩阵为稀疏矩阵。可以用特殊的方法来表示和计算这样的矩阵。

邻接矩阵也可以用来表示带环和多重边的无向图,当 v_i 点出现环时,$a_{ii}=1$,当出现多重边 (v_i,v_j) 时,则 a_{ij} 为多重边的条数,此时,邻接矩阵不再是 0-1 矩阵。

图 6.30 所示的图的邻接矩阵

$$\boldsymbol{A}=\begin{bmatrix}0 & 3 & 0 & 2\\ 3 & 1 & 1 & 0\\ 0 & 1 & 0 & 2\\ 2 & 0 & 2 & 0\end{bmatrix}$$

图 6.29　邻接矩阵 $\boldsymbol{A}$ 确定的无向简单图　　　图 6.30　带环和多重边的无向图

一般来说无环的多重图可以用带权的简单图来表示,将平行边的条数用该边上的权来表示,带权边就是边上带一个数值,这个数值的含义非常丰富,具有较高的应用价值。

带权图的邻接矩阵 $\boldsymbol{A}=(a_{ij})_{n\times n}$,其中 $a_{ij}=\begin{cases}\infty, & 不存在边(v_i,v_j)\\ w_{ij}, & 存在边(v_i,v_j)\end{cases}$,$w_{ij}$ 为边 (v_i,v_j) 上的权,因为带权图一般为简单图,所以对角线上的元素为 0。

图 6.31 所示的带权图的邻接矩阵为

$$\boldsymbol{A}=\begin{bmatrix}0 & 5 & 7 & 10\\ 5 & 0 & \infty & \infty\\ 7 & \infty & 0 & 15\\ 10 & \infty & 15 & 0\end{bmatrix}$$

2. 有向图的邻接矩阵

定义 6.25 设有向图 $D=\langle V,E\rangle$,$V=\{v_1,v_2,\cdots,v_n\}$,$E=\{e_1,e_2,\cdots,e_m\}$,令 $a_{ij}^{(1)}$ 为顶点 v_i 邻接到顶点 v_j 边的条数,称 $(a_{ij}^{(1)})_{n\times n}$ 为 D 的邻接矩阵,记作 $\boldsymbol{A}(D)$,或简记为 $\boldsymbol{A}$。

图 6.32 的邻接矩阵为

$$\boldsymbol{A}=\begin{bmatrix}0 & 2 & 1 & 0\\ 0 & 0 & 1 & 0\\ 0 & 0 & 0 & 1\\ 0 & 0 & 1 & 1\end{bmatrix}$$

图 6.31 带权图 图 6.32 有向图

从有向图的邻接矩阵可以得到如下性质。

(1) $\sum_{j=1}^{n}a_{ij}^{(1)}=d^+(v_i)$,$i=1,2,\cdots,n$,从而有 $\sum_{i=1}^{n}\sum_{j=1}^{n}a_{ij}^{(1)}=\sum_{i=1}^{n}d^+(v_i)=m$,它正确地反映了握手定理。同样有 $\sum_{i=1}^{n}a_{ij}^{(1)}=d^-(v_j)$,$j=1,2,\cdots,n$,从而有 $\sum_{j=1}^{n}\sum_{i=1}^{n}a_{ij}^{(1)}=\sum_{j=1}^{n}d^-(v_j)=m$。

(2) 邻接矩阵中元素 $a_{ij}^{(1)}$ 为顶点 v_i 到顶点 v_j 长度为 1 的通路的条数,则 $\sum_{i=1}^{n}\sum_{j=1}^{n}a_{ij}^{(1)}$ 为 D 中所有长度为 1 的通路的总条数,邻接矩阵对角线元素的和 $\sum_{i=1}^{n}a_{ii}^{(1)}$ 为 D 所有长度为 1 的回路的总条数。

现在的问题是,能否求出任意两点之间长度为 2,3,4,$\cdots$ 的通路和回路的条数及 D 中所有这样的通路和回路的总条数?

先讨论如何求得给定的两点 v_i,v_j 之间长度为 2 的通路的条数,如图 6.33 所示。

图中 v_i 到 v_j 中间结点为 v_1 的长度为 2 的通路的条数为

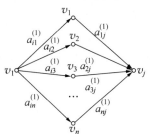

图 6.33 求通路条数

$a_{i1}^{(1)} \times a_{1j}^{(1)}$，同理 v_i 到 v_j 中间结点为 v_2 的长度为 2 的通路的条数为 $a_{i2}^{(1)} \times a_{2j}^{(1)}$，$\cdots$，$v_i$ 到 v_j 中间结点为 v_n 的长度为 2 的通路的条数为 $a_{in}^{(1)} \times a_{nj}^{(1)}$，则 v_i 到 v_j 长度为 2 的通路的总条数为

$$a_{i1}^{(1)} \times a_{1j}^{(1)} + a_{i2}^{(1)} \times a_{2j}^{(1)} + \cdots + a_{in}^{(1)} \times a_{nj}^{(1)} = \sum_{k=1}^{n} a_{ik}^{(1)} \times a_{kj}^{(1)}$$，记为 $a_{ij}^{(2)}$，该值实际上就是 $\boldsymbol{A}^2 = \boldsymbol{A} \times \boldsymbol{A}$

的第 i 行第 j 列的元素值。

由此得到，矩阵 $\boldsymbol{A}^2 = (a_{ij}^{(2)})_{n \times n}$ 的元素 $a_{ij}^{(2)}$ 就是结点 v_i 到 v_j 长度为 2 的通路数，同理矩阵 $\boldsymbol{A}^3 = (a_{ij}^{(3)})_{n \times n}$ 的元素 $a_{ij}^{(3)}$ 就是结点 v_i 到 v_j 长度为 3 的通路数，以此类推。

定理 6.5　设 $\boldsymbol{A}$ 为有向图 D 的邻接矩阵，$V = \{v_1, v_2, \cdots, v_n\}$ 为 D 的顶点集，则 $\boldsymbol{A}$ 的 r 次幂 $\boldsymbol{A}^r (r \geqslant 1)$ 中元素 $a_{ij}^{(r)}$ 为 D 中 v_i 到 v_j 长度为 r 的通路数，其中 $a_{ii}^{(r)}$ 为 v_i 到自身长度为 r 的回路数，而 $\sum\limits_{i=1}^{n} \sum\limits_{j=1}^{n} a_{ij}^{(r)}$ 为 D 中长度为 r 的通路总数，其中 $\sum\limits_{i=1}^{n} a_{ii}^{(r)}$ 为 D 中长度为 r 的回路总数。

推论 6.4　设 $\boldsymbol{B}_r = \boldsymbol{A} + \boldsymbol{A}^2 + \cdots + \boldsymbol{A}^r (r \geqslant 1)$，则 $\boldsymbol{B}_r$ 中 $\sum\limits_{i=1}^{n} \sum\limits_{j=1}^{n} b_{ij}^{(r)}$ 为 D 中长度小于或等于 r 的通路数，其中 $\sum\limits_{i=1}^{n} b_{ii}^{(r)}$ 为 D 中长度小于或等于 r 的回路数。

图 6.32 所示的有向图的邻接矩阵为

$$\boldsymbol{A} = \begin{bmatrix} 0 & 2 & 1 & 0 \\ 0 & 0 & 1 & 0 \\ 0 & 0 & 0 & 1 \\ 0 & 0 & 1 & 1 \end{bmatrix}$$

则

$$\boldsymbol{A}^2 = \begin{bmatrix} 0 & 0 & 2 & 1 \\ 0 & 0 & 0 & 1 \\ 0 & 0 & 1 & 1 \\ 0 & 0 & 1 & 2 \end{bmatrix}, \quad \boldsymbol{A}^3 = \begin{bmatrix} 0 & 0 & 1 & 3 \\ 0 & 0 & 1 & 1 \\ 0 & 0 & 1 & 2 \\ 0 & 0 & 2 & 3 \end{bmatrix}, \quad \boldsymbol{A}^4 = \begin{bmatrix} 0 & 0 & 3 & 4 \\ 0 & 0 & 1 & 2 \\ 0 & 0 & 2 & 3 \\ 0 & 0 & 3 & 5 \end{bmatrix}$$

从中可以看出 v_3 到 v_4 长度为 3,4 的条数分别为 2、3，D 中长度为 4 的通路(包括回路)为 23 条，其中回路为 7 条。得到这些结论如果通过一条一条地数是不现实的。

6.3.3　有向图的可达矩阵

定义 6.26　设 $D = \langle V, E \rangle$ 为有向图。$V = \{v_1, v_2, \cdots, v_n\}$，令 $\begin{cases} p_{ij} = 1, & \text{当 } v_i \text{ 到 } v_j \text{ 可达时} \\ p_{ij} = 0, & \text{当 } v_i \text{ 到 } v_j \text{ 不可达时} \end{cases}$，称 $(p_{ij})_{n \times n}$ 为 D 的可达矩阵，记作 $\boldsymbol{P}(\boldsymbol{D})$，简记为 $\boldsymbol{P}$。

因为规定顶点到自身是可达的，所以 $\boldsymbol{P}(\boldsymbol{D})$ 主对角线上的元素全为 1。

如何通过有向图的邻接矩阵来求可达矩阵？

对于不同的两顶点，若顶点 v_i 到顶点 v_j 是可达的，即存在着从顶点 v_i 到顶点 v_j 的通路，根据定理 6.2，两点之间必存在一条长度小于或等于 $n-1$ 的通路，则 $a_{ij}^{(1)} + a_{ij}^{(2)} + \cdots + a_{ij}^{(n-1)} > 0$(即 $b_{ij}^{(n-1)} > 0$)，否则，若顶点 v_i 到顶点 v_j 不可达时，$b_{ij}^{(n-1)} = 0$，所以，可达矩阵可以用下面的方法求得：

$$\begin{cases} p_{ij} = \begin{cases} 1, & b_{ij}^{(n-1)} > 0 \\ 0, & \text{其他} \end{cases} \quad (i \neq j) \\ p_{ii} = 1 \end{cases}$$

例如求图 6.32 的可达矩阵,可以先求出

$$\boldsymbol{B}_3 = \boldsymbol{A} + \boldsymbol{A}^2 + \boldsymbol{A}^3 = \begin{bmatrix} 0 & 2 & 1 & 0 \\ 0 & 0 & 1 & 0 \\ 0 & 0 & 0 & 1 \\ 0 & 0 & 1 & 1 \end{bmatrix} + \begin{bmatrix} 0 & 0 & 2 & 1 \\ 0 & 0 & 0 & 1 \\ 0 & 0 & 1 & 1 \\ 0 & 0 & 1 & 2 \end{bmatrix} + \begin{bmatrix} 0 & 0 & 1 & 3 \\ 0 & 0 & 1 & 1 \\ 0 & 0 & 1 & 2 \\ 0 & 0 & 2 & 3 \end{bmatrix} = \begin{bmatrix} 0 & 2 & 4 & 4 \\ 0 & 0 & 2 & 2 \\ 0 & 0 & 2 & 4 \\ 0 & 0 & 4 & 6 \end{bmatrix}$$

则

$$\boldsymbol{P} = \begin{bmatrix} 1 & 1 & 1 & 1 \\ 0 & 1 & 1 & 1 \\ 0 & 0 & 1 & 1 \\ 0 & 0 & 1 & 1 \end{bmatrix}$$

可以利用有向图的可达矩阵来判断有向图的连通性。

若可达矩阵 $\boldsymbol{P}$ 的元素全为 1,则有向图是强连通图;若 $\boldsymbol{P}+\boldsymbol{P}^{\mathrm{T}}$ 的元素全为 1,则有向图为单向连通图。

6.4 一些特殊的图

6.4.1 二部图

在 6.1 节中已经介绍了二部图(偶图)和完全二部图(完全偶图)的概念,在此不再赘述。如图 6.34(a)所示的图 C_6 是二部图,因为 C_6 可以画成图 6.34(b)的样子,而 K_3 不是二部图,因为若把 K_3 的顶点集合分成两个不相交的集合,则两个集合之一必包含两个顶点,假如 K_3 是二部图,那么这两个顶点之间不能用边相连,但在 K_3 中每个顶点都有边连接到其他顶点。

若一个图能画成这样:将它的顶点分成两个不相交的集合,每条边都连接一个子集中的一个顶点和另一个子集中的一个顶点,则该图是二部图。一般地,判断一个图是二部图可用定理 6.6。

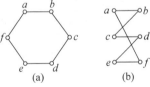

图 6.34 二部图

定理 6.6 一个无向图是二部图当且仅当图中无奇数长度的回路。

证明:

(1) 必要条件。

设 $G=(V,E)$ 是二部图,$V=V_1 \bigcup V_2$,$V_1 \bigcap V_2 = \varnothing$,设 $C=(v_1 v_2 \cdots v_{s-1} v_s v_1)$ 为 G 的长度为 s 的回路,下面证明 s 是偶数。

事实上,不妨设 $v_1 \in V_1$,观察回路 C 上的各点,有 $v_1,v_3,\cdots,v_{s-1} \in V_1$,$v_2,v_4,\cdots$,$v_s \in V_2$,于是 $s-1$ 是奇数,s 是偶数。

(2) 充分条件。

若图 G 的所有回路长度均为偶数,可设图 G 为连通图(若 G 不是连通图,则用下面同样的方法证明图 G 的各个连通分支是二部图),设 $v \in V$,令

$$V_1 = \{u \mid u \in V, d(u,v) \text{ 为偶数}\}, \quad V_2 = V - V_1$$

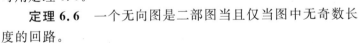

$d(u,v)$ 表示 u,v 之间的距离,这样显然有 $V=V_1 \bigcup V_2$,$V_1 \bigcap V_2 = \varnothing$,下面证明 $V_i(i=1,2)$

的顶点间无边相连。

若图 G 中有边 $e=(v_i,v_j)$，且 $v_i,v_j\in V_1$，则必可以找到如图 6.35 所示的回路，其中两条用虚线表示的路径分别为 v_i,v_j 到 v 的最短路。由于 v_i,v_j 到 v 的距离均为偶数，所以图 6.35 所示的回路长度为奇数，出现矛盾，故 V_1 中任意两点之间没有边相连。同理可以证明 V_2 中任意两点之间没有边相连。所以图 G 是二部图。

例 6.6　图 6.36 是一个二部图，因为它的每个回路的长度均为偶数。

图 6.35　回路长度为奇数　　　　　　　　图 6.36　一个二部图例子

二部图的应用举例。

例 6.7　某中学需要招聘 4 位教师讲授以下课程：数学、信息技术、物理、化学和生物学。有兴趣到该校应聘的 4 位候选者分别是赵、钱、孙、李老师。赵老师申请数学和信息技术，钱老师申请数学和物理，孙老师申请生物学，李老师申请物理、化学和信息技术。如果学校聘用所有这 4 位获选者，能否使得每位教师可以讲一门他所申请的课程并且每人都讲授不同的课程？

这样的问题通常称为分配问题，可以利用图 6.37 的二部图 $G=(V,E)$ 来建模。

图 6.38 是问题的一种分配方案。

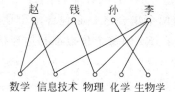

图 6.37　例 6.7 对应的二部图　　　　　　图 6.38　一种分配方案

6.4.2　欧拉图

哥尼斯堡(现名加里宁格勒,属于俄罗斯)城有一条横贯全城的普雷格尔(Pregel)河,城的各部分用七座桥连接,每逢假日,城中居民进行环城逛游,这样就产生了一个问题,能不能设计一次"遍游",使得从某地出发对每座跨河桥只走一次,而在遍历了七桥之后却又能回到原地。在图 6.39 中画出了哥尼斯堡城图,城的四个陆地部分分别标以 A,B,C,D。将陆地设想为图的结点,而把桥画成相应的连接边,这样城图可简化成如图 6.40 所示,于是通过哥尼斯堡城中每座桥一次且仅一次的问题,等价于在图 6.40 中从某一结点出发找一条通路,通过它的每条边一次且仅一次,并回到原结点。

1936 年,瑞士数学家列昂哈德·欧拉(Leonhard Euler)发表了图论的第一篇论文《哥尼斯堡七桥问题》,解决了这个问题。

哥尼斯堡七桥问题变成这样的一种模型来解决:在一个图中是否存在着经过每一条边的简单回路?

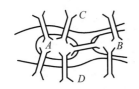

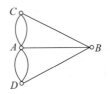

图 6.39　哥尼斯堡城图　　　图 6.40　哥尼斯堡七桥问题数学模型

定义 6.27　经过连通图 G 的每条边一次的简单通路称为欧拉通路,具有欧拉通路的图称为半欧拉图;经过连通图 G 的每条边一次的简单回路称为欧拉回路,具有欧拉回路的图称为欧拉图。

例 6.8　在图 6.41 中,哪些图具有欧拉回路? 在没有欧拉回路的图中,哪些图具有欧拉通路?

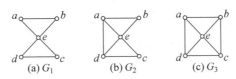

图 6.41　例 6.8 图

解:图 G_1 具有欧拉回路:$abecdea$。G_2 没有欧拉回路,但具有欧拉通路:$abecdead$。

G_3 既没有欧拉回路,也没有欧拉通路。所以,G_1 是欧拉图;G_2 是半欧拉图;G_3 既不是欧拉图,也不是半欧拉图。

如何判断一个图是否具有欧拉回路或欧拉通路? 欧拉在解决哥尼斯堡七桥问题时得出了如下定理。

定理 6.7　无向连通图 G 具有欧拉回路当且仅当 G 中没有奇度顶点,无向连通图 G 具有欧拉通路当且仅当 G 中恰有 2 个奇度顶点。

现在来看哥尼斯堡七桥问题,如图 6.40 所示,计算一下各点的度数:$d(A)=5,d(B)=3,d(C)=3,d(D)=3$,具有 4 个奇数度数的顶点,所以它没有欧拉回路,无法从任意点出发,恰好经过每座桥一次,并返回起始点。

许多智力题用铅笔连续移动,不离开纸面并且不重复地画出图形,即所谓的单笔画问题,它可以利用欧拉回路和欧拉通路来解决这样的智力题。

若一个连通图没有奇数度数的顶点,则它存在欧拉回路。如何找到该回路? 下面介绍两种方法。

1. 构造 G 的欧拉回路的算法 1(逐步插入回路法)

(1) 先选择 G 中的任一个回路 C,在 G 中删除 C 中的边。

(2) 若此时 G 中没有边存在,则结束,C 即为所求的回路,否则转(3)。

(3) 在 G 选择与 C 有公共点的回路 C',将 C' 加入 C 中生成更大的回路,同时在 G 中删除 C' 中的边,转(2)。

例 6.9　找出图 6.42(a)所示的欧拉回路。

解:先找到回路 C:$abha$,再从剩余的图中分别找到回路 $bcdb,defd,fghf$ 加入 C 中,

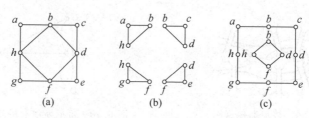

图 6.42　例 6.9 图

得到 C：$abcdefghfdbha$，如图 6.42(b)所示。

也可以先找到回路 C：$abcdefgha$，再从剩余的图中找到回路 $bdfhb$ 加入 C 中，得到 C：$abdfhbcdefgha$，如图 6.42(c)所示。

2. 构造 G 的欧拉回路的算法 2(Fleury 算法)

(1) 任取 $v_0 \in V(G)$，令 $P_0 = v_0$。

(2) 设 $P_i = v_0 e_1 v_1 e_2 \cdots e_i v_i$ 是已经求得的一条路，按下面方法来从 $E(G) - \{e_1, e_2, \cdots, e_i\}$ 中选取 e_{i+1}。

① e_{i+1} 与 v_i 相关联。

② 除非无别的边可供选择，否则 e_{i+1} 不应该为 $G_i = G - \{e_1, e_2, \cdots, e_i\}$ 中的桥(能不走桥就不走桥)。

(3) 将边 e_{i+1} 加入通路 P_0 中，令 $P_0 = v_0 e_1 v_1 e_2 \cdots e_i v_i e_{i+1} v_{i+1}$，$i = i+1$。

(4) 如果 $i = |E|$，结束，否则转(2)。

可以证明，当算法停止时所得简单回路 $P_m = v_0 e_1 v_1 e_2 \cdots e_m v_m (v_m = v_0)$ 为 G 中一条欧拉回路。

例 6.10　图 6.43(a)是一个欧拉图，某同学用 Fleury 算法求这个图的欧拉回路时，走了简单回路 $be_2 ce_3 de_{14} ie_{10} be_1 ae_8 he_9 b$ 之后，无法进行下去，试分析在哪一步犯了错误。

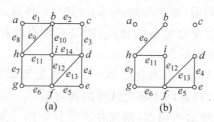

图 6.43　例 6.10 图

解：记这个图为 G，当他走到 h 时，$G - \{e_2, e_3, e_{14}, e_{10}, e_1, e_8\}$ 如图 6.43(b)所示，此时 e_9 为图的桥，而 e_7 和 e_{11} 都不是桥，他不应该走 e_9，而应该走 e_7 或 e_{11}。而他选择了走 e_9，这一步违反了 Fleury 算法中第(2)步的条件②，即"能不走桥就不走桥"。

6.4.3　哈密尔顿图

与欧拉回路非常类似的问题是哈密尔顿回路的问题。1859 年，威廉·哈密尔顿爵士(Sir Willian Hamilton)在给他朋友的一封信中，首先谈到关于十二面体的一个智力游戏：

能不能在图 6.44 中找到一条回路,使它含有这个图的所有结点? 他把每个结点看成一个城市,连接两个结点的边看成是交通线,于是他的问题就是能不能找到旅行路线,沿着交通线经过每个城市恰好一次,再回到原来的出发地。他把这个问题称为周游世界问题。

定义 6.28　给定图 G,若存在一条路经过图中的每个结点恰好一次,这条路称作**哈密尔顿路**。若存在一条回路,经过图中的每个结点恰好一次,这条回路称作**哈密尔顿回路**。

具有哈密尔顿回路的图称作**哈密尔顿图**。

例 6.11　判断图 6.45 中的各图是否是哈密尔顿图。

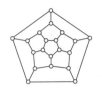

图 6.44　关于十二面体的一个智力游戏

图 6.45　例 6.11 图

解:图 6.45(a)是哈密尔顿图,因存在哈密尔顿图回路 $abdca$,而图 6.45(b)、图 6.45(c)不是哈密尔顿图,因图 6.45(b)中存在度数为 1 的顶点 d,图 6.45(c)中存在着孤立点 d,故不可能存在经过所有顶点的回路。

定理 6.8　若图 $G=\langle V,E\rangle$ 具有哈密尔顿回路,则对于结点集 V 的每个非空子集 S 均有 $p(G-S)\leqslant|S|$ 成立。其中 $p(G-S)$ 是 $G-S$ 中连通分支数。

证明:设 C 是 G 的一条哈密尔顿回路,则对于 V 的任何一个非空子集 S 在 C 中删去 S 中任一结点 a_1,则 $C-a_1$ 是连通的非回路,若再删去 S 中另一结点 a_2,则 $p(C-a_1-a_2)\leqslant 2$,由归纳法可得 $p(C-S)\leqslant|S|$。

同时 $C-S$ 是 $G-S$ 的一个生成子图,因而 $p(G-S)\leqslant p(C-S)$,所以 $p(G-S)\leqslant|S|$。

该定理只是给出了一个图是哈密尔顿图的必要条件,可以用它来证明某些图是非哈密尔顿图。如图 6.46(a)中若取 $S=\{b,d,f\}$,则 $G-S$ 中有 4 个分图,如图 6.46(b)所示,故图 6.46(a)不是哈密尔顿图。

需要指出,用定理 6.8 来证明某一特定图是非哈密尔顿图,这个方法并不总是有效的。例如,著名的彼得森(Petersen)图,如图 6.15(a)所示,在图中删去任意 1 个结点或任意 2 个结点,不能使它不连通;删去 3 个结点,最多只能得到有 2 个连通分支的子图;删去 4 个结点,只能得到最多 3 个连通分支的子图;删去 5 个或 5 个以上结

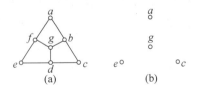

图 6.46　一个非哈密尔顿图

点,余下子图的结点数都不大于 5,故必不能有 5 个以上的连通分支数。所以该图满足 $W(G-S)\leqslant|S|$,但是它不是哈密尔顿图。

虽然哈密尔顿回路问题与欧拉回路问题在形式上极为相似,但对图 G 是否存在哈密尔顿回路至今还无充要的判别准则。下面给出一个无向图具有哈密尔顿图路的充分条件。

定理 6.9　设 G 是具有 n 个结点的简单图,如果 G 中每一对结点度数之和大于或等于 $n-1$,则在 G 中存在一条哈密尔顿路。

容易看出定理 6.9 的条件对于图中哈密尔顿图路的存在性只是充分的,但并不是必要条件。如 6 阶以上的圈图 $C_n(n\geqslant 6)$ 虽然任何两个结点度数之和是 $4<n-1$,但在 G 中有一

条哈密尔顿回路。

例 6.12　考虑在 7 天内安排 7 门课程的考试,使得同一位教师所任的两门课程考试不排在接连的两天中,试证明如果没有教师担任多于 4 门课程,则符合上述要求的考试安排总是可能的。

解：设 G 为具有 7 个结点的图,每个结点对应于一门课程考试,如果这两个结点对应的课程考试是由不同教师担任的,那么这两个结点之间有一条边,因为每个教师所任课程数不超过 4,故每个结点的度数至少是 3,任两个结点的度数之和至少是 6,故 G 总是包含一条哈密尔顿路,它对应于一个 7 门考试课目的一个适当的安排。

定理 6.10　设 G 是具有 n 个结点的简单图。如果 G 中每一对结点度数之和大于或等于 n,则在 G 中存在一条哈密尔顿回路。

下面给出哈密尔顿图在编码中的应用。

格雷码(Gray Code)是一种编码方式,相邻的两个整数所对应的两个格雷码之间只有一位二进制符号位是不同的,其余二进制符号位完全相同。它是一种具有反射特性和循环特性的单步自补码,它的循环、单步特性消除了随机取数时出现重大误差的可能,它的反射、自补特性使得求反非常方便。格雷码属于可靠性编码,是一种错误最小化的编码方式。虽然自然二进制码可以直接由数-模转换器转换成模拟信号,但在某些情况,例如从十进制的 3 转换为 4 时二进制码的每一位都要变,能使数字电路产生很大的尖峰电流脉冲。而格雷码则没有这一缺点,它在相邻位间转换时,只有一位产生变化。它大大地减少了由一个状态到下一个状态时逻辑的混淆。由于这种编码相邻的两个码组之间只有一位不同,因而在用于风向的转角位移量到数字量的转换中,当风向的转角位移量发生微小变化而可能引起数字量发生变化时,格雷码仅改变一位,这样与其他编码同时改变两位或多位的情况相比更为可靠,即可减少出错的可能性。

那么如何求得长度为 n 的格雷码? 可以用如下方式建立 n 立方体来解题。

任一长度为 n 二进制符号串为一个顶点,共 2^n 个顶点,若两个二进制符号串只有一位对应位不同,而其余位都对应相同,则该两个顶点之间连一条边,这样就得到 n 立方体 Q_n。如图 6.47 所示列出了 Q_2 和 Q_3。Q_2 和 Q_3 都存在哈密尔顿回路(在图中已用粗线条标出),从 Q_2 中找出哈密尔顿回路：$00,01,11,10,00$,从 Q_3 中找出哈密尔顿回路：$000,001,011,$ $010,110,111,101,100,000$。

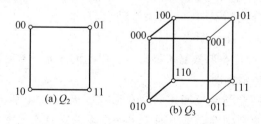

图 6.47　Q_2 和 Q_3 示意图

以上述的方式列出所有长度为 n 的位串,使得每一个位串与前一个位串恰好相差一位,而且最后的位串与第一个位串也恰好相差一位。

6.5 带权图的最短路径

在 6.3.2 节已经讨论了带权图的概念和带权图的邻接矩阵表示。实际上许多问题可以用带权图来建模。例如，中国几个主要城市的航空网络图可以建立基本的图模型：用顶点表示城市，用边表示航线，若边上的权值为城市之间的距离，就可以为涉及距离的问题建模；若边上的权值为城市之间的机票价格，就可以为涉及费用的问题建模；若边上的权值为城市之间的飞行时间，就可以为涉及时间的问题建模。

与带权图有关的几个问题经常出现，如求网络中两个顶点之间长度最短的路径；求网络中所有两个顶点之间的最短路径长度；网络中经过所有顶点的最短回路长度。下面分别讨论这些问题。

6.5.1 Dijkstra 算法

定义 6.29 设带权图 G 中每条边的权均大于或等于 0，u、v 为 G 中任意的两个顶点，从 u 到 v 的某条通路所经过的边的权之和称为该条通路的长度，从 u 到 v 的所有路中长度最小的路称为 u 到 v 的**最短路径**，求给定的两顶点之间的最短路径问题称为**最短路径问题**。

注意最短路径和短程线、最短路径长度和距离的区别。如图 6.48 所示，图中从 a 到 e 分别存在 $a{\rightarrow}e$，$a{\rightarrow}b{\rightarrow}e$，$a{\rightarrow}c{\rightarrow}d{\rightarrow}e$ 三条路径，短程线为 $a{\rightarrow}e$，距离为 1，最短路径为 $a{\rightarrow}c{\rightarrow}d{\rightarrow}e$，最短路径长度为 60。

存在几种不同的求带权图中两点之间的最短路径的算法。到目前为止，公认较好的算法为 Dijkstra 算法，该算法在 1959 年由荷兰数学家 E. W. Dijkstra 提出。下面介绍该算法。

设 $G=\langle V,E,W\rangle$ 为 n 阶无向带权图，记 $w(i,j)$ 为连接顶点 v_i 和 v_j 的边上的权，若顶点 v_i 和 v_j 之间无边连接，则 $w(i,j)=\infty$。$v_1\in V$，求 v_1 到 V 其他点的最短路径长度。

设 S 为最短路径长度已经确定的顶点集合，T 为最短路径长度未确定的顶点集合。

Dijkstra 算法描述如下。

Step1：初始化。$S=\{v_1\}$，$T=V-S$。

Step2：求 v_1 到 T 中各顶点的临时最短路径长度，记为 $D(i)$。

$$D(i) = w(1,i)$$

Step3：选 T 中 $D(i)$ 值最小的点值 $D(k)$。把 v_k 加入 S（已求得 v_1 到 v_k 永久最短路径长度），$T=V-S$。

Step4：对 T 中的点更新 $D(i)$。

若 $D(k)+W(k,i)<D(i)$，则 $D(i)=D(k)+W(k,i)$，否则不变，即 $D(i)=\min(D(k)+W(k,i),D(i))$。

Step5：若 T 为空集，算法结束，否则转 Step3。

例 6.13 用 Dijkstra 算法求图 6.49 中点 a 到 d 的最短路径。

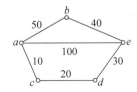

图 6.48 关于最短路径的图

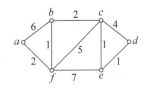

图 6.49 例 6.13 图

解：该带权图的邻接矩阵为

$$W=\begin{bmatrix} 0 & 6 & \infty & \infty & \infty & 2 \\ 6 & 0 & 2 & \infty & \infty & 1 \\ \infty & 2 & 0 & 4 & 1 & 5 \\ \infty & \infty & 4 & 0 & 1 & \infty \\ \infty & \infty & 1 & 1 & 0 & 7 \\ 2 & 1 & 5 & \infty & 7 & 0 \end{bmatrix}$$

用 Dijkstra 算法求最短路径。

(1) 首先进行初始化。$S=\{a\}$，$T=\{b,c,d,e,f\}$，临时最短路径长度数组 D 的值为邻接矩阵第 1 行对应元素的值，其中 $D(3)$ 的值为 ∞，因为 a 与 c 之间没有边相连，$D(4)$ 与 $D(5)$ 亦然。此时在集合 T 中选择临时最短路径长度 D 值最小的点 f（顶点下标为 6）。将 f 点加入集合 S，同时将 f 点从 T 中删除。

(2) 接着进行第 1 次迭代。

对 T 中的点修改临时最短路径长度 D 值。

$D(2)=\min(D(2),D(6)+W(6,2))=\min(6,2+1)=3$；

$D(3)=\min(D(3),D(6)+W(6,3))=\min(\infty,2+5)=7$；

$D(4)=\min(D(4),D(6)+W(6,4))=\min(\infty,2+\infty)=\infty$；

$D(5)=\min(D(5),D(6)+W(6,5))=\min(\infty,2+7)=9$。

在集合 T 中选择临时最短路径长度 D 值最小的点 b（顶点下标为 2）。将 b 点加入集合 S，同时将 b 点从 T 中删除。

(3) 接着进行第 2 次迭代。

对 T 中的点修改临时最短路径长度 D 值。

$D(3)=\min(D(3),D(2)+W(2,3))=\min(7,3+2)=5$；

$D(4)=\min(D(4),D(2)+W(2,4))=\min(\infty,3+\infty)=\infty$；

$D(5)=\min(D(5),D(2)+W(2,5))=\min(9,3+\infty)=9$。

在集合 T 中选择临时最短路径长度 D 值最小的点 c（顶点下标为 3）。将 c 点加入集合 S，同时将 c 点从 T 中删除。

(4) 接着进行第 3 次迭代。

对 T 中的点修改临时最短路径长度 D 值。

$D(4)=\min(D(4),D(3)+W(3,4))=\min(\infty,5+4)=9$；

$D(5)=\min(D(5),D(3)+W(3,5))=\min(9,5+1)=6$。

在集合 T 中选择临时最短路径长度 D 值最小的点 e（顶点下标为 5）。将 e 点加入集合 S，同时将 e 点从 T 中删除。

(5) 接着进行第 4 次迭代。

对 T 中的点修改临时最短路径长度 D 值。

$$D(4)=\min(D(4),D(5)+W(5,4))=\min(9,6+1)=7$$

在集合 T 中选择临时最短路径长度 D 值最小的点 d（顶点下标为 4）。将 d 点加入集合 S，同时将 d 点从 T 中删除。

(6) 此时，集合 T 为空，算法结束。

整个算法中，临时最短路径长度 D 值的变化情况见表 6.1，表中如第 1 次迭代后下标为

3 的这格的内容为 $7/f$,其中 7 的含义为点 a 到 c 临时最短路径长度,f 的含义为点 a 到 c 当前的临时最短路径上顶点 c 的前一个顶点,其余的单元格亦然。

表 6.1　迭代过程

顶点下标	1	2	3	4	5	6
顶点	a	b	c	d	e	f
初始化 $S=\{a\}$,$T=\{b,c,d,e,f\}$	0	6/a	∞/a	∞/a	∞/a	2/a
$S=\{a,f\}$,$T=\{b,c,d,e\}$ 第 1 次迭代		3/f	7/f	∞/a	9/f	
$S=\{a,b,f\}$,$T=\{c,d,e\}$ 第 2 次迭代			5/b	∞/a	9/f	
$S=\{a,b,c,f\}$,$T=\{d,e\}$ 第 3 次迭代				9/c	6/c	
$S=\{a,b,c,e,f\}$,$T=\{d\}$ 第 4 次迭代				7/e		
$S=\{a,b,c,d,e,f\}$,$T=\{\}$ 结束	0	3 $a-f-b$	5 $a-f-b-c$	7 $a-f-b-c-e-d$	6 $a-f-b-c-e$	2 $a-f$

最后得到的点 a 到 d 的最短路径在图 6.50 中用粗线条画出。

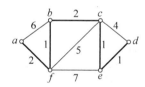

图 6.50　点 a 到 d 的最短路径示意图

6.5.2　Floyd 算法

6.5.1 节介绍的 Dijkstra 算法只能求从一个源点出发到其他顶点的最短路径,若求任意一对顶点之间的最短路径,可以从每个源点出发多次调用 Dijkstra 算法。下面介绍一种更简洁的算法,即 Floyd 算法。

算法思想:首先初始化,对于任意的 $i,j,1 \leqslant i,j \leqslant n$,令 $d_{ij}^{(0)} = w(i,j)$,然后进行如下 n 次的比较和迭代。

(1) 在 v_i,v_j 间加入顶点 v_1,比较 (v_i,v_1,v_j) 与 (v_i,v_j) 的路径长度,取其中较短的路径作为 v_i 到 v_j 的且中间顶点号不大于 1 的最短路径。其最短路径长度为

$$d_{ij}^{(1)} = \min(d_{ij}^{(0)}, d_{i1}^{(0)} + d_{1j}^{(0)})$$

(2) 在 v_i,v_j 间再加入顶点 v_2,得到 $(v_i,\cdots,v_2)$ 和 $(v_2,\cdots,v_j)$,其中 $(v_i,\cdots,v_2)$ 是 v_i 到 v_2 的且中间顶点号不大于 1 的最短路径,$(v_2,\cdots,v_j)$ 是 v_2 到 v_j 的且中间顶点号不大于 1 的最短路径,这两条路径在上一步中已经求出。比较 $(v_i,\cdots,v_2,\cdots,v_j)$ 与上一步中已经求出的

v_i 到 v_j 的且中间顶点号不大于 1 的最短路径,取其中较短的路径作为 v_i 到 v_j 的且中间顶点号不大于 2 的最短路径。其最短路径长度为

$$d_{ij}^{(2)} = \min(d_{ij}^{(1)}, d_{i2}^{(1)} + d_{2j}^{(1)})$$

(3) 在 v_i, v_j 间加入顶点 v_3,得到 $(v_i, \cdots, v_3)$ 和 $(v_3, \cdots, v_j)$,其中 $(v_i, \cdots, v_3)$ 是 v_i 到 v_j 的且中间顶点号不大于 2 的最短路径,$(v_3, \cdots, v_j)$ 是 v_3 到 v_j 的且中间顶点号不大于 2 的最短路径,这两条路径在上一步中已经求出。比较 $(v_i, \cdots, v_3, \cdots, v_j)$ 与上一步中已经求出的 v_i 到 v_j 的且中间顶点号不大于 2 的最短路径,取其中较短的路径作为 v_i 到 v_j 的且中间顶点号不大于 3 的最短路径。其最短路径长度为

$$d_{ij}^{(3)} = \min(d_{ij}^{(2)}, d_{i3}^{(2)} + d_{3j}^{(2)})$$

以此类推,经过 n 次的比较和迭代,在第 (n) 步,将求得 v_i 到 v_j 的且中间顶点号不大于 n 的最短路径,显然这就是从 v_i 到 v_j 的最短路径,其长度为 $d_{ij}^{(n)}$。

由于 i, j 是任意的,实际上每步得到的都是一个 n 阶的方阵 $\boldsymbol{D}^{(k)} = (d_{ij}^{(k)})_{n*n}$,于是得到一个方阵序列: $\boldsymbol{D}^{(0)}, \boldsymbol{D}^{(1)}, \boldsymbol{D}^{(2)}, \cdots, \boldsymbol{D}^{(n)}$,其中 $\boldsymbol{D}^{(0)}$ 为图的邻接矩阵,$\boldsymbol{D}^{(n)}$ 中的元素值为对应顶点对之间的最终最短路径长度。

算法描述如下:

```
void Floyd(int w[n][n], int D[n][n])
{

    int i, j, k;
    for(i = 1; i <= n; i ++)
        for(j = 1; j <= n; j ++)
            D[i][j] = w[i][j];
    for(k = 1; k <= n; k ++)
        for(i = 1; i <= n; i ++)
            for(j = 1; j <= n; j ++)
                if(D[i][j] > D[i][k] + D[k][j])
                    D[i][j] = D[i][k] + D[k][j];
}
```

例 6.14　用 Floyd 算法求图 6.49 中任意两顶点之间的最短路径。

解: 该带权图的邻接矩阵为

$$\boldsymbol{W} = \begin{bmatrix} 0 & 6 & \infty & \infty & \infty & 2 \\ 6 & 0 & 2 & \infty & \infty & 1 \\ \infty & 2 & 0 & 4 & 1 & 5 \\ \infty & \infty & 4 & 0 & 1 & \infty \\ \infty & \infty & 1 & 1 & 0 & 7 \\ 2 & 1 & 5 & \infty & 7 & 0 \end{bmatrix}, \boldsymbol{D}^{(0)} = \boldsymbol{W}$$

接着进行 6 次的迭代得

$$\boldsymbol{D}^{(1)} = \boldsymbol{D}^{(0)}, \boldsymbol{D}^{(2)} = \begin{bmatrix} 0 & 6 & 8 & \infty & \infty & 2 \\ 6 & 0 & 2 & \infty & \infty & 1 \\ 8 & 2 & 0 & 4 & 1 & 3 \\ \infty & \infty & 4 & 0 & 1 & \infty \\ \infty & \infty & 1 & 1 & 0 & 7 \\ 2 & 1 & 3 & \infty & 7 & 0 \end{bmatrix}$$

$$\boldsymbol{D}^{(3)} = \begin{bmatrix} 0 & 6 & 8 & 12 & 9 & 2 \\ 6 & 0 & 2 & 6 & 3 & 1 \\ 8 & 2 & 0 & 4 & 1 & 3 \\ 12 & 6 & 4 & 0 & 1 & 7 \\ 9 & 3 & 1 & 1 & 0 & 4 \\ 2 & 1 & 3 & 7 & 4 & 0 \end{bmatrix}, \boldsymbol{D}^{(4)} = \boldsymbol{D}^{(3)}, \boldsymbol{D}^{(5)} = \begin{bmatrix} 0 & 6 & 8 & 10 & 9 & 2 \\ 6 & 0 & 2 & 4 & 3 & 1 \\ 8 & 2 & 0 & 2 & 1 & 3 \\ 10 & 4 & 2 & 0 & 1 & 5 \\ 9 & 3 & 1 & 1 & 0 & 4 \\ 2 & 1 & 3 & 5 & 4 & 0 \end{bmatrix}$$

$$\boldsymbol{D}^{(6)} = \begin{bmatrix} 0 & 3 & 5 & 7 & 6 & 2 \\ 3 & 0 & 2 & 4 & 3 & 1 \\ 5 & 2 & 0 & 2 & 1 & 3 \\ 7 & 4 & 2 & 0 & 1 & 5 \\ 6 & 3 & 1 & 1 & 0 & 4 \\ 2 & 1 & 3 & 5 & 4 & 0 \end{bmatrix}$$

$\boldsymbol{D}^{(6)}$ 即为所求的解。

6.5.3 旅行商问题

旅行商问题(Traveling Saleman Problem,TSP)又称为旅行推销员问题、货郎担问题,简称为 TSP 问题,是最基本的路线问题。该问题是在寻求某一旅行商由起点出发,通过所有给定的需求点一次且仅一次,最后再回到原点的最小路径长度(或最小费用)。

例如,这个旅行商要想访问北京、上海、广州、武汉和西安(见图 6.51)。他应当以什么顺序访问这些城市以使旅行总距离最短? 为了解决这个问题,可以假设旅行商从北京出发(因为这个城市必须是回路中的一部分),并且检查他访问其余四个城市后返回北京的所有可能的方式(从其他城市出发将产生相同的回路)。存在总共 24 条这样的回路,但是当以相反的顺序经过一回路时,所经过的总距离是相同的,所以只需考虑 12 条不同的回路。列出这 12 条不同的回路和每条回路的总距离,见表 6.2。从这个表中可以看出,使用北京—上海—广州—武汉—西安—北京的回路,是一条总距离最短的回路,总距离为 5616km。

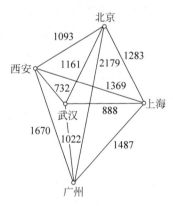

图 6.51 旅行商问题(注:图中距离单位为 km)

这里只描述了旅行商问题的一个实例。旅行商问题求带权完全无向图中访问每个顶点恰好一次且返回出发点的总权数最小的回路,这等价于求完全图中总权数最小的哈密尔顿回路。

最直截了当的求解旅行商问题的方式是如上例那样检查所有可能的哈密尔顿回路并且挑出总权数最小的一条回路。若图中有 n 个城市,需要检查 $(n-1)!/2$ 条回路才能得到答案。注意,$(n-1)!/2$ 随 n 的增长速度极快,当城市数达到几十个时,试图用这种枚举的方式来解决旅行商问题是不切实际的。如当有 25 个城市时,就需要考虑 $24!/2$(约为 3.1×10^{23})条不同的哈密尔顿回路。假设检查一条哈密尔顿回路需 1ns,那么就需要大约 1000 万年才能处理完毕。

当城市数较大时,解决旅行商问题的实际方法是使用近似算法,近似算法不要求一定求得问题的精确解,取而代之的是保证产生接近精确解的解。

表 6.2　各条路线的总距离

路　　线	总距离/km
北京—上海—广州—武汉—西安—北京	5616
北京—上海—广州—西安—武汉—北京	6333
北京—上海—武汉—广州—西安—北京	5955
北京—上海—武汉—西安—广州—北京	6752
北京—上海—西安—广州—武汉—北京	6505
北京—上海—西安—武汉—广州—北京	6585
北京—广州—上海—武汉—西安—北京	6378
北京—广州—上海—西安—武汉—北京	6928
北京—广州—武汉—上海—西安—北京	6520
北京—武汉—上海—广州—西安—北京	6298
北京—武汉—上海—西安—广州—北京	7267
北京—西安—上海—广州—武汉—北京	6131

旅行商问题是一种典型的 NP 问题,因此对它的研究具有重要的实践和理论价值。

6.6　平面图

6.6.1　平面图的定义

在现实生活中,常常要画一些图形,希望边与边之间尽量减少相交的情况,例如印制线路板上的布线、交通道路的设计等。

定义 6.30　如果图 G 能以这样的方式画在平面上,即除顶点处外无边相交,则称 G 是可平面图或平面图。画出的无边相交的图称为 G 的平面嵌入。无平面嵌入的图称为非平面图。

应当注意,有些图从表面上看它的某些边是相交叉的,但是不能就此肯定它不是平面图。

如 K_4 和 Q_3,在图 6.52(a)和图 6.52(c)中的画法都是有边交叉的,但可以把它们分别画成图 6.52(b)和图 6.52(d)中所示的没有边交叉的形式。说明图 K_4 和 Q_3 都是平面图,而图 6.52(b)和图 6.52(d)中的画法是它们的一种平面嵌入。

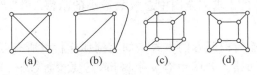

图 6.52　平面图和平面嵌入

显然,当且仅当一个图的每个连通分支都是平面图时,这个图是平面图;同时,在平面图中加平行边或环后所得的图还是平面图,平行边、环不影响图的平面性。所以在研究平面图的性质时,只研究简单的连通图就可以了。故在本书中,无特别声明,均认为讨论的图是简单连通图。

有些图形不论如何改画,除去结点外,总有边相交叉。即不管怎样改画,至少有一条边与其他边相交叉,故它是非平面图。如图 6.53(a)和图 6.53(b)所示的 K_5 和 $K_{3,3}$,不管怎样改画,K_5 和 $K_{3,3}$ 至少均有一条边与其他边相交叉,图 6.53(c)和图 6.53(d)是 K_5 和 $K_{3,3}$ 的一种边交叉最少的一种画法,故 K_5 和 $K_{3,3}$ 是非平面图。

(a)   (b)   (c)   (d)

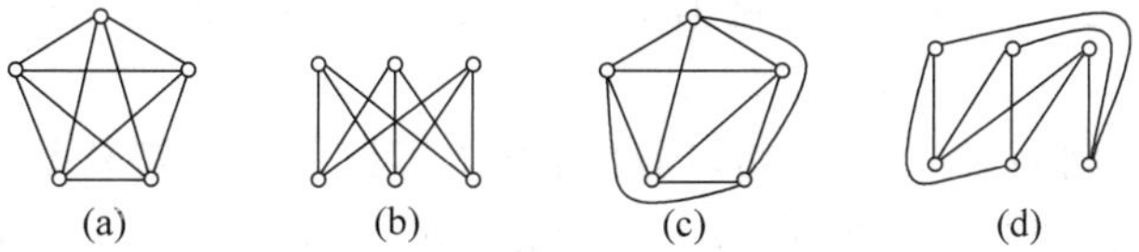

图 6.53 一些非平面图

下面 2 个定理是显然的。

定理 6.11 若图 G 是平面图,则 G 的任何子图都是平面图。

定理 6.12 若图 G 是非平面图,则 G 的任何母图也都是非平面图。

因为上面已知道 K_5 和 $K_{3,3}$ 是非平面图,故有推论 6.5。

推论 6.5 $K_n(n \geqslant 5)$ 和 $K_{3,n}(n \geqslant 3)$ 都是非平面图。

定义 6.31 平面图 G 嵌入平面后,由 G 的边将 G 所在的平面划分成若干个区域,每个区域称为 G 的一个面。其中恰有一个无界的面,称为无限面或外部面;其余的面是有界的,称为内部面;包围每个面的所有边组成的回路组称为该面的边界,边界的长度称为该面的次数,面 R 的次数记为 $\deg(R)$。

如图 6.54 所示,$\deg(R_0) = 3$,$\deg(R_1) = 3$,$\deg(R_2) = 3$,$\deg(R_3) = 5$,$\deg(R_4) = 3$,$\deg(R_5) = 3$。特别要指出的是,边 (d, f) 的两面都在面 R_3 中,故对该面的次数要算 2 次。

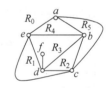

图 6.54 面的次数

定理 6.13 设 G 是平面图,则 G 中所有面的次数之和等于 G 的边数两倍,即 $\sum\limits_{i=0}^{r-1} \deg(R_i) = 2m$。

这里 r 表示 G 的面数,m 为 G 的边数。

证明:因任何一条边,或者是两个面边界的公共边,或者是在一个面中作为边界被重复计算两次,故平面图所有面的次数之和等于其边数的 2 倍。

6.6.2 欧拉公式

1750 年,欧拉发现,任何一个凸多面体若有 n 个顶点、m 条棱和 r 个面,则有 $n-m+r=2$。这个公式可以推广到平面图上来,称为欧拉公式。

定理 6.14 设 $G = \langle V, E \rangle$ 是连通平面图,若它有 n 个结点、m 条边和 r 个面,则有
$$n - m + r = 2$$

证明:对 G 的边数 m 进行归纳。

(1) 若 $m = 0$,由于 G 是连通图,故必有 $n = 1$,这时只有 1 个无限面,即 $r = 1$。所以 $n - m + r = 1 - 0 + 1 = 2$,定理成立。

(2) 若 $m = 1$,这时有以下两种情况。

① 该边是自回路,则有 $n = 1, r = 2$,这时 $n - m + r = 1 - 1 + 2 = 2$。

② 该边不是自回路,则有 $n=2,r=1$,这时 $n-m+r=2-1+1=2$。

所以 $m=1$ 时,定理也成立。

(3) 假设对少于 m 条边的所有连通平面图,欧拉公式成立。现考虑 m 条边的连通平面图,设它有 n 个结点。分以下两种情况。

① 若 G 是树,那么 $m=n-1$(参见第 7 章 7.1.1 节),这时 $r=1$。所以 $n-m+r=n-(n-1)+1=2$。

② 若 G 不是树,则 G 中必有回路,因此有基本回路。设 e 是某基本回路的一条边,则 $G'=\langle V,E-\{e\}\rangle$ 仍是连通平面图,它有 n 个结点、$m-1$ 条边和 $r-1$ 个面,按归纳假设知 $n-(m-1)+(r-1)=2$,整理得 $n-m+r=2$。

所以对 m 条边时,欧拉公式也成立。

定理 6.15 (欧拉公式的推广)设 G 是具有 $k(k\geqslant 2)$ 个连通分支的平面图,则 $n-m+r=k+1$。

证明留做作业。

定理 6.16 设 G 为连通的平面图,且 $\deg(R_i)\geqslant s$,$s\geqslant 3$,则 $m\leqslant\dfrac{s}{s-2}(n-2)$。

证明: 由定理 6.13,$2m=\sum\limits_{i=0}^{r-1}\deg(R_i)\geqslant sr$,由欧拉公式得 $r=2+m-n$ 代入前式得 $2m\geqslant s(2+m-n)$,整理得 $m\leqslant\dfrac{s}{s-2}(n-2)$。

例 6.15 证明 K_5 是非平面图。

证明: 假设 K_5 是平面图,因 K_5 中含有 3 条边构成的面,故 s 取为 3,在 K_5 中 $m=10$,$n=5$,根据定理 6.16,有 $10=m\leqslant\dfrac{s}{s-2}(n-2)=\dfrac{3}{3-2}(5-2)=9$,得 $10\leqslant 9$,矛盾,故 K_5 是非平面图。

例 6.16 证明 $K_{3,3}$ 是非平面图。

证明: 假设 $K_{3,3}$ 是平面图,因 $K_{3,3}$ 是二分图,则面的次数最少为 4,故 s 取为 4,在 $K_{3,3}$ 中 $m=9$,$n=6$,根据定理 6.16,有 $9=m\leqslant\dfrac{s}{s-2}(n-2)=\dfrac{4}{4-2}(6-2)=8$,得 $9\leqslant 8$,矛盾,故 $K_{3,3}$ 是非平面图。

6.6.3　库拉图斯基定理

定义 6.32 设 $e=(u,v)$ 是图 G 的一条边,在 G 中删除边 e,增加新的顶点 w,使 u、v 均与 w 相邻,则称在 G 中插入 2 度顶点 w;设 w 为 G 的一个 2 度的顶点,w 与 u、v 相邻,删除 w 及与 w 相连接的边 (w,u)、(w,v),同时增加新边 (u,v),则称在图 G 中消去 2 度顶点 w。

图 6.55(a)和图 6.55(b)所示的箭头方向为插入 2 度顶点 w,箭头反方向为消去 2 度顶点 w。

定义 6.33 图 G 中相邻顶点 u、v 之间的初等收缩有下面的方法给出:删除边 (u,v),用新的顶点 w 取代 u、v,使 w 关联 u、v 关联的一切边[除 (u,v) 外]。

图 6.56 所示的就是对相邻顶点 u,v 之间的初等收缩。

定义 6.34 若两个图 G_1 与 G_2 同构,或经过反复插入或消去 2 度顶点后同构,则称 G_1 和 G_2 同胚。

例如,所有的圈图都是同胚的。

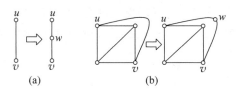

图 6.55　插入和删除顶点

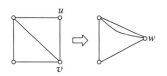

图 6.56　初等收缩

定理 6.17(库拉图斯基定理 1)　一个图是平面图当且仅当它不含同胚于 $K_{3,3}$ 或 K_5 的子图。

定理 6.18(库拉图斯基定理 2)　一个图是平面图当且仅当它没有可收缩到 $K_{3,3}$ 的子图,也没有可收缩到 K_5 的子图。

这 2 个定理不给出证明,因为证明它们已超出本书的范围。

例 6.17　证明彼得森图不是平面图。

证明:

(1) 方法 1。将图 6.57(a)所示的彼得森图中删除边 (d,c) 和 (j,g) 得到子图如图 6.57(b)所示,消去图 6.57(b)中的 2 度顶点 c,d,g,j,得到图 6.57(c),该图为 $K_{3,3}$,根据定理 6.17,彼得森图为非平面图。

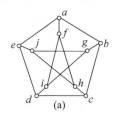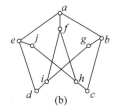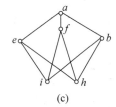

图 6.57　例 6.17 方法(1)

(2) 方法 2。将图 6.58(a)所示的彼得森图中对相邻顶点 a,f 之间做初等收缩,得到如图 6.58(b)所示的图,同样,继续做相邻顶点 b,g 之间的初等收缩,相邻顶点 c,h 之间的初等收缩,相邻顶点 d,i 之间的初等收缩,相邻顶点 e,j 之间的初等收缩,得到图 6.58(c),该图为 K_5,根据定理 6.18,彼得森图为非平面图。

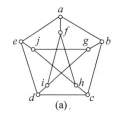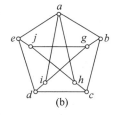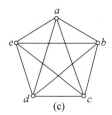

图 6.58　例 6.17 方法(2)

例 6.18　假设有 3 幢房子,利用地下管道连接 3 种服务——供水、供电和供气。连接这些服务的条件是管子不能相互交叉。问该如何连接管子?

解:该问题称为 3 个公共事业问题。

分别用 3 个结点表示 3 幢房子和 3 个结点表示水源、电源和气源连接点,再在 3 幢房子结点和 3 个连接点结点连接表示管子的边,得到图 G。这样问题就转化为判断 G 是否是平面图的问题。显然,G 为 $K_{3,3}$,$K_{3,3}$ 不是平面图,即 3 个公共事业问题的管子连接是不可能的。

习题 6

1. 画出下面各图形。

(1) $G=\langle V,E\rangle$,其中 $V=\{a,b,c,d,e\}$,$E=\{(a,b),(a,b),(b,c),(c,b),(b,d),(d,c),(d,d),(d,e)\}$。

(2) $G=\langle V,E\rangle$,其中 $V=\{a,b,c,d,e\}$,$E=\{\langle a,b\rangle,\langle a,b\rangle,\langle b,c\rangle,\langle c,b\rangle,\langle b,d\rangle,\langle d,c\rangle,\langle d,d\rangle,\langle d,e\rangle\}$。

2. 设无向图 G 有 10 条边,3 度与 4 度顶点各 2 个,其余顶点的度数均小于 3,问 G 中至少有几个顶点? 在最少顶点的情况下,写出 G 的度数列、$\Delta(G)$、$\delta(G)$。

3. 在一次象棋比赛中,n 名选手中的任意 2 名选手之间至多只下一盘,又每人至少下一盘,证明:总能找到 2 名选手,他们下棋的盘数相同。

4. 下面两组数,是否是可以简单图化的? 若是,请给出尽量多的非同构的无向简单图以它为度数列。

(1) 2,2,2,3,3,6。

(2) 2,2,2,2,3,3。

5. 画出完全图 K_4 的所有非同构的子图。

6. 设无向图 G 中只有两个奇度顶点 u 与 v,试证明 u 与 v 必连通。

7. 求图 6.59 在连通关系下各个顶点的等价类。

8. 给定一个如图 6.60 所示的图,求:

(1) 从 a 到 f 的所有简单通路。

(2) 从 a 到 f 的所有基本通路。

(3) 从 a 到 a 的所有简单回路。

(4) 图中的所有短程线和距离。

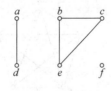

图 6.59 习题 7 图

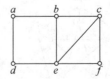

图 6.60 习题 8 图

9. 给彼得森图的边加方向:

(1) 使之成为强连通图。

(2) 使之成为单向连通图,而不是强连通图。

10. 图 6.61 所示的图中,哪几个是强连通图? 哪几个是单向连通图? 哪几个是弱连通图？

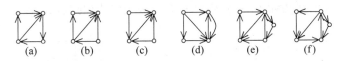

图 6.61 习题 10 图

11. 画出邻接矩阵

$$A=\begin{bmatrix}0&1&0&1&0\\1&1&1&0&1\\0&1&0&1&1\\1&0&1&0&1\\0&1&1&1&1\end{bmatrix}$$

对应的无向图。

12. 有向图 D 如图 6.62 所示。

(1) D 中有几种非同构的圈？

(2) D 中有几种非圈的非同构的简单回路？

(3) D 是哪类连通图？

(4) D 中 v_1 到 v_4 长度为 $1,2,3,4$ 的通路各有多少条？并指出其中有几条是非初级的简单通路。

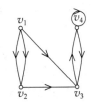

图 6.62 习题 12 图

(5) D 中长度为 4 的通路(不含回路)有多少条？

(6) 写出 D 的可达矩阵。

13. 有 6 位教师：张、王、李、赵、孙、周,学校要安排他们去教 6 门课程：语文、英语、数学、物理、化学和程序设计。张老师会教数学、程序设计和英语；王老师会教语文和英语；李老师会教数学和物理；赵老师会教化学；孙老师会教物理和程序设计；周老师会教数学和物理。应如何安排课程才能使每门课都有老师教,每位老师都只教 1 门课并且不至于使任何老师去教他不懂的课程？

14. 判断下列命题是否为真。

(1) 完全图 $K_n(n\geq3)$ 都是欧拉图。

(2) $n(n\geq2)$ 阶有向完全图都是欧拉图。

(3) 完全二部图 $K_{r,s}(r,s$ 均为非 0 正偶数)都是欧拉图。

15. 画一个无向欧拉图,使它具有：

(1) 偶数个顶点,偶数条边。

(2) 偶数个顶点,奇数条边。

(3) 奇数个顶点,偶数条边。

(4) 奇数个顶点,奇数条边。

16. 画一个无向图,使它：

(1) 既是欧拉图,又是哈密尔顿图。

(2) 是欧拉图,不是哈密尔顿图。

(3) 不是欧拉图,是哈密尔顿图。

(4) 既不是欧拉图,也不是哈密尔顿图。

17. 用逐步插入回路法和 Fleury 算法求图 6.63 中两图的欧拉回路(顶点编号自定)。

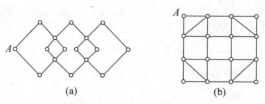

图 6.63　习题 17 图

18. 图 6.64 中的图形能否单笔画?

19. 在某次国际会议的预备会议中,共有 8 人参加,他们来自不同的国家。已知他们中任何 2 个无共同语言的人中的每 1 个,与其余有共同语言的人数之和大于或等于 8,问能否将这 8 个人排在圆桌旁,使其任何人都能与两边的人交谈。

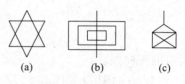

图 6.64　习题 18 图

20. 设 G 是无向连通图,证明:若 G 中有桥或割点,则 G 不是哈密尔顿图。

21. 彼得森图既不是欧拉图,也不是哈密尔顿图。问至少加几条边才能使它成为欧拉图? 又至少加几条边才能使它成为哈密尔顿图?

22. 用 Dijkstra 算法求图 6.65 所示的带权图中从 a 到 b 的最短路。

23. 判断 $K_n(n \leqslant 4)$, $K_{1,n}(n \geqslant 2)$, $K_{2,n}(n \geqslant 2)$ 和 $K_{3,n}(n \geqslant 3)$ 是否是平面图。

24. 设 G 是一个简单平面图,如果 G 中任意不相邻的两个顶点之间再加一条边,所得的图为非平面图,则称 G 为极大平面图。证明:在 K_5 中删除任意一条边后得到的图为极大平面图。

25. 若在非平面图 G 中任意删除一条边,所得图为平面图,则称 G 为极小非平面图。证明:K_5 和 $K_{3,3}$ 都是极小非平面图。

26. 证明定理 6.15。

27. 证明图 6.66 中所示的两图为非平面图。

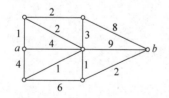

图 6.65　习题 22 图

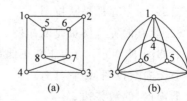

图 6.66　习题 27 图

28. 对 K_5 插入 2 度顶点,或在 K_5 外放置一个顶点,使其与 K_5 上的若干个顶点相邻,共可产生多少个 6 阶简单连通非同构的非平面图?

29. 由 $K_{3,3}$ 加若干条边能生成多少个 6 阶简单连通非同构的非平面图?

第7章

树

本章主要讨论称为树的一种特殊图。1847 年,古斯塔夫·罗伯特·基尔霍夫(Gustav Robert Kirchhoff,1824—1887 年)在有关电网的著作中首次使用了树,后来亚瑟·凯莱 (Arthur Cayley,1821—1895 年)重新发展并命名了树。1857 年,亚瑟·凯莱利用这种特殊 图来计算饱和烃 C_nH_{2n+2} 的化合物的同分异构体个数。

随着计算机的出现,树已经有了许多新的用途。在数据结构、排序、编码理论的研究中 树起了重要的作用。

7.1 无向树

7.1.1 无向树的定义

定义 7.1 连通而不含回路的无向图称为无向树,简称树,常用 T 表示。

连通分支数大于或等于 2,且每个连通分支均是树的非连通无向图称为森林。

平凡图称为平凡树。

设 $T=\langle V,E\rangle$ 为一棵无向树,$v\in V$,若 $d(v)=1$,则称 v 为 T 的树叶。若 $d(v)\geqslant 2$,则称 v 为 T 的分支点。

树中没有环和平行边,因此一定是简单图。

在任何非平凡树中,都无度数为 0 的结点。

例 7.1 判断图 7.1 中哪些是树。

解:在图 7.1 中,图 7.1(a)连通且无回路,故是树。

图 7.1(b)是非连通图,故不是树。

图 7.1(c)含有回路,故不是树。

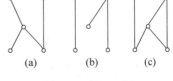

图 7.1 例 7.1 图

定理 7.1 设 $G=\langle V,E\rangle$ 是 n 阶 m 条边的无向图,则下面各命题是等价的。

(1) G 是树。

(2) G 中任意两个顶点之间存在唯一的路径。

(3) G 中无回路且 $m=n-1$。

(4) G 是连通的且 $m=n-1$。

(5) G 是连通的且 G 中任何边均为桥。

(6) G 中没有回路,但在任何两个不同的顶点之间加一条新边,在所得图中得到唯一的一个含新边的圈。

证明：

(1)⇒(2)。对于图 G 中的任意两点，假设它们之间存在两条路径，则这两条路径必形成回路，这与 G 无回路矛盾。

(2)⇒(3)。若 G 中有回路，则回路上任意两点之间的路径不唯一，这与前提矛盾。接着对 n 用归纳法证明 $m=n-1$。

当 $n=1$ 时，为平凡树，$m=0$，显然 $m=n-1$。设 $n\leqslant k$ 时，$m=n-1$ 成立，证 $n=k+1$ 时，$m=n-1$ 也成立。取 G 中边 e，$G-e$ 有且仅有两个连通分支 G_1,G_2。设 n_1,n_2 为 G_1,G_2 的顶点数，设 m_1,m_2 为 G_1,G_2 的边数，则 $n_1\leqslant k,n_2\leqslant k$，由归纳假设得 $m_1=n_1-1$，$m_2=n_2-1$。于是，$m=m_1+m_2+1=n_1+n_2-2+1=n-1$。

(3)⇒(4)。只需证明 G 连通。用反证法。假设不然，设 G 有 $s(s\geqslant2)$ 个连通分支，每个连通分支均无回路，因而都是树。于是有 $m_i=n_i-1,1\leqslant i\leqslant s,m=\sum_{i=1}^{s}m_i=\sum_{i=1}^{s}n_i-s=n-s$ $(s\geqslant2)$，由于 $s\geqslant2$，这与 $m=n-1$ 矛盾。

(4)⇒(5)。只需证明 G 中每条边都是桥。$\forall e\in E,G-e$ 只有 $n-2$ 条边，这与连通图的边数至少为 $n-1$ 条矛盾，可知 $G-e$ 不连通，故 e 为桥。

(5)⇒(6)。由于 G 中每条边均是桥，因而 G 中无圈，又由 G 是连通的，知 G 为树，由 (1)⇒(2) 知，$\forall u,v\in V(u\neq v)$，$u$ 到 v 有唯一路径，加新边 (u,v) 得唯一的一个圈。

(6)⇒(1)。只需证明 G 连通。对 $\forall u,v\in V(u\neq v)$，在 u,v 之间加新边 (u,v) 后产生唯一的含 $e=(u,v)$ 一个圈 C。显然 $C-e$ 为 G 中 u 到 v 的通路，所以 u,v 之间是有路的，由 u,v 的任意性可得 G 是连通的。

由定理 7.1 得出：在结点给定的无向图中，树是边数最多的无回路图，同时树是边数最少的连通图。

在无向图 $G=(n,m)$ 中，若 $m<n-1$，则 G 是不连通的；若 $m>n-1$，则 G 必含回路。

定理 7.2 设 $T=\langle V,E\rangle$ 是 n 阶非平凡树，则 T 中至少有 2 片树叶。

证明： 设 T 有 x 片树叶，由握手定理及定理 7.1 可知

$$2(n-1)=2m=\sum d(v)\geqslant x+2(n-x)$$

解得 $x\geqslant2$。

7.1.2 无向树的应用例子

例 7.2 有机化学中碳氢化合物 C_nH_{2n+2} 随着 n 取不同的整数而为不同的化合物，例如 $n=1$ 时为甲烷，$n=2$ 时为乙烷，$n=3$ 时为丙烷，$n=4$ 时则由于化学支链结构不同而有丁烷和异丁烷之分，那么当 $n=5,6$ 时情况又如何？

解： 对于有机化学中的碳氢化合物，可以用图来表示分子，其中用顶点表示原子，用边表示原子之间的化学键。英国数学家亚瑟·凯莱在 1857 年发现了树，当时他正在试图列举形如 C_nH_{2n+2} 的化合物的同分异构体，它们称为饱和碳氢化合物。如当 $n=4$ 时发现有两种不同的丁烷，如图 7.2 所示。其中，图 7.2(a) 为丁烷，图 7.2(b) 为异丁烷。

实际上，寻找形如 C_nH_{2n+2} 的化合物的同分异构体个数，可以通过求 n 个结点的非同构

树的个数来得到。当 $n=1,2,3$ 时,非同构树的个数均为 1,故甲烷、乙烷和丙烷不存在同分异构体的情形。当 $n=4$ 时,4 个结点的树有 2 个非同构的树,见图 7.3。

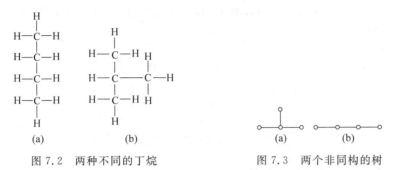

图 7.2 两种不同的丁烷   图 7.3 两个非同构的树

下面求 5 个结点的非同构树的个数。

5 个结点的树的边数为 4,根据握手定理,所有顶点的度数和为 8,最大的度数为 4,则可能的度数序列为:

(1) 4,1,1,1,1。

(2) 3,2,1,1,1。

(3) 2,2,2,1,1。

则有 3 种不同的非同构树,见图 7.4。故化合物 C_5H_{12} 的同分异构体个数为 3。

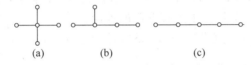

图 7.4 3 种不同的非同构树

同理可求得 6 个结点的非同构树有 6 种,见图 7.5。由于图 7.5(a)中有顶点的度数为 5,而碳元素的化合价为 4,故舍去图 7.5(a)所示的结构,化合物 C_6H_{14} 的同分异构体个数为 5。

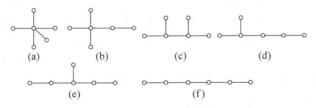

图 7.5 6 种非同构树

可见,树为化学家提供了一种有力的分析物质结构的工具。

7.2 生成树

7.2.1 生成树的定义

定义 7.2 设 $G=\langle V,E\rangle$ 是无向连通图,T 是 G 的生成子图,若 T 是树,则称 T 是 G 的

生成树。G 在 T 中的边称为 T 的树枝,G 不在 T 中的边称为 T 的弦。T 的所有弦的集合的导出子图称为 T 的余树。余树不一定是树。

如图 7.6 所示,图 7.6(a)为图 G,图 7.6(b)为图 T,图 7.6(c)为 $\overline{T}$,T 是 G 的生成树,$\overline{T}$ 是 T 的对应余树。

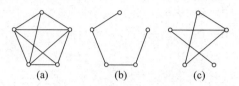

图 7.6   生成树及其对应余树

定理 7.3   图 G 有生成树当且仅当 G 是连通的。

证明:若图 G 有生成树,由于树是连通的,故 G 有连通的生成子图,因此 G 是连通的。

反之,若 G 是连通图,如果 G 没有回路,则 G 本身就是一棵生成树。若 G 至少有一个回路,删去 G 的回路上的一条边,得到图 G_1,它仍是连通的并与 G 有同样的结点集。若 G_1 没有回路,则 G_1 就是生成树。若 G_1 仍有回路,再删去 G_1 回路上的一条边。重复上述步骤,直至得到一个连通图 H,它没有回路,但与 G 有同样的结点集,因此它是 G 的生成树。

由定理 7.3 的证明过程可以看出,一个连通图可以有许多生成树。因为在取定一个回路后,就可以从中去掉任一条边,去掉的边不一样,故可能得到不同的生成树。同时,定理 7.3 的证明过程是构造性证明,这个产生生成树的方法称为破圈法。

由于树的边数比顶点数少 1,于是有下面的推论。

推论 7.1   设 n 阶无向连通图 G 有 m 条边,则 $m \geqslant n-1$。

7.2.2   求最小生成树的算法

一个公司计划建立连接它的若干个计算机中心的通信网络。可以用租用的电话线连接这些中心的任何一对。应当建立哪些连接,以便保证在任何两个计算机中心之间都有通路,使得网络的总成本最低?可以用带权图为这个问题建模,其中顶点表示计算机中心,边表示可能租用的电话线,边上的权就是边所表示的电话线的月租费。通过找出一棵生成树,使得这棵树的各边的权之和最小,就可以解决这个问题。这样的生成树称为最小生成树。

定义 7.3   设无向连通带权图 $G=\langle V,E,W \rangle$,T 是 G 的一棵生成树。T 各边带权之和称为 T 的权,记为 $W(T)$。G 的所有生成树中带权最小的生成树称为最小(优)生成树。

下面介绍几种求最小生成树的算法。

1. Kruskal 算法

设 n 阶无向连通带权图 $G=\langle V,E,W \rangle$ 中有 m 条边 $e_1,e_2,\cdots,e_m$,它们带的权分别为 a_1,$a_2,\cdots,a_m$,不妨设 $a_1 \leqslant a_2 \leqslant \cdots \leqslant a_m$。

（1）取 e_1 在 T 中(e_1 非环),若 e_1 为环,则弃 e_1。

（2）若 e_2 不与 e_1 构成回路,取 e_2 在 T 中,否则弃 e_2,再查 e_3,继续这一过程,直到形成生成树 T 为止。

Kruskal 算法又称为避圈法。

图 7.7   例 7.3 图

例 7.3   用 Kruskal 算法求图 7.7 所示的带权图的最小生成树。

解：把所有的边按权值从小到大排列为$(a,b),(b,e),(a,e),(b,d),(b,c),(c,d),(a,d),(d,e)$，按 Kruskal 算法生成最小生成树的过程见图 7.8。其中，图 7.8(a)加入(a,b)；图 7.8(b)加入(b,e)；图 7.8(c)中若加入(a,e)则形成回路应舍弃；图 7.8(d)中加入(b,c)；图 7.8(d)中加入(b,d)结束。

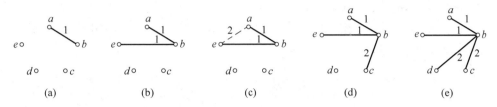

图 7.8 按 Kruskal 算法生成最小生成树的过程

2. Prim 算法

(1) 在 G 中任意选取一个结点 v_1，置 $V_T=\{v_1\}$，$E_T=\varnothing$，$k=1$。

(2) 在连接两顶点集 V_T 与 $V-V_T$ 中所有边中选取权值最小的边(v_i,v_j)，其中 $v_i\in V_T$ 且 $v_j\in V-V_T$，置 $V_T=V_T\bigcup\{v_j\}$，$E_T=E_T\bigcup\{(v_i,v_j)\}$，$k=k+1$。

(3) 重复步骤(2)，直到 $k=|V|$。

例 7.4 用 Prim 算法求图 7.7 所示的带权图的最小生成树。

解：(1) 从顶点 a 出发，$V_T=\{a\}$，$V-V_T=\{b,c,d,e\}$，在 V_T 与 $V-V_T$ 之间有边(a,b)，(a,d)，(a,e)，选择最小边(a,b)加入树 T 中，见图 7.9(a)。

(2) $V_T=\{a,b\}$，$V-V_T=\{c,d,e\}$，在 V_T 与 $V-V_T$ 之间有边(a,d)，(a,e)，(b,e)，(b,c)，(b,d)，选择最小边(b,e)加入树 T 中，见图 7.9(b)。

(3) $V_T=\{a,b,e\}$，$V-V_T=\{c,d\}$，在 V_T 与 $V-V_T$ 之间有边 (a,d)，(b,c)，(b,d)，(d,e)选择最小边(b,c)加入树 T 中，见图 7.9(c)。

(4) $V_T=\{a,b,c,e\}$，$V-V_T=\{d\}$，在 V_T 与 $V-V_T$ 之间有边 (a,d)，(b,d)，(c,d)，(d,e)选择最小边(b,d)加入树 T 中，见图 7.9(d)。

(5) 此时 $V_T=\{a,b,c,d,e\}$，$V-V_T=\varnothing$，结束算法。

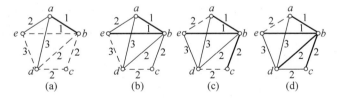

图 7.9 按 Prim 算法生成最小生成树的过程

3. 破圈法

该算法是由山东师范大学管梅谷教授于 1975 年提出的，具体步骤如下。
(1) $T=G$。
(2) 若 T 中无回路，则 T 就是 G 的最小生成树，算法结束。

(3) 任取 T 上的一个回路 C,将 C 上权最大的边删除,转(2)。

例 7.5 用破圈法求图 7.7 所示的带权图的最小生成树。

解:(1) 选择圈 (a,d,e,a),删除该圈上权值最大的边 (d,e),见图 7.10(a)。

(2) 选择圈 (a,b,e,a),删除该圈上权值最大的边 (a,e),见图 7.10(b)。

(3) 选择圈 (a,b,d,a),删除该圈上权值最大的边 (a,d),见图 7.10(c)。

(4) 选择圈 (b,c,d,b),删除该圈上权值最大的边 (c,d),见图 7.10(d)。此时,剩下的图已经没有回路,即为所求的最小生成树。

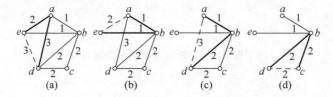

图 7.10 按破圈法生成最小生成树的过程

7.3 根树及应用

7.3.1 根树的定义及应用

定义 7.4 一个有向图 D,如果略去有向边的方向所得无向图为一棵无向树,则称 D 为有向树。

有向树由于边方向的任意性,结构比较复杂,所以一般研究称之为根树的特殊有向树。

定义 7.5 一棵非平凡的有向树,如果有一个顶点的入度为 0,其余顶点的入度均为 1,则称此有向树为根树。入度为 0 的顶点称为树根;入度为 1、出度为 0 的顶点称为树叶;入度为 1、出度大于 0 的顶点称为内点,内点和树根统称为分支点。

在根树中,从树根到任意顶点 v 的通路长度称为 v 的层数,记为 $l(v)$。称层数相同的顶点在同一层。层数最大的顶点的层数称为树高。根树 T 的树高记为 $h(T)$。

图 7.11 所示的是 3 颗根树,a 为树根,图 7.11(a)表示了自上而下的根树,图 7.11(b)表示了自下而上的根树,与自然界的树非常相似。通常把根树画成如图 7.11(c)所示的样式,树根在最上方,边的方向统一地自上而下,故特别地省略了边的方向。

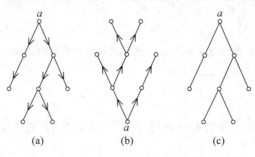

图 7.11 3 棵根树

用根树可以方便地表示一个家族的族谱图（家族树）。图 7.12 表示数学家伯努利（Bernoulli）家族的族谱图。

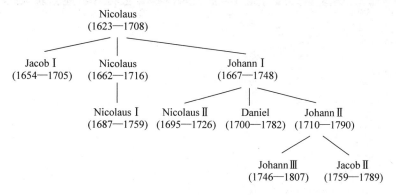

图 7.12 伯努利家族的族谱图

可见，一棵树可以看作一棵家族树，可以借助家族成员之间的关系来描述根树结点之间的关系。

定义 7.6 设 T 为一棵非平凡的根树，若顶点 a 邻接到顶点 b，则称 b 为 a 的儿子，a 为 b 的父亲；若 b,c 同为 a 的儿子，则称 b,c 为兄弟；若 $a \neq d$，而 a 可达 d，则称 a 为 d 的祖先，d 为 a 的后代。

定理 7.4 设 T 是一棵根树，r 是 T 的树根，则对于 T 的任一顶点 v，存在唯一的有向路径从 r 到 v。

下面讨论根树的一些应用。

1. 表示组织机构

大的组织机构的结构可以用根树来建模。在这个树里每个顶点表示机构里面的职位。从一个顶点到另外一个顶点的边的始点所表示的人是终点所表示的人的直接上司，如图 7.13 所示。

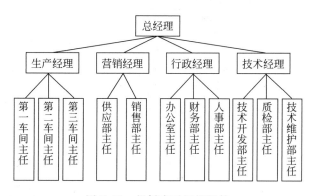

图 7.13 根树表示组织机构

2. 计算机文件系统

计算机文件系统采用树形结构来组织文件和文件夹，一个文件夹又可以包含其他文件夹和其他文件,如图 7.14 所示。

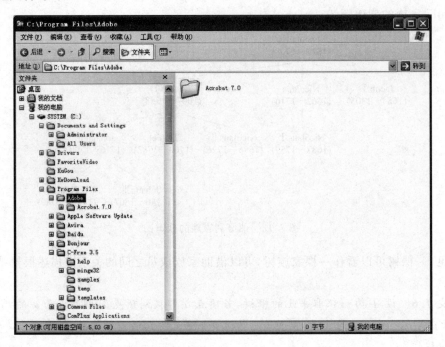

图 7.14　根树表示计算机文件系统

3. 判断树

设有 4 个银币,其中有 3 个是真的,最多有 1 个是假的。真假的标准在于银币的重量,真的银币重量完全符合标准,假的或太轻或太重。现用一天平设法对这 4 个银币的真假做出判断。

用 a,b,c,d 表示 4 个银币,$a:b$ 表示 a 与 b 在天平上进行比较的意思,比较过程见图 7.15。

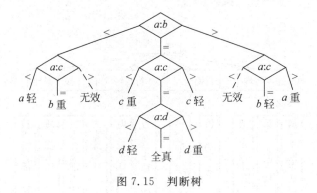

图 7.15　判断树

判断树在人工智能和程序设计中有非常重要的应用。

7.3.2　最优二叉树和 Huffman 编码

定义 7.7　如果将根树每一层上的顶点都规定次序,这样的根树称为有序树。

一般地,在有序树中同一层中结点的次序为从左至右。

定义 7.8 在根树 T 中,若每个分支点至多有 k 个儿子,则称 T 为 k 叉(元)树;若每个分支点都恰有 k 个儿子,则称 T 为 k 叉(元)**正则树**;若 k 叉树 T 是有序的,则称 T 为 k 叉(元)**有序树**;若 k 叉正则树 T 是有序的,则称 T 为 k 叉(元)**正则有序树**;若 k 叉正则树的叶子层数都相同,则称 T 为 k 叉(元)**完全正则树**;若 k 叉完全正则树是有序的,则称 T 为 k 叉(元)**完全正则有序树**。

定义 7.9 设 T 为一棵根树,a 为 T 中一个顶点,且 a 不是树根,称 a 及其后代导出的子图 T' 为 T 的以 a 为树根的子树,简称为**根子树**。

在根树中,用得最多的是二叉有序树,一般就简称为二叉树。二叉树的每个结点最多有两个儿子,分别称为该结点的左儿子(Left Child)和右儿子(Right Child)。以这两个儿子结点为根的子树分别称为该结点的**左子树和右子树**。

定义 7.10 设二叉树 T 有 t 片树叶,分别带权为 $w_1, w_2, \cdots, w_i, \cdots, w_t$ (w_i 为实数,$i = 1, 2, \cdots, t$),称 $W(T) = \sum_{i=1}^{t} w_i L(w_i)$ 为 T 的带权路径长度,其中 $L(w_i)$ 为带权 w_i 的树叶 v_i 的层数。在所有的带权 $w_1, w_2, \cdots, w_t$ 的二叉树中,带权路径长度最小的二叉树称为**最优二叉树**。

带权 6,10,16,20 的 4 片叶子可以形成多棵不同二叉树,如图 7.16 中列出了其中的 3 棵,它们的带权路径长度各不相同:

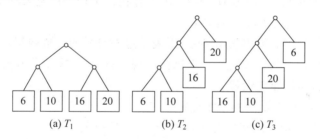

(a) T_1 (b) T_2 (c) T_3

图 7.16 3 棵二叉树

$W(T_1) = 6 \times 2 + 10 \times 2 + 16 \times 2 + 20 \times 2 = 104$;

$W(T_2) = 6 \times 3 + 10 \times 3 + 16 \times 2 + 20 \times 1 = 100$;

$W(T_3) = 16 \times 3 + 10 \times 3 + 20 \times 2 + 6 \times 1 = 124$。

如何求得带权路径最短的最优树?

1952 年,美国数学家 David Huffman 给出了求最优树的方法,称为 Huffman(霍夫曼)算法。

Huffman 算法(求最优二叉树的算法)步骤如下。

给定实数 $w_1, w_2, \cdots, w_t$,且 $w_1 \leqslant w_2 \leqslant \cdots \leqslant w_t$。

(1) 连接 w_1, w_2 为权的两片树叶,得一分支,其权为 $w_1 + w_2$。

(2) 在 $w_1 + w_2, w_3, \cdots, w_t$ 中选出两个最小的权,连接它们对应的顶点(不一定都是树叶),得分支点及所带的权。

(3) 重复(2),直到形成 $t-1$ 个分支点,t 片树叶为止。

例 7.6 求带权为 4,5,7,8,11 的最优树。

解题过程由图 7.17 给出

$$W(T) = 79$$

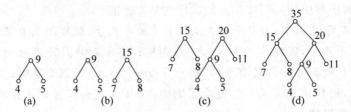

图 7.17 Huffman算法求最优二叉树的过程

定义 7.11 设 $\beta = a_1 a_2 \cdots a_{n-1} a_n$ 为长度为 n 的符号串,称其子串 $a_1, a_1 a_2, \cdots, a_1 a_2 \cdots a_{n-1}$ 分别为 β 的长度为 $1, 2, \cdots, n-1$ 的前缀。

设 $B = \{\beta_1, \beta_2, \cdots, \beta_i, \cdots, \beta_m\}$ 为一个符号串集合,若对于任意的 $\beta_i, \beta_j \in B, i \neq j, \beta_i$ 与 β_j 互不为前缀,则称 B 为前缀码。若 $B = \{\beta_1, \beta_2, \cdots, \beta_i, \cdots, \beta_m\}(i = 1, 2, \cdots, m)$ 中只出现 2 个符号(如 0,1),则称 B 为**二元前缀码**。

例 7.7 试判断下列符号串集合是否为前缀码。

(1) $B_1 = \{aaa, aab, ab, bb\}$。

(2) $B_2 = \{1, 00, 011, 0110\}$。

(3) $B_3 = \{1, 00, 011, 0101, 01001, 01000\}$。

解:B_1 和 B_3 是前缀码,因为 B_1 和 B_3 中不存在一个符号串是另一个的前缀;而 B_2 不是前缀码,因为其中 011 是 0110 的前缀。

在通信中,常用二进制编码表示符号,则表示这些符号的二进制符号串集合必须为前缀码,否则会存在二义性。当要传输按一定比例出现的符号时,需要寻找传输它们最省二进制数字的前缀码,这就是**最佳前缀码**。

下面讨论前缀码与二叉树之间的关系。

定理 7.5 任意一棵二叉树的叶子可对应一个前缀码。

证明:给定一棵二叉树,从每一个分支点引出两条边,对左侧边标以 0,对右侧边标以 1,则每片树叶将可标定一个由 0 和 1 构成的序列,它是由树根到这片树叶的通路上各边标号所组成的序列,显然没有一片树叶的标定序列是另一片树叶标定序列的前缀,因此,任何一棵二叉树的树叶可对应一个二元前缀码。

由如图 7.18 所示的二叉树 T 所产生的前缀码为 $\{00, 01, 11, 100, 101\}$。

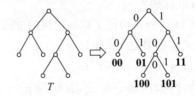

图 7.18 二叉树 T 及其产生的前缀码

定理 7.6 任何一个二元前缀码都对应一棵二叉树。

证明:设给定一个二元前缀码,h 表示前缀码中最长序列的长度。画出一棵高度为 h 的正则二叉树,并给每一分支点射出的两条边标以 0 和 1,这样,每个结点可以标定一个二进制序列,它是由树根到该结点通路上各边的标号所确定,因此,对于长度不超过 h 的每一二进制序列必对应一个结点。对应于前缀码中的每一序列的结点,给予一个标记,并将标记结点的所有后代和射出的边全部删除,这样得到一棵二叉树,再删除其中未加标记的树叶,得到一棵新的二叉树,它的树叶就对应给定的二元前缀码。

如二元前缀码{000,001,01,11}对应的二叉树如图7.19所示。

例7.8 在通信中,0,1,2,…,7出现的频率如下。

0:30%;	1:20%;
2:15%;	3:10%;
4:10%;	5:5%;
6:5%;	7:5%。

如何设计它们的传输编码,使得传输这样的 10 000 个数字所需的二进制位数最少?

解:如果不要求节省二进制数字,用等长的 3 位编码(如 000 传 0,001 传 1,……,111 传 7)传输按上述比例出现的数字 10 000 个,要用 30 000 个二进制数字。但是它不一定是最节省的,那如何设计传输它们的最优前缀码?

取该 8 个数字出现的频率为叶子的权,用 Huffman 算法来构造如图7.20所示的最优二叉树,取这最优二叉树叶子上的编码,就是传输这 8 个数字的最优前缀码。

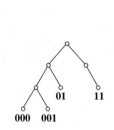

图7.19 {000,001,01,11}对应的二叉树

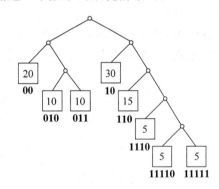

图7.20 Huffman 算法构造的最优二叉树

即用 10 传 0,00 传 1,110 传 2,010 传 3,011 传 4,1110 传 5,11110 传 6,11111 传 7,用这种编码来传输上述比例的 10 000 个数字,仅用 27 500 个二进制位,比等长编码节省了 2500 个二进制位(用这种方法还可以对信息进行压缩处理)。

7.3.3 二叉树的遍历

对于根树,一个十分重要的问题是要找到一些方法,能系统地访问树的结点,使得每个结点恰好访问一次,这就是根树的遍历问题。下面先介绍二叉树的 3 种常用的遍历方法。

1. 二叉树的先序(根)遍历算法

(1) 访问根。

(2) 按先序次序遍历根的左子树。

(3) 按先序次序遍历根的右子树。

2. 二叉树的中序(根)遍历算法

(1) 按中序次序遍历根的左子树。

(2) 访问根。

(3) 按中序次序遍历根的右子树。

3. 二叉树的后序(根)遍历算法

(1) 按后序次序遍历根的左子树。

(2) 按后序次序遍历根的右子树。

(3) 访问根。

例 7.9   写出如图 7.21 所示的二叉树的先序、中序和后序遍历序列。

解: 该二叉树的先序遍历序列为 $abdecfhig$; 中序遍历序列为 $dbeahficg$; 后序遍历序列为 $debhifgca$。

对于由双目运算符组成的表达式,如算术表达式、布尔表达式和集合表达式等,可以用一棵二叉树来表示,其中分支点表示运算符,叶子表示变量或常量,另外规定被减数和被除数放在左子树上。

如表达式 $a+b, a+b*c, (a+b)*c$ 可分别用 3 棵二叉树 T_1, T_2, T_3 来表示,分别如图 7.22(a)、图 7.22(b) 和图 7.22(c) 所示。

图 7.21   例 7.9图   (a) T_1 (b) T_2 (c) T_3

                                图 7.22   表示表达式的二叉树

(1) 若按中序遍历次序访问图 7.22 中的 3 棵二叉树 T_1, T_2, T_3,其结果分别为

$$a+b; a+(b*c); (a+b)*c$$

根据运算符的优先次序可以省去部分括号,得

$$a+b; a+b*c; (a+b)*c$$

因为运算符夹在两数之间,故称此种表示法为中缀符号法。

(2) 若按先序遍历次序访问图 7.22 中的 3 棵二叉树 T_1, T_2, T_3,其结果分别为

$$+ab; +a(*bc); *(+ab)c$$

省去全部括号后,规定每个运算符对它后面紧邻的两个数进行运算,仍是正确的。因而可省去全部括号,得

$$+ab; +a*bc; *+abc$$

因为运算符在参加运算的两数之前,故称此种表示法为前缀符号法,或称为波兰表示法。

(3) 若按后序遍历次序访问图 7.22 中的 3 棵二叉树 T_1, T_2, T_3,其结果分别为

$$ab+; a(bc*)+; (ab+)c*$$

省去全部括号后,规定每个运算符对它前面紧邻的两个数进行运算,仍是正确的。因而可省去全部括号,得

$$ab+; \ abc*+; \ ab+c*$$

因为运算符在参加运算的两数之后,故称此种表示法为**后缀符号法**,或称为**逆波兰表示法**。

逆波兰表示法和波兰表示法在计算机中对表达式的计算比中缀表示法更为容易,因为它无须考虑运算符之间的优先关系。

例 7.10 画出表达式 $(a-(b+c))/d-e/f$ 对应的二叉树,并写出该表达式的波兰表示法和逆波兰表示法。

解:表达式 $(a-(b+c))/d-e/f$ 对应的二叉树如图 7.23 所示,先序遍历该二叉树得到该表达式的波兰表示法为 $-/-a+bcd/ef$;后序遍历该二叉树得到该表达式的逆波兰表示法为 $abc+-d/ef/-$。

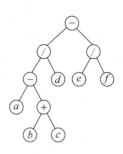

图 7.23 例 7.10 图

习题 7

1. 已知无向树 T 中有 1 个 3 度顶点,2 个 2 度顶点,其余顶点全是树叶,试求树叶数,并画出满足要求的非同构的无向树。

2. 已知无向树 T 有 5 片树叶,2 度与 3 度顶点各 1 个,其余顶点的度数均为 4,求 T 的阶数 n,并画出满足要求的所有非同构的无向树。

3. 无向树 T 有 n_i 个 i 度顶点,$i=2,3,\cdots,k$,其余顶点全是树叶,求 T 的树叶数。

4. 设 n 阶非平凡的无向树 T 中,$\Delta(T) \geqslant k, k \geqslant 1$。证明 T 至少有 k 片树叶。

5. 画出 7 个顶点的所有非同构的无向树。

6. 分别用 Kruskal 算法、Prim 算法和破圈法求图 7.24 的一棵最小生成树。

7. 设有 5 个银币 a,b,c,d,e,其中有 4 个是真的,最多有 1 个是假的。真假的标准在于银币的重量,真的银币重量完全符合标准,假的或太轻或太重。现用一天平设法对这 5 个银币的真假做出判断。试画出判断树来描述判断的过程。若已知银币 e 是真的,请再画出判断树。

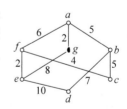

图 7.24 习题 6 图

8. 画一棵树高为 4 的完全正则二叉树。

9. 求带权 $7,8,9,12,16$ 的最优二叉树。

10. 判断字符串集合 $\{000,00100,01,011,10,11\}$ 是否是前缀码。如果是前缀码,请画出对应的二叉树。

11. 用机器分辨一些币值为 1 分、2 分、5 分的硬币,假设各种硬币出现的概率分别为 $0.5,0.4,0.1$,问如何设计一个分辨硬币的算法,使所需的时间最少(假设每做一次判别所用的时间相同,以此为一个时间单位)?

12. 编制一个将百分制成绩转换为五级制成绩的简单程序。如何设计其判断流程使得判断的次数最少?若成绩分布情况如下(学生总数为 10 000 人):不及格为 5%,及格为

15%,中等为 40%,良好为 30%,优秀为 10%,并计算判断的次数。

13. 画出表达式 $(a*(b+c)+d*e*f)/(g+(h-i)*j)$ 对应的二叉树,并写出该表达式的波兰表示法和逆波兰表示法。

14. 画出 $+*+-abcde$ 所对应的二叉树,并写出该表达式的中缀表示法。

15. 计算用波兰表示法表示的表达式 $-*2/933$ 和用逆波兰表示法表示的表达式 $521--314++*$ 的值。

8.1 实验一 准备知识

8.1.1 集合定义

【问题描述】

集合 S 的定义如下:

(1) 1 在 S 内;

(2) 如果 x 在集合 S 内,则 $2x+1$ 与 $3x+1$ 也在 S 内;

(3) 只有满足条件(1)和条件(2)的元素在 S 内。

把 S 中的元素按递增顺序排列,请输出 S 中的第 N 个元素。

【输入】

本题有多组测试数据。每组测试数据一行,每行一个正整数 $N(1 \leqslant N \leqslant 100\,000)$。

【输出】

对每组测试数据,在单独的一行中输出 S 的第 N 个元素。

【输入样例】

```
1
2
3
4
5
6
100
254
```

【输出样例】

```
1
3
4
7
9
10
```

418
1461

8.1.2　子集

【问题描述】

给定一个集合 A,求 A 的所有非空子集。例如 $A=\{a,b\}$ 时,则它的所有非空子集为 $\{a\},\{b\},\{a,b\}$。集合 A 不空,并且 A 的元素个数不超过 10 个。

【输入】

有多组测试数据,每组测试数据为一行。

每行表示一个集合,集合由一对大括号括起来,集合之间的元素用一个逗号隔开,之间没有任何的空白字符。已经知道集合元素按字典顺序排列。

【输出】

每组测试数据输出为 2^n-1 行,每行表示一个非空子集。子集与子集的顺序参考输出样例(对应的二进制由小到大)。

每个子集的元素按字典顺序排列,元素之间用逗号隔开,没有任何的空白字符。子集由一对大括号括起来。

【输入样例】

{a,b,c}

【输出样例】

{a}
{b}
{a,b}
{c}
{a,c}
{b,c}
{a,b,c}

8.1.3　$A-B$

【问题描述】

$A-B$ 求的是两个集合的差,就是做集合的减法运算。当然,大家都知道集合的定义,就是同一个集合中不会有两个相同的元素,这里还是提醒大家一下。

【输入】

每组输入数据占一行,每行数据的开始是两个整数 $n(0<n\leqslant100)$ 和 $m(0<m\leqslant100)$,分别表示集合 A 和集合 B 的元素个数,然后紧跟着 $n+m$ 个元素,前面 n 个元素属于集合 A,其余的属于集合 B。每个元素为不超出范围的整数,元素之间有一个空格隔开。如果 $n=0$ 并且 $m=0$ 表示输入的结束,不做处理。

【输出】

针对每组数据输出一行数据,表示 $A-B$ 的结果,如果结果为空集合,则输出 NULL,否则按从小到大的顺序输出结果。为了简化问题,每个元素后面跟一个空格。

【输入样例】

```
3 3 1 2 3 1 4 7
3 7 2 5 8 2 3 4 5 6 7 8
0 0
```

【输出样例】

```
2 3
NULL
```

8.1.4 集合相等

【问题描述】

给定两个集合 A 和 B,判定集合 A 与集合 B 是否相等。

【输入】

本题有多组测试数据。首先在单独的一行中给定一个整数 n,表示有 n 组测试数据。每组测试数据的格式如下:第一行含有一个整数 $k(0<k<20)$,表示集合 A 的元素个数。第二行是 k 个字符,分别表示集合 A 中的 k 个元素。第三行含有一个整数 $m(0<m<20)$,表示集合 B 的元素个数。第四行是 m 个字符,分别表示集合 B 中的 m 个元素。

【输出】

每组测试数据输出一行。如果集合 A 与集合 B 相等则输出 yes,否则输出 no。

【输入样例】

```
2
2
ab
2
af
2
ab
2
ab
```

【输出样例】

```
no
yes
```

8.1.5 笛卡儿积

【问题描述】

有两个集合 A 和 B,求这两个集合的笛卡儿积 $A \times B$。

【输入】

本题有多组测试数据。每组测试数据的格式如下。

第一行先是一个整数 n,然后是 n 个小写字母,整数与字母之间均用一个空格分开。

第二行先是一个整数 m,然后是 m 个小写字母,整数与字母之间均用一个空格分开。

【输出】

每组测试数据输出一行。该行先输出一个整数 k,表示 $A \times B$ 的元素个数,然后是 k 个有序对(按有序对的字典顺序),每个有序对单独占一行。

【输入样例】

```
4 a b c f
4 b c e f
```

【输出样例】

```
16
<a,b>
<a,c>
<a,e>
<a,f>
<b,b>
<b,c>
<b,e>
<b,f>
<c,b>
<c,c>
<c,e>
<c,f>
<f,b>
<f,c>
<f,e>
<f,f>
```

8.1.6　最大公约数与最小公倍数

【问题描述】

给定两个正整数 a 和 b,求这两个正整数的最大公约数和最小公倍数。

【输入】

本题有多组测试数据,每组测试数据占一行。每行包括两个正整数 a 和 b。处理到文件结束。

【输出】

每组测试数据输出一行。

每行两个正整数,分别为 a 和 b 的最大公约数和最小公倍数,之间用一个空格分开。

【输入样例】

```
24 72
```

【输出样例】

24 72

8.1.7 余数

【问题描述】

给定两个正整数 a 和 b，求 a 模 b 以后的余数。

【输入】

本题有多组测试数据，每组测试数据占一行。每行包括两个正整数 a 和 b。处理到文件结束。

【输出】

每组测试数据在单独的一行中输出 a 模 b 的余数。

【输入样例】

5 3
100 3

【输出样例】

2
1

8.1.8 Fibonacci 数列

【问题描述】

1202 年，意大利数学家 Fibonacci 出版了他的《算盘全书》。他在书中提出了一个关于兔子繁殖的问题：如果一对兔子每月能生一对小兔（一雄一雌），而每对小兔在它出生后的第三个月里，又能开始生一对小兔，假定在不发生死亡的情况下，由一对出生的小兔开始，50个月后会有多少对兔子？可以总结出 Fibonacci 数列的定义如下：$f(0)=0, f(1)=1, f(n)=f(n-1)+f(n-2)(n\geqslant2)$。写一个程序输出 $f(n)$ 的值（$0\leqslant n\leqslant46$）。

【输入】

有多组测试数据，每组测试数据为单独一行，这一行中只有一个整数 $n(0\leqslant n\leqslant46)$。如果输入 -1，表示输入结束。-1 不用处理。

【输出】

对每组测试数据，在单独的一行中输出 $f(n)$。

【输入样例】

3
4
5
-1

【输出样例】

```
2
3
5
```

8.1.9　汉诺塔

【问题描述】

汉诺塔问题的具体描述见例 1.30,现要求输出完成任务的全部移动过程。

【输入】

第一行一个整数 t,表示有 t 组数据。以下 t 行,每行一个整数 n,表示最初桩 1 有 n 个盘子($0 < n \leqslant 10$)。

【输出】

对于每组输入数据,打印一系列移动序列,每行打印一次移动操作,最后一行打印移动的最少次数。

【输入样例】

```
2
2
3
```

【输出样例】

```
1 -> 2
1 -> 3
2 -> 3
Total Steps: 3
1 -> 3
1 -> 2
3 -> 2
1 -> 3
2 -> 1
2 -> 3
1 -> 3
Total Steps: 7
```

8.1.10　汉诺塔Ⅲ

【问题描述】

对于 8.1.9 节所提的汉诺塔问题,其目的是将最左边杆上的盘全部移到右边的杆上,条件是一次只能移动一个盘,且不允许大盘放在小盘的上面。现在我们改变游戏的玩法,不允许直接从最左(右)边移到最右(左)边(每次移动一定是移到中间杆或从中间杆移出),也不允许大盘放到小盘的上面。我们称这样改进后的汉诺塔问题为汉诺塔Ⅲ问题。现在有 N 个圆盘,她至少要移动多少次才能把这些圆盘从最左边移到最右边?

【输入】

包含多组数据,每次输入一个 $N(1 \leqslant N \leqslant 19)$值。

【输出】

对于每组数据,输出移动最小的次数。

【输入样例】

1
3
12

【输出样例】

2
26
531440

8.1.11　序列和

【问题描述】

已知序列 $\{a_n\}$ 的通项公式 $a_i = i^2$,请编写程序计算序列的前 n 项和。

【输入】

本题有多组测试数据,每组测试数据占一行。每行包括一个整数 n。处理到文件结束。

【输出】

每组测试数据在单独的一行中输出序列的前 $n(0<n\leqslant200)$ 项和。

【输入样例】

5
10

【输出样例】

55
385

8.1.12　有效编码

【问题描述】

一个计算机系统把一个十进制数字串作为一个编码字,如果它包含有偶数个 0,就是有效的,请给出 n 位的有效编码总共有多少个。

【输入】

本题有多组测试数据,每组测试数据占一行。每行包括一个整数 $n(0<n\leqslant15)$。处理到文件结束。

【输出】

每组测试数据在单独的一行中输出问题的解。

【输入样例】

1
2

3

【输出样例】

9
82
756

8.1.13　矩阵的和

【问题描述】

给定两个矩阵 A 和 B,求矩阵的和 $A+B$。

【输入】

本题有多组测试数据,每组测试数据占多行,每组测试数据的格式如下:第一行是两个整数 m 和 $n(0<m,n<200)$。接下来是第一个矩阵的数据,共 m 行,每行 n 个整数。再接下来是第二个矩阵的数据,共 m 行,每行 n 个整数。处理到文件结束。

【输出】

对每个测试数据输出矩阵的和 $A+B$,即共 m 行,每行 n 个整数,每行的数与数之间有一个空格。

【输入样例】

3 4
1 2 3 4
5 6 7 8
9 10 11 12
1 3 4 5
2 3 4 6
7 9 8 6

【输出样例】

2 5 7 9
7 9 11 14
16 19 19 18

8.1.14　矩阵的布尔积

【问题描述】

给定两个矩阵 A 和 B,求矩阵的布尔积 $A\cdot B$。

【输入】

本题有多组测试数据,每组测试数据占多行,每组测试数据的格式如下:第一行是两个整数 m 和 l。接下来是第一个矩阵的数据,共 m 行,每行 l 个整数。再接下来是第二个矩阵的数据,共 l 行,每行 n 个整数。其中,$0<m,n,l<200$。处理到文件结束。

【输出】

对每个测试数据输出矩阵的布尔积 $A\cdot B$,即共 m 行,每行 n 个整数,每行的数与数之间有一个空格。

【输入样例】

```
3 4
1 0 0 1
1 1 0 1
1 1 0 1
4 4
0 0 0 0
0 1 1 1
1 1 0 1
0 1 0 1
```

【输出样例】

```
0 1 0 1
0 1 1 1
0 1 1 1
```

8.2 实验二 数理逻辑

8.2.1 命题联结词

【问题描述】

给定两个命题 p、q 的真值,输出$\neg\, p, p \wedge q, p \vee q, p \rightarrow q, p \leftrightarrow q$ 的真值。

【输入】

本题有多组测试数据,每组测试数据占一行。

每行有两个由空格分开的布尔值 0 或者 1。

【输出】

每组测试数据输出一行,该行中有 5 个布尔值,分别为$\neg\, p, p \wedge q, p \vee q, p \rightarrow q, p \leftrightarrow q$ 的真值,数之间由一个空格分开。

【输入样例】

```
1 0
```

【输出样例】

```
0 0 1 0 0
```

8.2.2 成真解释

【问题描述】

求公式$(p \vee q) \rightarrow \neg\, r$ 的所有成真解释。

【输入】

本题无输入。

【输出】

按照 pqr 解释的字典顺序输出公式的所有成真解释。每个解释占一行。

【输入样例】

本题无输入。

【输出样例】

000

…

8.2.3　公式类型

【问题描述】

判定公式 $p \wedge (q \vee r)$ 的公式类型。

【输入】

本题无输入。

【输出】

本题只有一行输出。

如果是恒真公式,则输出 tautology;如果是恒假公式,则输出 contradiction;如果既不是恒真公式,也不是恒假公式,则输出 contingency。

【输入样例】

本题无输入。

【输出样例】

本题无输出。

8.2.4　主析取范式

【问题描述】

求公式 $(p \vee q) \rightarrow r$ 的主析取范式。

【输入】

本题无输入。

【输出】

在单独的一行中输出公式的主析取范式,所有极小项按照对应的解释的字典顺序输出,即 $\neg p \wedge \neg q \wedge \neg r$ 是字典顺序的第一个极小项,$p \wedge q \wedge r$ 是字典顺序的最后一个极小项。每个极小项用一对圆括号括起来。如果是恒假公式,则直接输出 0。

【输入样例】

本题无输入。

【输出样例】

$(\neg p \wedge \neg q \wedge \neg r) \vee \cdots$

8.2.5　主合取范式

【问题描述】

求公式 $(p \vee q) \rightarrow r$ 的主合取范式。

【输入】

本题无输入。

【输出】

在单独的一行中输出公式的主合取范式,所有极大项按照对应的解释的字典顺序输出,即 $p \lor q \lor r$ 是字典顺序的第一个极大项,$\neg p \lor \neg q \lor \neg r$ 是字典顺序的最后一个极大项。每个极大项用一对圆括号括起来。如果是恒真公式,则直接输出1。

【输入样例】

本题无输入。

【输出样例】

$(p \lor \neg q \lor r) \land \cdots$

8.2.6　派谁去进修的问题

【问题描述】

某科研所要从 3 名科研骨干 A, B, C 中挑选 1~2 名出国进修。由于工作原因,选派时要满足以下条件。

(1) 若 A 去,则 C 同去。

(2) 若 B 去,则 C 不能去。

(3) 若 C 不去,则 A 或 B 可以去。

问应如何选派?

【输入】

本题无输入。

【输出】

输出问题的解,即选派出去进修的人员。如果有多个解,则每行输出一个解,不同的解按照字典顺序排列。

【提示】

输出问题的解时,输出大写字母即可,如问题的解为 AB 或者 BC,则分别在两行中输出 AB 和 BC 即可。具体如下:

AB
BC

8.2.7　推理 1

【问题描述】

判断下列推理是否有效。

前提:$p \lor q, \neg r \rightarrow \neg q, \neg p$

结论:r。

注意:直接用 printf 的方法无效。

【输入】

本题无输入。

【输出】

在单独的一行中输出问题的解。

如果推理正确,则输出 yes;如果推理不正确,则输出 no。

8.2.8　推理 2

【问题描述】

判断下列推理是否有效。

前提:若数 a 是实数,则它不是有理数就是无理数;若 a 不能表示成分数,则它不是有理数;a 是实数且它不能表示成分数。

结论:a 是无理数。

注意:直接用 printf 无效。

【输入】

本题无输入。

【输出】

在单独的一行中输出问题的解。

如果推理正确,则输出 yes;如果推理不正确,则输出 no。

8.2.9　公式的真值 1

【问题描述】

个体域 D 中有 n 个元素(分别用 $1,2,\cdots,n$ 表示),f 是定义在 D 上的函数,值域也是 D。二元谓词 F 的定义域为 $D \times D$。给定一个解释 I,求公式 $\forall x \exists y F(x, f(y))$ 的真值。

【输入】

本题有多组测试数据。每组测试数据的格式如下:第一行是一个单独的正整数 $n(n \leqslant 10)$,表示 D 中元素的个数。接下来的一行有 n 个值(从 1 到 n 的整数),分别表示 $f(i)$ 的值($i=1,2,\cdots,n$),数之间用一个空格分开。再接下来是 n 行,每行 n 个布尔值,表示二元谓词 F 的取值。每行对应 D 中的一个元素,从 1 开始到 n;每列也对应 D 中的一个元素,从 1 开始到 n。如第 i 行第 j 列的值为 1,则表示 $F(i,j)=1$。处理到文件结束。

【输出】

对每个测试数据输出一行,该行中只有一个布尔值,即公式在解释下的取值。

【输入样例】

```
2
1 2
1 0
0 1
2
2 1
1 0
```

0 0

【输出样例】

1
0

【提示】
对于测试数据

2
1 2
1 0
0 1

第一行的 2 表示 $n=2$,即 $D=\{1,2\}$。
第二行的 1,2 表示 $f(1)=1,f(2)=2$。
接下来的 2 行

1 0
0 1

表示 $f(1,1)=f(2,2)=1,f(1,2)=f(2,1)=0$。

8.2.10 公式的真值 2

【问题描述】
个体域 D 中有 n 个元素(分别用 $1,2,\cdots,n$)表示,f 是定义在 D 上的函数,值域也是 D。二元谓词 F 的定义域为 $D\times D$。给定一个解释 I,求公式 $\exists y\forall xF(x,f(y))$ 的真值。

【输入】
本题有多组测试数据。每组测试数据的格式如下:第一行是一个单独的正整数 $n(n\leqslant 10)$,表示 D 中元素的个数。接下来的一行有 n 个值(从 1 到 n 的整数),分别表示 $f(i)$ 的值 $(i=1,2,\cdots,n)$,数之间用一个空格分开。再接下来是 n 行,每行 n 个布尔值,表示二元谓词 F 的取值。每行对应 D 中的一个元素,从 1 开始到 n;每列也对应 D 中的一个元素,从 1 开始到 n。如第 i 行第 j 列的值为 1,则表示 $F(i,j)=1$。处理到文件结束。

【输出】
对每个测试数据输出一行,该行中只有一个布尔值,即公式在解释下的取值。

【输入样例】

2
1 2
1 0
0 1
2
2 1
1 1
0 1
4

```
1 3 2 4
1 0 0 0
1 0 0 0
1 1 1 1
0 1 0 0
```

【输出样例】

```
0
1
0
```

【提示】

对于测试数据

```
2
1 2
1 0
0 1
```

第一行的 2 表示 $n=2$,即 $D=\{1,2\}$。

第二行的 1,2 表示 $f(1)=1,f(2)=2$。

接下来的 2 行

```
1 0
0 1
```

表示 $F(1,1)=F(2,2)=1,F(1,2)=F(2,1)=0$。

8.3 实验三   计数

8.3.1   密码

【问题描述】

计算机系统的每个用户有一个 4~6 个字符构成的登录密码,其中每个字符是一个大写字母或者数字,且每个密码必须至少包含一个数字。现在知道一位用户的密码是由 n 个字符构成的密码,试求出他的密码有多少种可能。

【输入】

输入数据有多组,每组输入格式如下:每组数据输入一个整数 n(代表密码有多少位)。

【输出】

在单独的一行中输出的密码有多少种可能,如果输入的整数 n 不是正数或密码的位数小于 4,则在单独的一行中输出"The customer nonexistent!"。

【输入样例】

4

【输出样例】

1222640

8.3.2　圆周排列 1

【问题描述】

有 n 个代表参加会议,围着一个圆桌而坐。圆桌正好有 n 个位置,如果只考虑代表左边和右边的人,而不考虑代表坐哪个位置,求有多少种坐的方案。

【输入】

输入有多组数据。

每组输入一个正整数 $n(n\leqslant 20)$ 代表人数。

【输出】

每组数据在单独的一行输出问题的解。

【输入样例】

10

【输出样例】

362880

8.3.3　圆周排列 2

【问题描述】

有 n 对夫妻参加了一个聚会,他们围绕一个圆形的桌子坐下,但每对夫妻必须坐在一起。求有多少种排坐方法。

【输入】

输入数据有多组。

每组一行,每行一个正整数 $n(n\leqslant 10)$。

【输出】

在单独的一行输出总共的排列方法有多少种。

【输入样例】

5

【输出样例】

768

8.3.4　有重复的组合

【问题描述】

从包含苹果、橙子和梨的篮子里选 n 个水果。如果与选择水果的顺序无关,且只关心水果的类型而不关心是该类型的哪一个水果,那么当篮子中每类水果都有无限多个时,有多少种选法？

【输入】

输入数据有多组,每组输入格式如下：每组一行,每行一个正整数 n（代表要选出的水果数量, $n \leqslant 200$）。

【输出】

输出格式如下：每组数据在单独一行输出一个整数,表示总共有多少种选法。

【输入样例】

4

【输出样例】

15

8.3.5　生成排列

【问题描述】

给定正整数 n ,生成整数 $1, 2, \cdots, n$ 的 $n!$ 个排列,不同的排列之间按照字典顺序由最小顺序生成。即从 $123 \cdots n$ 开始,到 $n \cdots 321$ 结束。

【输入】

输入数据包含多个测试实例,每个测试实例占一行,由一个正整数 $n(0 < n < 10)$ 组成。

【输出】

对于每个测试实例,每组测试数据的输出占一行。该行中为所有的 n 个数字的排列,按字典顺序输出,每两个排列之间用->连接。

【输入样例】

1
3

【输出样例】

1
123 -> 132 -> 213 -> 231 -> 312 -> 321

8.3.6　生成组合

【问题描述】

为生成所有的 n 位二进制展开式,从具有 n 个 0 的二进制串 $000 \cdots 00$ 开始,然后继续找下一个更大的二进制展开式,直到得到 $111 \cdots 11$ 为止。现在从其中取出一个二进制数,找出下一个比它大的二进制数。

【输入】

输入数据包含多个测试实例,每个测试实例占一行,每个测试数据为长度不超过 1000 的字符串型的二进制数(不全为1)。

【输出】

对于每个测试数据,输出下一个更大的二进制数。

【输入样例】

```
0
10
101
1000100111
```

【输出样例】

```
1
11
110
1000101000
```

8.3.7 上班问题

【问题描述】

设某地的街道把城市分割成矩形方格,每个方格称为块,某甲从家里出发上班,向东要走过 m 块,向北要走过 n 块,问某甲上班的路径有多少种?

【输入】

本题有多组测试数据,每组测试输入的输入占一行,该行中有两个正整数 n 和 $m(0<n, m\leqslant10)$。

【输出】

对每组测试数据,在单独的一行中输出问题的解,即有多少种走法。

【输入样例】

```
2 3
4 4
```

【输出样例】

```
10
70
```

8.3.8 解方程 1

【问题描述】

给定方程 $x+y+z=n$,求方程的非负整数解的个数。

【输入】

本题有多组测试数据,每组测试输入占一行,该行中只有一个正整数 $n(0<n\leqslant100)$。

【输出】

对每组测试数据,在单独的一行中输出方程的非负整数解的个数。

【输入样例】

5
11

【输出样例】

21
78

8.3.9　解方程2

【问题描述】

给定 r 元方程 $x_1+x_2+\cdots+x_r=n$，n 为正整数，求方程的非负整数解的个数。

【输入】

本题有多组测试数据，每组测试输入占一行，该行中有两个正整数 r 与 $n(0<r,n\leqslant15)$。

【输出】

对每组测试数据，在单独的一行中输出方程的非负整数解的个数。

【输入样例】

3 5
3 11

【输出样例】

21
78

8.3.10　工作组

【问题描述】

某单位有 n 个男同志，m 个女同志，现要组织一个由偶数个男同志和不少于 2 个女同志组成的工作组，有多少种组织方法？

【输入】

本题有多组测试数据，每组测试输入的输入占一行，该行中有两个正整数 n 和 $m(0<n,m\leqslant12)$。

【输出】

对每组测试数据，在单独的一行中输出问题的解，即有多少种方法。

【输入样例】

8 5
3 5

【输出样例】

3328
104

8.4 实验四 关系

8.4.1 关系矩阵

【问题描述】

给出两个集合 A、B 和它们的关系集合 R，试求出 R 的关系矩阵 M。

【输入】

输入数据有多组，每组第一行为三个正整数 n、m 和 k（均小于 100），分别代表集合 A 中的元素个数、集合 B 中的元素个数和关系集合中的元素个数。接下来一行的 n 个数字代表 A 中的元素。再接下来一行的 m 个数字代表 B 中的元素。接下来 k 对数字每两个一对，代表 R 中的元素。

【输出】

第一行输出 case t:，其中 t 为测试数据的组号。接下来的 n 行输出关系 R 的关系矩阵，每行 m 个布尔值，每两个布尔值之间有一个空格。注意，最后一个数后面没有空格但有换行（集合 A、B 的元素顺序按照输入的顺序）。

【输入样例】

```
2 3 4
1 2
1 2 3
1 1 1 3 2 1 2 2
```

【输出样例】

```
case 1:
1 0 1
1 1 0
```

8.4.2 关系的合成 1

【问题描述】

已知集合 A 的元素，R，S 均为 A 上的关系，且 $R=\{<x,y>|x+y=4\}$，$S=\{<x,y>|y-x=1\}$，求 $S \circ R$。

【输入】

本题有多组测试数据，每组测试数据的格式如下：第一行输入整数 n（$1<n<100$），表示集合 A 的元素个数，第二行输入 n 个元素。处理到输入结束。

【输出】

每组测试数据的输出为一行，即 $S \circ R$ 的所有二元组，每两个二元组之间用逗号隔开。二元组按照字典顺序输出。如果 $S \circ R$ 不存在，则输出 NULL。

【输入样例】

```
5 4 3 2 1 0
2
3 6
5
1 2 3 4 5
```

【输出样例】

```
<0,5>,<1,4>,<2,3>,<3,2>,<4,1>
NULL
<1,4>,<2,3>,<3,2>
```

8.4.3　关系的合成 2

【问题描述】

已知 R 是集合 A 到集合 B 的关系,S 是 B 到 C 的关系,已知关系 R 和 S 的关系矩阵,求 R 与 S 的复合关系 $S \circ R$。

【输入】

本题有多组测试数据,每组测试数据的格式如下：第一行是三个正整数 n、k、m,分别表示集合 A、B、C 的元素个数。接下来是 n 行,每行 k 个布尔值,表示 A 到 B 的关系 R 的关系矩阵。再接下来是 k 行,每行 m 个布尔值,表示 B 到 C 的关系 S 的关系矩阵。处理到文件结束。

【输出】

对每组测试数据,输出如下:输出共 n 行,每行 m 个布尔值,表示 $S \circ R$ 的关系矩阵。每行的布尔值之间用一个空格分开。注意,最后一个布尔值后面没有空格。

【输入样例】

```
3 4 3
0 1 1 0
0 1 0 0
1 0 0 0
0 0 0
1 0 0
1 0 0
0 0 1
```

【输出样例】

```
1 0 0
1 0 0
0 0 0
```

8.4.4　关系的运算

【问题描述】

已知 $R \subseteq A \times B$,$S \subseteq B \times C$,已知 R 和 S 的关系矩阵,求 $R^{-1} \circ S^{-1}$。

【输入】

本题有多组测试数据,每组测试数据的格式如下:第一行是三个正整数 n、k、m,分别表示集合 A、B、C 的元素个数。接下来是 n 行,每行 k 个布尔值,表示 A 到 B 的关系 R 的关系矩阵。再接下来是 k 行,每行 m 个布尔值,表示 B 到 C 的关系 S 的关系矩阵。处理到文件结束。

【输出】

对每组测试数据,输出如下:输出共 m 行,每行 n 个布尔值,表示 $R^{-1} \circ S^{-1}$ 的关系矩阵。每行的布尔值之间用一个空格分开。注意,最后一个布尔值后面没有空格。

【输入样例】

```
3 4 3
0 1 1 0
0 1 0 0
1 0 0 0
0 0 0
1 0 0
1 0 0
0 0 1
```

【输出样例】

```
1 1 0
0 0 0
0 0 0
```

8.4.5　自反性

【问题描述】

集合 $A = \{1, 2, 3, \cdots, n\}$,$R$ 是 A 上的二元关系,判断 R 是否具有自反性。

【输入】

本题有多组测试数据,每组测试数据输入格式如下:第一行是一个正整数 n,表示集合 A 的元素个数,即 $A = \{1, 2, 3, \cdots, n\}$。第二行是一个正整数 $m(0 < m \leqslant n*n)$,表示关系 R 中二元组的个数。接下去是 m 行,每行有两个整数 a 和 b,表示二元组 $<a, b> \in R$。

【输出】

对每组测试数据,在单独的一行中输出 R 是否具有自反性,如果有自反则输出 yes,否则输出 no。

【输入样例】

```
2
3
1 2
2 1
2 2
2
2
1 1
2 2
```

【输出样例】

no
yes

8.4.6 对称性

【问题描述】

集合 $A=\{1,2,3,\cdots,n\}$，R 是 A 上的二元关系，判断 R 是否具有对称性。

【输入】

本题有多组测试数据，每组测试数据输入格式如下：第一行是一个正整数 n，表示集合 A 的元素个数，即 $A=\{1,2,3,\cdots,n\}$。第二行是一个正整数 $m(0<m\leqslant n*n)$，表示关系 R 中二元组的个数。接下去是 m 行，每行有两个整数 a 和 b，表示二元组 $<a,b>\in R$。

【输出】

对每组测试数据，在单独的一行中输出 R 是否具有对称性，如果有对称性则输出 yes，否则输出 no。

【输入样例】

2
3
1 2
2 1
2 2
2
2
1 1
1 2

【输出样例】

yes
no

8.4.7 对称闭包

【问题描述】

集合 $A=\{1,2,3,\cdots,n\}$，R 是 A 上的二元关系，求 R 的自反闭包。

【输入】

本题有多组测试数据，每组测试数据输入格式如下：第一行是一个正整数 n，表示集合 A 的元素个数，即 $A=\{1,2,3,\cdots,n\}$。第二行是一个正整数 $m(0<m\leqslant n*n)$，表示关系 R 中二元组的个数。接下去是 m 行，每行有两个整数 a 和 b，表示二元组 $<a,b>\in R$。

【输出】

对每组测试数据，首先第一行输出 case t:，其中 t 为测试数据的组号。然后是若干行输出 R 的对称闭包 $s(R)$，每行一个二元组，二元组按照字典顺序输出。

【输入样例】

2

```
3
1 2
2 1
2 2
2
2
1 1
1 2
```

【输出样例】

```
case 1:
<1,2>
<2,1>
<2,2>
case 2:
<1,1>
<1,2>
<2,1>
```

8.4.8 传递闭包

【问题描述】

集合 $A=\{1,2,3,\cdots,n\}$，R 是 A 上的二元关系，求 R 的传递闭包 $t(R)$。

【输入】

本题有多组测试数据，每组测试数据输入格式如下：第一行是一个正整数 $n(0<n<100)$，表示集合 A 的元素个数，即 $A=\{1,2,3,\cdots,n\}$。

第二行是一个正整数 $m(0<m\leqslant n*n)$，表示关系 R 中二元组的个数。接下来是 m 行，每行有两个整数 a 和 b，表示二元组$<a,b>\in R$。

【输出】

对每组测试数据，首先第一行输出 case t:，其中 t 为测试数据的组号。然后是若干行输出 R 的传递闭包 $t(R)$，每行一个二元组，二元组按照字典顺序输出。

【输入样例】

```
2
2
1 2
2 1
2
2
1 1
2 2
```

【输出样例】

```
case 1:
<1,1>
<1,2>
```

```
<2,1>
<2,2>
case 2:
<1,1>
<2,2>
```

8.4.9　同余

【问题描述】

设 $A=\{1,2,3,\cdots,n\}$,已知 R 为 A 上的关系,$R=\{<x,y>|x\equiv y(\bmod m)\}$,给定 n 与 m,求 R 的关系矩阵。

【输入】

本题有多组测试数据,每组测试数据的输入占一行,该行中只有两个整数 n 和 m($1<n<100,1<m<20$)。

【输出】

对每组测试数据,输出关系 R 的关系矩阵,即输出为 n 行,每行 n 个布尔值,布尔值之间有一个空格。注意,每行最后没有空格。不同测试数据的输出块之间没有空行。处理到输入结束。

【输入样例】

```
8 3
```

【输出样例】

```
1 0 0 1 0 0 1 0
0 1 0 0 1 0 0 1
0 0 1 0 0 1 0 0
1 0 0 1 0 0 1 0
0 1 0 0 1 0 0 1
0 0 1 0 0 1 0 0
1 0 0 1 0 0 1 0
0 1 0 0 1 0 0 1
```

8.4.10　等价类

【问题描述】

A 是由正整数构成的集合,R 是 A 上的模 m 同余关系,求 A 关于 R 的等价类。

【输入】

本题有多组测试数据,每组测试数据的格式如下:第一行是两个正整数 n 和 m($1<n\leqslant 100,0<m\leqslant 20$),$n$ 表示集合 A 的元素个数;第二行是 n 个整数,表示 A 的 n 个元素,这 n 个整数由小到大排序。

【输出】

对于每组测试数据,第一行输出 case t:,其中 t 为测试数据的组号。接下来的若干行输出 A 关于 R 的等价类,每行一个等价类,每个等价类用集合的形式给出,如$\{1,3,6\}$,等价类之间按照字典顺序排列(以等价类中最小元为排序关键字)。

【输入样例】

8 3
1 2 3 4 5 6 7 8

【输出样例】

case 1:
{1,4,7}
{2,5,8}
{3,6}

8.4.11 等价关系

【问题描述】

给定集合 A 的一个集合划分 Π，求对应的等价关系。

【输入】

本题有多组测试数据。每组测试数据的格式如下：第一行是一个整数 n，表示集合 A 的一个划分有 $n(0<n\leqslant 10)$ 个划分块。接下来的 $2n$ 行，每二行一组，第一行是一个整数 k，表示划分 Π 的当前划分块有 k 个元素($0<k\leqslant 10$)；第二行有 k 个整数，整数之间由空格分开。整数不超过 1000。处理到输入结束。

【输出】

对每组测试数据，第一行输出 case t:，其中 t 为该组测试数据的组号。接来下有若干行，每行为等价关系的一个二元组，二元组按照字典顺序输出。

【输入样例】

3
3
1 3 4
2
2 5
2
6 8

【输出样例】

case 1:
<1,1>
<1,3>
<1,4>
<2,2>
<2,5>
<3,1>
<3,3>
<3,4>
<4,1>

```
<4,3>
<4,4>
<5,2>
<5,5>
<6,6>
<6,8>
<8,6>
<8,8>
```

8.4.12　哈斯图

【问题描述】

A 为具有 n 个元素的正整数集合，R 是 A 上的整除关系，请输出 R 的哈斯图中的边。例如 $A=\{1,2,3,4,6,8,12,24\}$，则 R 的哈斯图如图 8.1 所示。

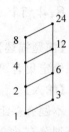

图 8.1　哈斯图

【输入】

本题有多组测试数据，每组测试的输入占 2 行：第一行是一个整数 $n(0<n\leqslant100)$，表示集合 A 有 n 个元素；第二行有 n 个不同的整数（按从小到大的顺序排序）。

【输出】

对每组测试数据，第一行输出 case t:，其中 t 为测试数据的组号，接下来是若干行，每行表示关系 R 的哈斯图上的一条边，所有的边按字典顺序给出。处理到输入结束。

【输入样例】

```
8
1 2 3 4 6 8 12 24
12
1 2 3 4 5 6 7 8 9 10 11 12
```

【输出样例】

```
case 1:
1 2
1 3
2 4
2 6
3 6
4 8
4 12
6 12
8 24
12 24
case 2:
1 2
1 3
1 5
1 7
```

```
1 11
2 4
2 6
2 10
3 6
3 9
4 8
4 12
5 10
6 12
```

8.4.13 极值

【问题描述】

给定一个集合 A，A 中的元素都是正整数，并给定 A 上的整除关系 R 和 A 的子集 B，求 B 的极大值与极小值。

【输入】

本题有多组测试数据，每组测试输入占 4 行。第一行有一个正整数 $n(0<n\leqslant15)$，表示集合 A 有 n 个元素。第二行有 n 个正整数，表示 A 的 n 个元素。第三行有一个正整数 m，$(0<m\leqslant n)$，表示集合 B 有 m 个元素。第四行有 m 个正整数，表示 B 中的 m 个元素，确保 B 是 A 的子集。

【输出】

每组测试数据输出 2 行。第一行是集合 B 的极大值，如果有多个，则按从小到大的顺序输出。数字之间有一个空格，但是最后一个数字后面没有空格。第二行是集合 B 的极小值，如果有多个，则按从小到大的顺序输出。数字之间有一个空格，但是最后一个数字后面没有空格。

【输入样例】

```
8
1 2 3 4 6 8 12 24
5
2 3 4 6 12
```

【输出样例】

```
12
2 3
```

8.4.14 最值

【问题描述】

给定一个集合 A，A 中的元素都是正整数，并给定 A 上的整除关系 R 和 A 的子集 B，求 B 的最大值与最小值。

【输入】

本题有多组测试数据，每组测试输入占 4 行。第一行有一个正整数 $n(0<n\leqslant15)$，表示

集合 A 有 n 个元素。第二行有 n 个正整数,表示 A 的 n 个元素。第三行有一个正整数 $m(0<m\leq n)$,表示集合 B 有 m 个元素。第四行有 m 个正整数,表示 B 中的 m 个元素,确保 B 是 A 的子集。

【输出】

每组测试数据输出 2 行:第一行是集合 B 的最大值,如果没有最大值,则输出 NULL;第二行是集合 B 的最小值,如果没有最小值,则输出 NULL。

【输入样例】

```
8
1 2 3 4 6 8 12 24
5
2 3 4 6 12
```

【输出样例】

```
12
NULL
```

8.4.15 拓扑排序

【问题描述】

集合 A 是由 n 个正整数组成的集合,R 是 A 上的偏序关系,已知 R 的哈斯图,如果 A 中 n 个元素的拓扑排序,有多种结果,给出字典顺序(整数的大小比较)最小的一种排序。如图 8.1 所示的哈斯图,1 2 3 4 6 8 12 24 和 1 3 2 4 6 8 12 24 都是 A 的相容排序,但 1 2 3 4 6 8 12 24 是字典顺序最小的排序,所以输出 1 2 3 4 6 8 12 24。

【输入】

本题有多组测试数据,第一行有一个正整数 $n(0<n\leq500)$,接下来是 n 行,每行两个正整数 a 和 $b(0<a,b\leq500)$,表示边 (a,b) 在哈斯图上。

【输出】

对每组测试数据,第一行输出 case t:,其中 t 为测试数据的组号,第二行输出 A 的字典顺序(按照整数的大小比较)最小的相容排序。处理到输入结束。

【输入样例】

```
10
1 2
1 3
2 4
2 6
3 6
4 8
4 12
6 12
8 24
12 24
```

【输出样例】

```
case 1:
1 2 3 4 6 8 12 24
```

8.5　实验五　图

8.5.1　简单图1

【问题描述】

给定一个无向图 $G=<V,E>$，其中 V 为顶点集，E 为无向边的集合，$V=\{1,2,3,\cdots,n\}$，判断图 G 是否为简单图。

【输入】

本题有多组测试数据，每组测试数据的格式如下：第一行是两个正整数 n 和 m，其中 n 表示 G 的顶点数，m 表示 G 的边数，$0<n<100,0<m<1000$。接下来的 m 行，每行两个整数 a 和 $b(0<a,b\leqslant n)$，表示 G 的一条无向边，处理到文件结束。

【输出】

每组测试数据输出一行，如果是简单图输出 yes，否则输出 no。

【输入样例】

```
10 8
2 2
3 1
2 3
4 2
2 10
3 8
8 9
5 4
```

【输出样例】

```
no
```

8.5.2　简单图2

【问题描述】

给定一个有向图 $D=<V,E>$，其中 V 为顶点集，E 为有向边的集合，$V=\{1,2,3,\cdots,n\}$，判断图 D 是否为简单图。

【输入】

本题有多组测试数据，每组测试数据的格式如下：第一行是两个正整数 n 和 m，其中 n 表示 D 的顶点数，m 表示 D 的边数，$0<n<100,0<m<1000$。接下来的 m 行，每行两个整数 a 和 $b(0<a,b\leqslant n)$，表示 D 的一条有向边。处理到文件结束。

【输出】

每组测试数据输出一行,如果是简单图则输出 yes,否则输出 no。

【输入样例】

```
10 8
2 2
3 1
2 3
4 2
2 10
3 8
8 9
5 4
```

【输出样例】

```
no
```

8.5.3 度数列 1

【问题描述】

给定一个无向图 $G=<V,E>$,其中 V 为顶点集,E 为无向边的集合,$V=\{1,2,3,\cdots,n\}$,按 G 的顶点顺序输出其度数列。

【输入】

本题有多组测试数据,每组测试数据的格式如下:第一行是两个正整数 n 和 m,其中 n 表示 G 的顶点数,m 表示 G 的边数,$0<n<100,0<m<1000$。接下来的 m 行,每行两个整数 a 和 $b(0<a,b\leqslant n)$,表示 G 的一条无向边。处理到文件结束。

【输出】

每组数据输出一行。该行为 G 的顶点的度数列,数与数之间有一个空格。注意,最后一个数后面没有空格。

【输入样例】

```
10 8
2 2
3 1
2 3
4 2
2 10
3 8
8 9
5 4
```

【输出样例】

```
1 5 3 2 1 0 0 2 1 1
```

8.5.4　度数列 2

【问题描述】

给定一个无向图 $G=<V,E>$，其中 V 为顶点集，E 为有向边的集合，$V=\{1,2,3,\cdots,n\}$，按 G 的顶点顺序给出 G 的所有顶点出度列与入度列。

【输入】

本题有多组测试数据，每组测试数据的格式如下：第一行是两个正整数 n 和 m，其中 n 表示 G 的顶点数，m 表示 G 的边数，$0<n<100$，$0<m<1000$。接下来的 m 行，每行两个整数 a 和 $b(0<a,b\leqslant n)$，表示 G 的一条无向边。处理到文件结束。

【输出】

每组数据输出 2 行。第一行为 G 的顶点的出度列，数与数之间有一个空格，注意，最后一个数后面没有空格。第二行为 G 的顶点的入度列，数与数之间一个空格，注意，最后一个数后面没有空格。

【输入样例】

```
10 8
2 2
3 1
2 3
4 2
2 10
3 8
8 9
5 4
```

【输出样例】

```
0 3 2 1 1 0 0 1 0 0
1 2 1 1 0 0 0 1 1 1
```

8.5.5　连通图

【问题描述】

给定一个无向图 $G=<V,E>$，其中 V 为顶点集，E 为无向边的集合，$V=\{1,2,3,\cdots,n\}$，判断该图是否为连通图。

【输入】

本题有多组测试数据，每组测试数据的格式如下：第一行是两个正整数 n 和 m，其中 n 表示 G 的顶点数，m 表示 G 的边数，$0<n<100$，$0<m<1000$。接下来的 m 行，每行两个整数 a 和 $b(0<a,b\leqslant n)$，表示 G 的一条无向边。处理到文件结束。

【输出】

每组测试数据输出一行，如果是连通图则输出 yes，否则输出 no。

【输入样例】

```
1 2
2 3
3 4
4 4
1 2
2 1
3 4
4 3
```

【输出样例】

```
yes
no
```

8.5.6   单向连通

【问题描述】

给定一个有向图 $D=<V,E>$,其中 V 为顶点集,E 为有向边的集合,$V=\{1,2,3,\cdots,n\}$,判断图 D 是否为单向连通图。

【输入】

本题有多组测试数据,每组测试数据的格式如下:第一行是两个正整数 n 和 m,其中 n 表示 D 的顶点数,m 表示 D 的边数,$0<n<100,0<m<1000$。接下来的 m 行,每行两个整数 a 和 $b(0<a,b\leqslant n)$,表示 D 的一条有向边。处理到文件结束。

【输出】

每组测试数据输出一行,如果是单向连通图则输出 yes,否则输出 no。

【输入样例】

```
4 4
1 2
2 3
3 4
1 4
4 4
1 2
2 3
1 4
4 3
```

【输出样例】

```
yes
no
```

8.5.7   强连通

【问题描述】

给定一个有向图 $D=<V,E>$,其中 V 为顶点集,E 为有向边的集合,$V=\{1,2,3,\cdots,$

$n\}$,判断图 D 是否为强连通。

【输入】

本题有多组测试数据,每组测试数据的格式如下:第一行是两个正整数 n 和 m,其中 n 表示 D 的顶点数,m 表示 D 的边数,$0<n<100,0<m<1000$。接下来的 m 行,每行两个整数 a 和 $b(0<a,b\leqslant n)$,表示 D 的一条有向边。处理到文件结束。

【输出】

每组测试数据输出一行,如果是单向图则输出 yes,否则输出 no。

【输入样例】

```
4 4
1 2
2 3
3 4
1 4
4 4
1 2
2 3
3 4
4 1
```

【输出样例】

```
no
yes
```

8.5.8　二分图

【问题描述】

给定一个无向简单图 $G=<V,E>$,其中 V 为顶点集,E 为边的集合,$V=\{1,2,3,\cdots,n\}$,G 有 n 个顶点,m 条边,判定 G 是否为二分图。

【输入】

本题有多组测试数据。每组测试数据的格式如下:第一行是两个正整数 n 和 m,其中 n 表示 G 的顶点个数,m 表示 G 的边数,$0<n\leqslant100,0<m\leqslant1000$。接下来的 m 行,每行两个整数 a 和 $b(0<a,b\leqslant n)$,表示点 a 和 b 之间有一条边。处理到文件结束。

【输出】

对每组测试数据,在单独的一行中输出问题的解:如果 G 是二分图则输出 yes,否则输出 no。

【输入样例】

```
4 4
1 2
2 3
3 4
4 1
```

【输出样例】

yes

8.5.9　欧拉图

【问题描述】

给定一个无向简单图 $G=<V,E>$,其中 V 为顶点集,E 为边的集合,$V=\{1,2,3,\cdots,n\}$,G 有 n 个顶点,m 条边,判定 G 是否为欧拉图。

【输入】

本题有多组测试数据。每组测试数据的格式如下:第一行是两个正整数 n 和 m,其中 n 表示 G 的顶点个数,m 表示 G 的边数,$0<n\leqslant100,0<m\leqslant1000$。接下来的 m 行,每行两个整数 a 和 $b(0<a,b\leqslant n)$,表示点 a 和 b 之间有一条边。处理到文件结束。

【输出】

对每组测试数据,在单独的一行中输出问题的解:如果 G 是欧拉图则输出 yes,否则输出 no。

【输入样例】

4 4
1 2
2 3
3 4
4 1

【输出样例】

yes

8.5.10　半欧拉图

【问题描述】

给定一个无向简单图 $G=<V,E>$,其中 V 为顶点集,E 为边的集合,$V=\{1,2,3,\cdots,n\}$,G 有 n 个顶点,m 条边,判定 G 是否为半欧拉图。

【输入】

本题有多组测试数据。每组测试数据的格式如下:第一行是两个正整数 n 和 m,其中 n 表示 G 的顶点个数,m 表示 G 的边数,$0<n\leqslant100,0<m\leqslant1000$。接下来的 m 行,每行两个整数 a 和 $b(0<a,b\leqslant n)$,表示点 a 和 b 之间有一条边。处理到文件结束。

【输出】

对每组测试数据,在单独的一行中输出问题的解:如果 G 是半欧拉图则输出 yes,否则输出 no。

【输入样例】

4 3
1 2

2 3
3 4

【输出样例】

yes

8.5.11 欧拉回路

【问题描述】

给定一个无向简单图 $G=<V,E>$，$V=\{1,2,3,\cdots,n\}$，G 有 n 个顶点，m 条边，输出图 G 的一条欧拉回路。如果存在多条回路，输出字典顺序最小的一条回路。如果不存在回路，输出 NULL。

【输入】

本题有多组测试数据。每组测试数据的格式如下：第一行是两个正整数 n 和 m，其中 n 表示 G 的顶点个数，m 表示 G 的边数，$0<n\leqslant100,0<m\leqslant1000$。接下来的 m 行，每行两个整数 a 和 $b(0<a,b\leqslant n)$，表示点 a 和 b 之间有一条边。处理到文件结束。

【输出】

对每组测试数据，在单独的一行中输出问题的解：如果 G 有欧拉回路，输出图 G 的一条欧拉回路(如果存在多条回路，输出字典顺序最小的一条回路)；如果不存在回路，输出 NULL。输出路径的格式参照输出样例。

【输入样例】

4 4
1 2
2 3
3 4
4 1
4 4
1 2
2 3
3 4
3 1

【输出样例】

1->2->3->4->1
NULL

8.5.12 欧拉路

【问题描述】

给定一个无向简单图 $G=<V,E>$，$V=\{1,2,3,\cdots,n\}$，G 有 n 个顶点，m 条边，输出图 G 的一条欧拉路。如果存在多条欧拉路，输出字典顺序最小的一条路；如果不存在欧拉路，输出 NULL。注意，本题中的欧拉路不包括欧拉回路。

【输入】

本题有多组测试数据。每组测试数据的格式如下:第一行是两个正整数 n 和 m,其中 n 表示 G 的顶点个数,m 表示 G 的边数,$0<n\leqslant100,0<m\leqslant1000$。接下来的 m 行,每行两个整数 a 和 $b(0<a,b\leqslant n)$,表示点 a 和 b 之间有一条边。处理到文件结束。

【输出】

对每组测试数据,在单独的一行中输出问题的解:如果 G 有欧拉路,输出图 G 的一条欧拉路(如果存在多条欧拉路,输出字典顺序最小的一条路);如果不存在欧拉路,输出 NULL。输出路径的格式参照输出样例。

【输入样例】

```
4 3
1 2
2 3
3 4
4 4
1 2
2 3
3 4
4 1
```

【输出样例】

```
1->2->3->4
NULL
```

8.5.13 单源正权最短路径

【问题描述】

给定一个无向简单带权图 $G=<V,E>,V=\{1,2,3,\cdots,n\}$,$G$ 有 n 个顶点,m 条边,输出 G 中点 1 到点 n 的最短路径的长度。

【输入】

本题有多组测试数据。每组测试数据的格式如下:第一行是两个正整数 n 和 m,其中 n 表示 G 的顶点个数,m 表示 G 的边数,$0<n\leqslant100,0<m\leqslant1000$。接下来的 m 行,每行三个整数 a、b 和 $w(0<a,b\leqslant n,0<w\leqslant10)$,表示点 a 和 b 之间有一条边的权为 w。处理到文件结束。

【输出】

对每组测试数据,在单独的一行中输出问题的解:点 $1\sim n$ 的最短路径的长度。如果点 $1\sim n$ 没有路径,则输出 NULL。

【输入样例】

```
5 6
1 2 5
1 3 1
3 4 2
4 5 3
```

```
1 5 10
2 5 4
```

【输出样例】

```
6
```

8.5.14 最短路径

【问题描述】

给定一个无向简单带权图 $G=<V,E>,V=\{1,2,3,\cdots,n\}$，$G$ 有 n 个顶点，m 条边，求 G 中两个点之间的最短路径的长度。

【输入】

本题有多组测试数据。每组测试数据的格式如下：第一行是三个正整数 n、m 和 q，其中 n 表示 G 的顶点个数，m 表示 G 的边数，q 表示查询的数目，$0<n\leqslant100,0<m\leqslant1000,0<q\leqslant1000$。接下来的是 m 行，每行三个整数 a、b 和 $w(0<a,b\leqslant n,0<w\leqslant10)$，表示点 a 和 b 之间有一条边的权为 w。再接下来的 q 行，每行两个整数 a 和 b，表示求 a 与 b 之间的最短路径的长度。处理到文件结束。

【输出】

对每组测试数据输出 q 行，每行输出问题对应的查询的结果：即两个点之间的最短路径的长度。如果点 1 与 n 之间没有路径，则输出 NULL。

【输入样例】

```
5 6 2
1 2 5
1 3 1
3 4 2
4 5 3
1 5 10
2 5 4
1 5
2 4
```

【输出样例】

```
6
7
```

8.5.15 平面图1

【问题描述】

已知图 G 为连通平面图，G 有 n 个点，m 条边，求 G 平面嵌入后的面的数目。

【输入】

本题有多组测试数据，每组测试数据占一行，该行中只有两个正整数 n 和 $m(0<n,m\leqslant100)$，题目保证数据合法。

【输出】

每组测试数据的输出占一行,该行中只有一个正整数,即问题的解。

【输入样例】

3 3
4 5

【输出样例】

2
3

8.5.16 平面图 2

【问题描述】

已知图 G 为具有 k 个连通分支的平面图,G 有 n 个点,m 条边,求 G 平面嵌入后的面的数目。

【输入】

本题有多组测试数据,每组测试数据占一行,该行中只有三个正整数 n、m 和 k($0 < n$,m,$k \leqslant 100$),题目保证数据合法。

【输出】

每组测试数据的输出占一行,该行中只有一个正整数,即问题的解。

【输入样例】

3 3 1
4 3 2

【输出样例】

2
2

8.6 实验六 树

8.6.1 无向树

【问题描述】

给定一个无向简单图 $G = <V, E>$,$V = \{1, 2, 3, \cdots, n\}$,$G$ 有 n 个顶点,G 有 $n-1$ 条边,判定 G 是否为树。

【输入】

本题有多组测试数据。每组测试数据的格式如下:第一行是一个正整数 n($0 < n \leqslant 100$),表示 G 的顶点个数。接下来的 $n-1$ 行,每行两个整数 a 和 b($0 < a, b \leqslant n$),表示 G 的一条边。处理到文件结束。

【输出】

对每组测试数据,在单独的一行中输出问题的解:如果 G 是树则输出 yes,否则输出 no。

【输入样例】

```
4
1 2
2 3
3 4
4
1 2
2 3
3 1
```

【输出样例】

```
yes
no
```

8.6.2 最小生成树

【问题描述】

给定一个无向带权图 $G=<V,E>$,$V=\{1,2,3,\cdots,n\}$,G 有 n 个顶点,m 条边,求 G 的最小生成树的权。

【输入】

本题有多组测试数据。每组测试数据的格式如下:第一行是两个正整数 n 和 m,其中 n 表示 G 的顶点个数,m 表示 G 的边数,$0<n\leqslant100,0<m\leqslant1000$。接下来的 m 行,每行三个整数 a、b 和 $w(0<a,b\leqslant n,0<w\leqslant10)$,表示点 a 和 b 之间有一条权为 w 的边。处理到文件结束。

【输出】

对每组测试数据,在单独的一行中输出问题的解:G 的最小生成树的权。如果没有最小生成树(如图不连通),则输出 NULL。

【输入样例】

```
5 6
1 2 5
1 3 1
3 4 2
4 5 3
1 5 10
2 5 4
5 5
1 2 1
2 3 4
3 4 3
4 5 5
5 1 2
4 3
```

```
1 2 1
2 3 2
3 1 3
```

【输出样例】

```
10
10
NULL
```

8.6.3　根树

【问题描述】

给定一个有向简单图 $D=<V,E>$，D 有 n 个点，m 条边，且 $V=\{1,2,3,\cdots,n\}$，判定 D 是否是根树。

【输入】

本题有多组测试数据。不同的测试数据之间有一个空行。每组测试数据的格式如下：第一行是两个正整数 n 和 m，其中 n 表示 D 的顶点个数，m 表示 D 的边数，$0<n\leqslant100,m>0$。接下来的 m 行，每行两个整数 a 和 $b(0<a,b\leqslant n)$，表示 D 的一条有向边。处理到文件结束。

【输出】

对每组测试数据，每行输出问题的答案：即 D 是否是根树，如果 D 是根树则输出 yes，否则输出 no。

【输入样例】

```
5 4
1 2
1 3
2 4
2 5

5 4
1 2
1 3
2 4
5 3
```

【输出样例】

```
yes
no
```

8.6.4　Huffman 编码

【问题描述】

英文文本在计算机中通常是用 ASCII 表示的，即每个字符用固定长度的位（8 位）表示，如文本 AAAAABCD 用 ASCII 表示要占用 64 位,这种表示方法比较简单。如果我们把 A 表示为 00,B 表示 01,C 表示为 10,D 表示为 11,则只需要用 16 位来表示文本 AAAAABCD;编码后的位串为 0000000000011011,这种编码方法也是固定长度的,只不过每个字符固定的长度为 2。一种最优的编码方案为 A 表示为 0,B 表示为 10,C 表示为 110,D 表示为 111(可以有不同的编码方案,但是编码后的位串长度相同),编码后的位串为 0000010110111,只需要 13 位。压缩率为 4.9∶1(相对 ASCII 码)。给出一段由大写字母和下画线构成的文本,请给出这段文本由 ASCII 编码后的位串的长度、最优编码的位串的长度以及压缩比。

【输入】

本题有多组输入,每组输入占一行。每行的文本均由大写字母和下画线构成。每行最多不超过 1000 个字符,最后一行的文本为 END,表示输入结束,无须处理。

【输出】

对每组测试数据输出一行,该行中第一个整数是文本用 ASCII 编码后的位串长度,接下来是最优编码的位串的长度以及最优编码的压缩比(保留一位小数)。数值之间由一个空格分开。

【输入样例】

```
AAAAABCD
THE_CAT_IN_THE_HAT
END
```

【输出样例】

```
64 13 4.9
144 51 2.8
```

参 考 文 献

[1] 屈婉玲,耿素云,张立昂.离散数学[M].北京:高等教育出版社,2008.

[2] ROSEN K H.离散数学及其应用[M].袁崇义,屈婉玲,王悍平,等译.北京:机械工业出版社,2002.

[3] GRIMALDI R P.离散数学与组合数学[M].林永刚,译.北京:清华大学出版社,2007.

[4] 傅彦,顾小丰,王庆先,等.离散数学及其应用[M].北京:高等教育出版社,2007.

[5] 刘贵龙.离散数学[M].北京:人民邮电出版社,2002.

[6] 卢开澄,卢华明.组合数学[M].3版.北京:清华大学出版社,2002.

[7] 卢开澄,卢华明.图论及其应用[M].2版.北京:清华大学出版社,1995.

[8] 王元元,张桂芸.离散数学导论[M].北京:科学出版社,2002.

[9] 李盘林,李宝洁,孟军,等.离散数学[M].北京:人民邮电出版社,2002.

图 书 资 源 支 持

感谢您一直以来对清华版图书的支持和爱护。为了配合本书的使用,本书提供配套的资源,有需求的读者请扫描下方的"书圈"微信公众号二维码,在图书专区下载,也可以拨打电话或发送电子邮件咨询。

如果您在使用本书的过程中遇到了什么问题,或者有相关图书出版计划,也请您发邮件告诉我们,以便我们更好地为您服务。

我们的联系方式:

地　　址:北京海淀区双清路学研大厦 A 座 707

邮　　编:100084

电　　话:010－62770175－4604

资源下载:http://www.tup.com.cn

电子邮件:weijj@tup.tsinghua.edu.cn

QQ:883604(请写明您的单位和姓名)

用微信扫一扫右边的二维码,即可关注清华大学出版社公众号"书圈"。

资源下载、样书申请

书 圈